住房城乡建设部土建类学科专业“十三五”规划教材
全国住房和城乡建设职业教育教学指导委员会工程管理类专业指导委员会规划推荐教材

工程项目招标与投标

关秀霞　谷学良　主　编
石东斌　林　野　副主编
李顺秋　主　审

中国建筑工业出版社

图书在版编目(CIP)数据

工程项目招标与投标/关秀霞，谷学良主编．—北京：中国建筑工业出版社，2018.9（2024.11重印）
住房城乡建设部土建类学科专业“十三五”规划教材.
全国住房和城乡建设职业教育教学指导委员会工程管理类专业指导委员会规划推荐教材
ISBN 978-7-112-22578-1

Ⅰ.①工… Ⅱ.①关… ②谷… Ⅲ.①建筑工程-招标-职业教育-教材 ②建筑工程-投标-职业教育-教材 Ⅳ.①TU723

中国版本图书馆CIP数据核字(2018)第189526号

全书共分6章，包括：1建筑市场与法律制度；2建设工程招标组织；3建设工程投标组织；4开标；5评标；6定标。本书紧扣《国家教育事业发展“十三五”规划》的精神要求，强化课堂教学与实训的融合，重视教材设计与现代教学方法的配合。教材内容职业特色鲜明，选用案例真实全面、典型性强，教学指导作用突出。

本教材可作为高等职业教育建设工程管理、工程造价、建筑工程技术及建筑经济管理等专业的课程教材，也可作为相关专业的本科教育、中等职业教育及工程技术人员的参考用书。

为更好地支持本课程的教学，我们向使用本教材的教师免费提供教学课件，有需要者可与出版社联系，邮箱：jckj@cabp.com.cn，电话：（010）58337285，建工书院：http://edu.cabplink.com。

* * *

责任编辑：张　晶　吴越恺
责任校对：刘梦然

住房城乡建设部土建类学科专业“十三五”规划教材
全国住房和城乡建设职业教育教学指导委员会工程管理类专业指导委员会规划推荐教材
工程项目招标与投标
关秀霞　谷学良　主　编
石东斌　林　野　副主编
李顺秋　主　审

*

中国建筑工业出版社出版、发行（北京海淀三里河路9号）
各地新华书店、建筑书店经销
北京红光制版公司制版
建工社（河北）印刷有限公司印刷

*

开本：787×1092毫米　1/16　印张：17　字数：412千字
2018年11月第一版　2024年11月第六次印刷
定价：**36.00**元（赠教师课件）
ISBN 978-7-112-22578-1
（32653）

教材编审委员会名单

序　言

全国住房和城乡建设职业教育教学指导委员会工程管理类专业指导委员会（以下简称工程管理专指委），是受教育部委托，由住房城乡建设部组建和管理的专家组织。其主要工作职责是在教育部、住房城乡建设部、全国住房和城乡建设职业教育教学指导委员会的领导下，负责工程管理类专业的研究、指导、咨询和服务工作。按照培养高素质技术技能人才的要求，研究和开发高职高专工程管理类专业教学标准，持续开发“工学结合”及理论与实践紧密结合的特色教材。

高职高专工程管理类各专业教材自2001年开发以来，经过“示范性高职院校建设”“骨干院校建设”等标志性的专业建设历程和普通高等教育“十一五”国家级规划教材、“十二五”国家级规划教材、教育部普通高等教育精品教材的建设经历，已经形成了有特色的教材体系。

根据住房和城乡建设部人事司《全国住房和城乡职业教育教学指导委员会关于召开高等职业教育土木建筑大类专业“十三五”规划教材选题评审会议的通知》（建人专函［2016］3号）的要求，2016年7月，工程管理专指委组织专家组对规划教材进行了细致地研讨和遴选。2017年7月，工程管理专指委组织召开住房城乡建设部土建类学科专业“十三五”规划教材主编工作会议，专指委主任、委员、各位主编教师和中国建筑工业出版社编辑参会，共同研讨并优化了教材编写大纲、配套数字化教学资源建设等方面内容。这次会议为“十三五”规划教材建设打下了坚实的基础。

近年来，随着国家推广建筑产业信息化、推广装配式建筑等政策出台，工程管理类专业的人才培养、知识结构等都需要更新和补充。工程管理专指委制定完成的教学基本要求，为本系列教材的编写提供了指导和依据，使工程管理类专业教材在培养高素质人才的过程中更加具有针对性和实用性。

本系列教材内容根据行业最新法律法规和相关规范标准编写，在保证内容先进性的同时，也配套了部分数字化教学资源，方便教师教学和学生学习。本轮教材的编写，继承了工程管理专指委一贯坚持的“给学生最新的理论知识、指导学生按最新的方法完成实践任务”的指导思想，让该系列教材为我国的高职工程管理类专业的人才培养贡献我们的智慧和力量。

全国住房和城乡建设职业教育教学指导委员会
工程管理类专业指导委员会
2017年8月

前　　言

招标投标活动是建设工程领域重要的职业工作内容之一，因而“工程项目招标与投标”是高职建设工程管理、工程造价、建筑工程技术、建筑经济管理等专业重要的职业核心课程，为了更好地适应职业教育教学不断深化改革和创新发展的要求，结合有关工程招投标领域最新的法律法规，组织编写了这本新颖的教材。

本教材是住房和城乡建设部土建类学科专业“十三五”规划教材。为深入贯彻《国务院关于印发国家教育事业发展“十三五”规划的通知》（国发［2017］4号）的精神要求，强化课堂教学、实习、实训的融合，普及推广案例教学、情境教学等教学模式，本书力求把教学思维有机融入编写设计之中，以工程招投标领域职业工作内容为基准，以实际职业流程为主线，科学合理地构建了六个依次递进的教学内容，各章教学内容分别引入真实的工程招标案例、投标案例和评标案例等，经化整为零整式的剖分与课程内容对照解析，方便认知并组织分解式教学。每个章节教学任务内容保持相对独立完整的基础上，具体描绘了职业活动中的典型节点和事件。通过一系列设计，使教学方法组织、教学内容与课内外训练有机融合，完全适应项目教学、案例教学、情境教学等行动导向的教学方法。

本教材可作为高等职业教育建设工程管理、工程造价、建筑工程技术、建筑经济管理等专业相关课程的教材，也可作为相关专业的本科、中等职业教育及工程技术人员的参考用书。

本书由黑龙江建筑职业技术学院关秀霞、谷学良主编，石东斌、林野任副主编，李顺秋任主审。第1章由林野编写，第2章由石东斌编写，第3章由关秀霞编写（3.3节由王磊编写），第4～第6章由谷学良编写，图文部分由王磊编辑。全书由关秀霞负责统稿和修改工作。

由于编者的水平有限，书中难免有不足之处，恳切希望读者批评指正。

编者　2018年6月

目　　录

1 建筑市场与法律制度

📖【学习概要】

了解熟悉建筑市场，理解建筑市场的构成；了解工程建设项目的内涵，掌握工程建设项目的分类与程序，了解工程承发包方式；了解承包商承包工程应具备的基本条件，掌握不同的承包商资质等级划分标准以及相关法律制度。

📖【技能目标】

能够掌握工程建设项目划分标准，能够掌握工程建设项目的建设程序，熟悉建筑市场的构成与管理，会运用企业资质等级标准确定建筑业企业资质等级。

1.1 建 筑 市 场

1.1.1 建筑市场认知

1. 建筑市场概念

建筑市场是建设工程市场的简称，是固定资产投资转化为建筑产品的交易场所。建筑市场由有形建筑市场和无形建筑市场两部分组成。有形市场如建设交易中心——收集与发布工程交易信息、办理工程报建手续、承发包工程合同及委托质量安全监督和建设监理等手续，提供政策法规及技术经济咨询服务。无形市场是建设工程交易之外的各种交易活动及处理各种关系的场所。

2. 建筑市场主体

我国建筑市场主体主要包括业主、承包商和中介服务组织。

(1) 业主

业主是指既有进行某项工程建设的需求，又具有该项工程建设相应的建设资金和各种准建手续，在建筑市场中发包工程建设的咨询、设计、施工、监理任务，并最终得到建筑产品所有权的政府部门、企事业单位和个人。他们可以是各级政府、专业部门、政府委托的资产管理部门，可以是学校、医院、工厂、房地产开发公司等企事业单位，也可以是个人和个人合伙。在我国工程建设中，一般称业主为建设单位或甲方。他们在发包工程和组织工程建设时进入建筑市场，成为建筑市场的主体，在建筑市场中处于招标买方的地位。

(2) 承包商

承包商是指具有一定生产能力、机械装备、流动资金，又具有承包工程建设任务的营业资格，在建筑市场中能够按照发包人的要求，提供不同形态的建筑产品，并最终得到相应的工程价款的建筑业企业。按照生产的主要形式，它们主要分为勘察、设计单位，建筑安装企业，混凝土构配件及非标准预制件等生产厂家，商品混凝土供应站，建筑机械租赁单位，以及专门提供建筑劳务的企业等。他们的生产经营活动，是在建筑市场中进行的，他们是建筑市场主体中的主要参与者，在建筑市场中处于投标卖方的地位。

(3) 中介服务组织

中介服务组织是指具有相应的专业服务能力，在建筑市场中受承包方、发包方或政府管理机构的委托，对工程建设进行估算测量、咨询代理、建设监理等高智能服务，并取得服务费用的咨询服务机构和其他建设专业中介服务组织。在市场经济运行中，中介组织作为政府、市场、企业之间联系的纽带，具有政府行政管理不可替代的作用。

从市场中介组织工作内容和作用来看，建筑市场的中介组织主要可以分为以下五种类型：

1）协调和约束市场主体行为的自律性组织。如建筑业协会及其下属的设备安装、机械施工、装饰、产品厂商等专业分会，建设监理协会等。他们在政府和企业之间发挥桥梁纽带作用，协助政府进行行业管理。

2）为保证公平交易、公平竞争的公证机构。如为工程建设服务的专业会计师事务所、审计师事务所、律师事务所、资产和资信评估机构、公证机构、合同纠纷的调解仲裁机构等。

3）为促进市场发育、降低交易成本和提高效益服务的各种咨询、代理机构。如工程技术咨询公司，招标投标、编制标底和预算、审查工程造价的代理机构，监理公司，信息服务机构等。

4）为监督市场活动、维护市场正常秩序的检查认证机构。如质量检查、监督、认证机构，计量检查、检测机构及其他建筑产品检测鉴定机构。

5）为保证社会公平、建立公正的市场竞争秩序的各种公益机构。如各种以社会福利为目的的基金会、各种保险机构、行业劳保统筹等管理机构。

(4) 建筑市场三方主体相互关系

我国从1988年开始推行的工程项目建设监理制就是采用国际上通用的一种工程建设项目实施阶段的管理体制。即由项目业主、承包商、监理单位直接参加的“三方”管理体制。

工程项目建设实施阶段各方关系见图1-1。

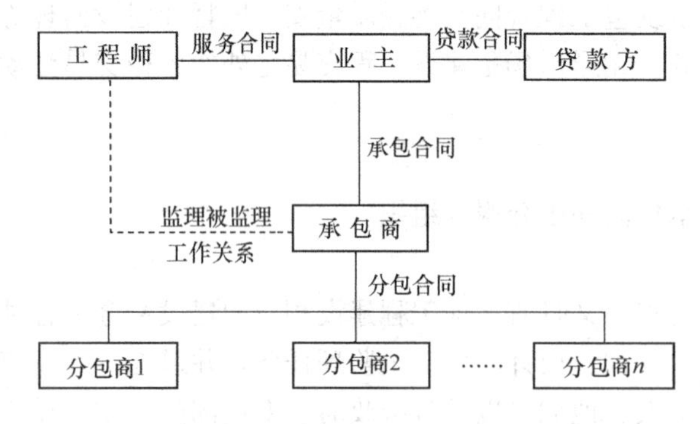

图1-1 工程项目建设实施阶段各方关系

业主是指出资建设的单位，在我国一般指各级政府有关部门、国有或集体企业、中外合资企业、国外独资或私人企业等，在国外也有政府部门和国有企业，或者是私营公司乃至个人。

承包商是按与业主签署合同的规定，执行和完成合同中规定的各项任务。在我国承包商一般包括国有企业、集体企业单位和私人企业。

工程师（在FIDIC条款中把监理工程师称为工程师）是接受业主的授权和委托，对工程项目实行管理性服务，执行他与业主签订的合同中规定的任务。

业主择优选择承包商，并通过签订工程施工合同在承包商与项目业主之间建立承发包关系；同时通过建设工程委托监理合同，在项目业主与监理工程师之间建立了委托服务关系；利用协调约束机制，根据建设监理制的规定以及施工合同和监理合同，在工程师与承包商之间建立监理与被监理关系，工程师在业主与承包商之间是相对独立的第三方。由此可见，业主、承包商和工程师之间都不是领导与被领导的关系，这是招标投标承包制、建设监理制与计划经济体制下的政府自营制之间的本质区别。

3. 建筑市场的管理

市场行为管理的作用在于为建筑市场参加者制定在交易过程中应共同或各自遵守的行为规范，并监督检查其执行，防止违规行为，以保证市场有秩序地正常运转。

（1）工程发包单位的行为规范

符合规定条件的工程发包单位，就是建筑市场上合格的卖方，可以通过招标或其他合法方式自主发包工程。不论勘察设计或施工任务，都不得发包给不符合规定的资质等级和营业范围的单位承担，更不得利用发包权索贿受贿或收取“回扣”，有此行为者将被没收非法所得，并处以罚款。

（2）工程承包单位的行为规范

工程承包企业，在建筑市场上只能按资质等级规定的承包范围承包工程，不得无证、无照或越级承揽任务，非法转包，出卖、出租、转让、涂改、伪造资质证书、营业执照、银行账号等，以及利用行贿、“回扣”等手段承揽工程任务，或以介绍工程任务为手段收取费用。有上述行为之一者，将依情节轻重，给予警告、通报批评、没收非法所得、停业整顿、降低资质等级、吊销营业执照等处罚，并处以罚款。在工程中指定使用没有出厂合格证或质量不合格的建筑材料、构配件及设备，或因设计、施工不遵守有关标准、规范，造成工程质量事故或人身伤亡事故的，应按有关法规处理。

（3）中介机构和人员的行为规范

中介机构和人员是在建筑市场上为工程承发包双方提供专业知识服务的，主要是指建设监理和招标投标咨询服务。工程建设监理单位和人员的行为规范，在我国《建设监理试行规定》中已有明文规定。咨询服务活动在我国尚不发达，咨询机构和人员的行为规范只能在实践中逐步形成和完善。按国际惯例，咨询机构和人员必须正直、公平、尽心竭力为客户和雇主服务；不得领取客户和雇主以外的他人支付的酬金；不得泄露和盗用由于业务关系得知的客户的秘密（如招标工程的标底），不得利用施加不正当压力，行贿受贿或自吹自擂，抬高自己，贬低他人等不正当手段在同行中进行承揽业务的竞争。

（4）建筑市场管理人员的行为规范

市场管理人员要恪尽职守，依法秉公办事，维护市场秩序。不得以权谋私、敲诈勒索、徇私舞弊。有此等行为者由其所在单位或上级主管部门给予行政处分。

（5）建筑市场参加者违规行为的处罚

建筑市场参加者的违规行为，由建设行政主管部门和工商行政管理机关按照各自的职责进行查处。有构成犯罪行为的，由司法机关依法追究刑事责任。

4. 建设工程招投标活动监管

建设工程招标投标涉及国家利益、社会公共利益和公众安全，因而必须对其实行强有力的政府监管。建设工程招标投标活动及其当事人应当接受依法实施的监督管理。

（1）建设工程招标投标监管体制

建设工程招标投标涉及各行各业的很多部门，如果各部门都各自为政，必然会导致建设市场 混乱无序，无从管理。为了维护建筑市场的统一性、竞争的有序性和开放性，国家明确指定了一个统一归口的建设行政主管部门，即住房和城乡建设部（后简称住建部），它是全国最高招标投标管理机构。在住建部的统一监管下，实行省、市、县三级建设行政主管部门对所辖行政区内的建设工程招标投标分级管理。各级建设行政主管部门作为本行政区域内建设工程招标投标工作的统一归口监督管理部门，其主要职责有以下几点：

1）从指导全社会的建筑活动、规范整个建筑市场、发展建筑产业的高度研究制定有关建设工程招标投标的发展战略、规划、行业规范和相关方针、政策、行为规则、标准和监管措施，组织宣传、贯彻有关建设工程招标投标的法律、法规、规章，进行执法检查监督。

2）指导、检查和协调本行政区域内建设工程的招标投标活动，总结交流经验，提供高效率的规范化服务。

3）负责对当事人的招标投标资质、中介服务机构的招标投标中介服务资质和有关专业技术人的执业资格的监督，开展招标投标管理人员的岗位培训。

4）会同有关专业主管部门及其直属单位办理有关专业工程招标投标事宜。

5）调解建设工程招标投标纠纷，查处建设工程招标投标违法、违规行为，否决违反招标投标规定的定标结果。

（2）建设工程招标投标监管机关

建设工程招标投标监管机关，是指经政府或政府主管部门批准设立的，隶属于同级建设行政主管部门的省、市、县建设工程招标投标办公室。

（3）建设工程招标投标监管机关的性质

各级建设工程招标投标监管机关从机构设置、人员编制来看，其性质通常都是代表政府行使行政监管职能的事业单位。建设行政主管部门与建设工程招标投标监管机关之间是领导与被领导关系。省、市、县（市）招标投标监管机关的上级与下级之间有业务上的指导和监督关系。这里必须强调的是，建设工程招标投标监管机关必须与建设工程交易中心和建设工程招标代理机构实行机构分设，职能分离。

（4）建设工程招标投标监管机关的职权

建设工程招标投标监管机关的职权，概括起来可分为两个方面：一方面，是承担具体建设工程招标投标管理工作的职责。也就是说，建设行政主管部门作为本行政区域内建设工程招标投标工作统一归口管理部门，具体是由招标投标监管机关来全面承担的。这时，招标投标监管机关行使职权是在建设行政主管部门的名义下进行的。另一方面，是在招投标管理活动中享有可独立以自己的名义行使的管理职权。

建设工程招标投标监管机关的职权主要包括以下几个方面：

1）办理建设工程项目报建登记。

2）审查发放招标组织资质证书、招标代理人及标底编制单位的资质证书。

3）接受招标人申报的招标申请书，对招标工程应当具备的招标条件、招标人的招标资质或招标代理人的招标代理资质、采用的招标方式进行审查认定。

4）接受招标人申报的招标文件，对招标文件进行审查认定，对招标人要求变更发出后的招标文件进行审批。

5）对投标人的投标资质进行复查。

6）对标底进行审定，可以直接审定，也可以将标底委托银行及其他有能力的单位审核后再审定。

7）对评标定标办法进行审查认定，对招标投标活动进行全过程监督，对开标、评标、定标活动进行现场监督。

8）核发或者与招标人联合发出中标通知书。

9）审查合同草案，监督承发包合同的签订和履行。

10）调解招标人和投标人在招标投标活动中或履行合同过程中发生的纠纷。

11）查处建设工程招标投标方面的违法行为，依法受委托实施相应的行政处罚。

1.1.2 发包人资格

发包人是指具有工程发包主体资格和支付工程价款能力的当事人以及取得该当事人资格的合法继承人。发包人根据项目建设不同阶段有时也称发包单位、建设单位、业主或项目法人、招标人。

（1）立项阶段发包人的资格

项目发包人必须根据规定办理项目立项及报建等一系列手续，获得相关行政许可，其中最主要的是立项审批（设计任务书）、土地使用权证、建设用地规划许可证、建设工程规划许可证以及通过环境、消防、人防等事项的审核。

（2）项目实施阶段（施工阶段）的资格

发包人在工程合同签订之后，建设工程项目正式施工前，还必须取得施工许可证、土地使用权证、建设用地规划许可证、建设工程规划许可证、建设工程施工许可证等证件（图 1-2）。

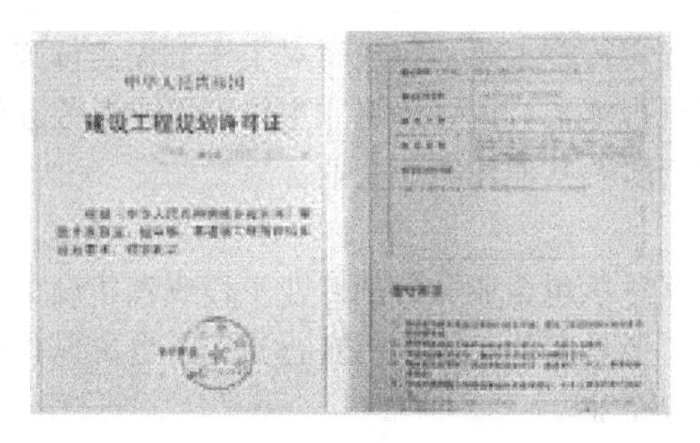

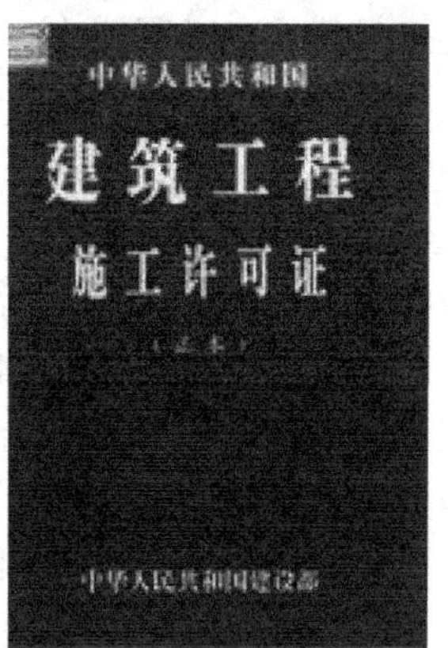

图 1-2 发包人资格证书

1.1.3 承包人资格

1. 承包商应具备的基本条件

从事建设工程承包经营的企业，国际上通称承包商，中国称为建筑业企业。建筑活动不同于一般的经济活动，承包商条件的高低直接影响建筑工程质量和建筑安全生产，因此《建筑法》第十二条规定，从事建筑活动的建筑施工企业、勘察单位、设计单位和工程监理单位应当具备以下四个方面的条件。

(1) 有符合国家规定的注册资本

注册资本反映的是企业法人的财产权，也是判断企业经济力量的依据之一。从事经营活动的企业组织，都必须具备基本的责任能力，能够承担与其经营活动相适应的财产义务，这既是法律权利与义务相一致、利益与风险相一致原则的反映，也是保护债权人利益的需要，因此，承包商的注册资本必须适应从事建筑活动的需要，不得低于最低限额。住建部制定的，2015 年 1 月 1 日实施的《建筑业企业资质等级标准》(建〔2014〕159 号)对建筑业企业的注册资本的最低限额作出了明确规定。

(2) 有与从事的建筑活动相适应的具有法定执业资格的专业技术人员

建筑活动具有技术密集的特点，因此，从事建筑活动的建筑施工企业必须有足够的专门技术人员，包括工程技术人员，经济、会计、统计等管理人员。从事建筑活动的专业技术人员有的还必须有法定执业资格，这种法定执业资格必须依法通过考试和注册才能得到。

(3) 有从事相关建筑活动所应有的技术装备

建筑活动具有专业性、技术性强的特点，没有相应的技术装备无法进行。从事建筑施工活动，必须有相应的施工机械设备与质量检验测试手段。

(4) 法律、行政法规规定的其他条件

《民法通则》第三十七条规定，法人应当有自己的名称、组织机构和场所。《公司法》规定，设立从事建筑活动的有限责任公司和股份有限公司，股东或发起人必须符合法定人数；股东或发起人共同制定公司章程；有公司名称，建立符合要求的组织机构；有固定的生产经营场所和必要的生产经营条件。

施工企业证书节选见图 1-3。

2. 承包商分类

施工承包企业按照其承包工程能力，划分为施工总承包、专业承包和劳务分包三个序列。

(1) 施工总承包企业

获得施工总承包资质的企业，可以对工程实行施工总承包或者对主体工程实行施工承包，施工总承包企业可以将承包的工程全部自行施工，也可以将非主体工程或者劳务作业分包给具有相应专业承包资质或者劳务分包资质的其他建筑业企业。

(2) 专业承包企业

获得专业承包资质的企业，可以承接施工总承包企业分包的专业工程或者建设单位按照规定发包的专业工程。专业承包企业可以对所承接的工程全部自行施工，也可以将劳务作业分包给具有相应劳务分包资质的劳务分包企业。

(3) 劳务分包企业

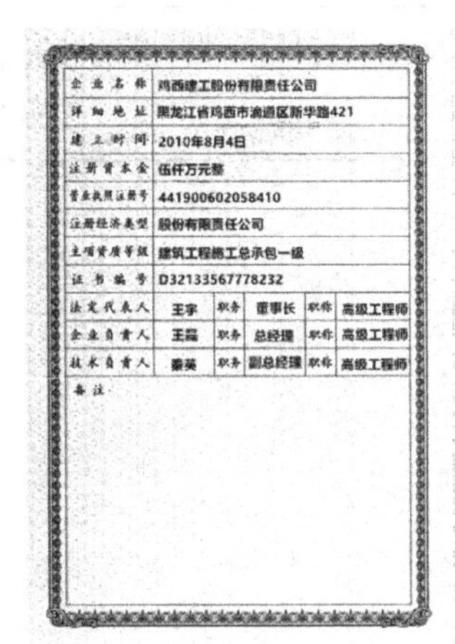

企业名称	鸡西建工股份有限责任公司				
详细地址	黑龙江省鸡西市滴道区新华路421				
建立时间	2010年8月4日				
注册资本金	伍仟万元整				
营业执照注册号	441900602058410				
注册经济类型	股份有限责任公司				
主项资质等级	建筑工程施工总承包一级				
证书编号	D32133567778232				
法定代表人	王宇	职务	董事长	职称	高级工程师
企业负责人	王磊	职务	总经理	职称	高级工程师
技术负责人	秦英	职务	副总经理	职称	高级工程师
备注					

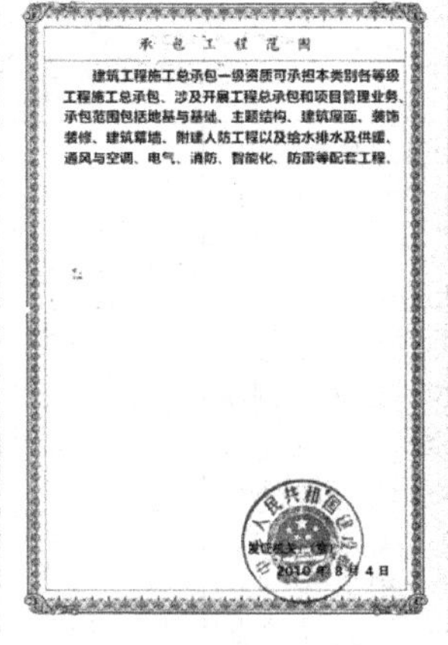

承包工程范围

建筑工程施工总承包一级资质可承担本类别各等级工程施工总承包、涉及开展工程总承包和项目管理业务、承包范围包括地基与基础、主题结构、建筑屋面、装饰装修、建筑幕墙、附建人防工程以及给水排水及供暖、通风与空调、电气、消防、智能化、防雷等配套工程。

发证机关（章）

2010年8月4日

资质证书 (副本)

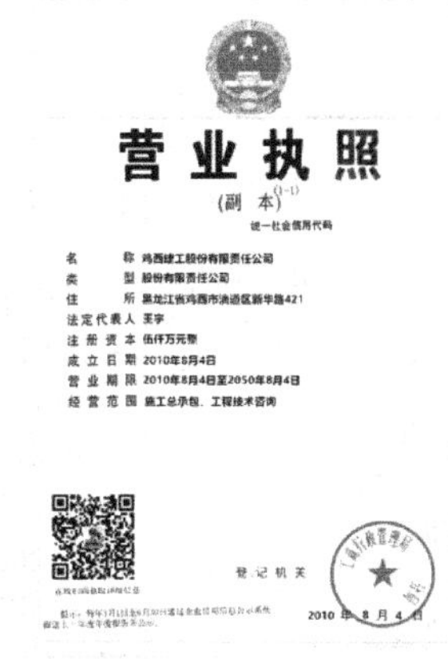

营业执照

(副本)(1-1)

统一社会信用代码

名　　称 鸡西建工股份有限责任公司

类　　型 股份有限责任公司

住　　所 黑龙江省鸡西市滴道区新华路421

法定代表人 王宇

注册资本 伍仟万元整

成立日期 2010年8月4日

营业期限 2010年8月4日至2050年8月4日

经营范围 施工总承包、工程技术咨询

登记机关

2010年8月4日

营业执照（副本）

图 1-3　施工企业证书节选

获得劳务分包资质的企业，可以承接施工总承包企业或者专业承包企业分包的劳务作业。

3. 建筑业企业资质

建筑业企业资质就是承包商的资格和素质，是作为工程承包经营者必须具备的基本条件。

《建筑业企业资质等级标准》按照工程性质和技术特点，将建筑业企业分别划分为若干资质类别，各资质类别又按照规定的条件划分为若干等级，并规定了相应的承包工程范围。

施工总承包企业的资质按专业类别共分为 12 个资质类别，每一个资质类别又分为特级、一级、二级、三级。房屋建筑工程施工总承包企业资质等级标准见表 1-1。

专业承包企业资质按专业类别共分为 60 个资质类别，每一个资质类别又分为一级、二级、三级。

劳务承包企业有 13 个资质类别，如木工作业、砌筑作业、钢筋专业等。有的资质类别分成若干级，有的则不分级，如木工、砌筑、钢筋作业劳务分包企业分为一级、二级；油漆、架线等作业劳务分包企业则不分级。

房屋建筑工程施工总承包企业资质等级标准　　表 1-1

企业等级	建设业绩	人员素质	注册资本金	企业净资产	近三年最高年工程结算收入	承包工程范围
特级企业	近 5 年承担过下列 5 项工程总承包或施工总承包项目中的 3 项，工程质量合格： （1）高度 100m 以上的建筑物； （2）28 层以上的房屋建筑工程； （3）单体建筑面积 5 万平方米以上房屋建筑工程； （4）钢筋混凝土结构单跨 30m 以上的建筑工程或钢结构单跨 36m 以上房屋建筑工程； （5）单项建安合同额 2 亿元以上的房屋建筑工程	（1）企业经理具有 10 年以上从事工程管理工作经历； （2）技术负责人具有 15 年以上从事工程技术管理工作经历，且具有工程序列高级职称及一级注册建造师或注册工程师执业资格；主持完成过两项及以上施工总承包一级资质要求的代表工程的技术工作或甲级设计资质要求的代表工程或合同额 2 亿元以上的工程总承包项目； （3）财务负责人具有高级会计师职称及注册会计师资格； （4）企业具有注册一级建造师（一级项目经理）50 人以上； （5）企业具有本类别相关的行业工程设计甲级资质标准要求的专业技术人员	3 亿元以上	3.6 亿元以上	（1）年平均 15 亿元以上； （2）上缴建筑业营业税均在 5000 万元以上； （3）企业银行授信额度均在 5 亿元以上	可承担本类别各等级工程施工总承包、设计及开展工程总承包和项目管理业务
一级企业	企业近 5 年承担过下列 6 项中的 4 项以上工程的施工总承包或主体工程承包，工程质量合格： （1）25 层以上的房屋建筑工程； （2）高度 100m 以上的构筑物或建筑物； （3）单体建筑面积 3 万 m^2 以上的房屋建筑工程； （4）单跨跨度 30m 以上的房屋建筑工程； （5）建筑面积 10 万 m^2 以上的住宅小区或建筑群体 （6）单项建安合同额 1 亿元以上的房屋建筑工程	（1）企业经理具有 10 年以上从事工程管理工作经历或具有高级职称； （2）总工程师具有 10 年以上从事建筑施工技术管理工作经历并具有本专业高级职称； （3）总会计师具有高级会计职称； （4）总经济师具有高级职称； （5）有职称的工程技术和经济管理人员不少于 300 人，其中工程技术人员不少于 200 人； （6）工程技术人员中，具有高级职称的人员不少于 10 人，具有中级职称的人员不少于 60 人； （7）企业具有的一级资质项目经理不少于 12 人	5000 万元以上	6000 万元以上	2 亿元以上	可承担单项建安合同额不超过企业注册资本金 5 倍的下列房屋建筑工程的施工： （1）40 层及以下、各类跨度的房屋建筑工程； （2）高度 240m 及以下的构筑物； （3）建筑面积 20 万 m^2 及以下的住宅小区或建筑群体

续表

企业等级	建设业绩	人员素质	注册资本金	企业净资产	近三年最高年工程结算收入	承包工程范围
二级企业	企业近5年承担过下列6项中的4项以上工程的施工总承包或主体工程承包，工程质量合格： (1) 12层以上的房屋建筑工程； (2) 高度50m以上的构筑物或建筑物； (3) 单体建筑面积1万m^2以上的房屋建筑工程； (4) 单跨跨度21m以上的房屋建筑工程； (5) 建筑面积5万m^2以上的住宅小区或建筑群体； (6) 单项建安合同额3000万元以上的房屋建筑工程	(1) 企业经理具有8年以上从事工程管理工作经历或具有中级以上职称； (2) 技术负责人具有8年以上从事建筑施工技术管理工作经历并具有本专业高级职称； (3) 财务负责人具有中级以上会计职称； (4) 企业有职称的工程技术和经济管理人员不少于150人，其中工程技术人员不少于100人； (5) 工程技术人员中，具有高级职称的人员不少于2人，具有中级职称的人员不少于20人； (6) 企业具有的二级资质项目经理不少于12人	2000万元以上	2500万元以上	8000万元以上	可承担单项建安合同额不超过企业注册资本金5倍的下列房屋建筑工程的施工： (1) 28层及以下、单跨跨度36m及以下的房屋建筑工程； (2) 高度120m及以下的构筑物； (3) 建筑面积12万m^2及以下的住宅小区或建筑群体
三级企业	企业近5年承担过下列5项中的3项以上工程的施工总承包或主体工程承包，工程质量合格： (1) 6层以上的房屋建筑工程； (2) 高度25m以上的构筑物或建筑物； (3) 单体建筑面积5000m^2以上的房屋建筑工程； (4) 单跨跨度15m以上的房屋建筑工程； (5) 单项建安合同额500万元以上的房屋建筑工程	(1) 企业经理具有5年以上从事工程管理工作经历； (2) 技术负责人具有5年以上从事建筑施工技术管理工作经历并具有本专业中级以上职称； (3) 财务负责人具有初级以上会计职称； (4) 有职称的工程技术和经济管理人员不少于50人，其中工程技术人员不少于30人； (5) 工程技术人员中，具有中级以上职称的人员不少于10人； (6) 企业具有三级资质项目经理不少于10人	600万元以上	700万元以上	2400万元以上	可承担单项建安合同额不超过企业注册资本金5倍的下列房屋建筑工程的施工： (1) 14层及以下、单跨跨度24m及以下的房屋建筑工程； (2) 高度70m及以下的构筑物； (3) 建筑面积6万m^2及以下的住宅小区或建筑群体

注：(1) 房屋建筑工程是指工业、民用与公共建筑（建筑物、构筑物）工程。工程内容包括地基与基础工程，土石方工程，结构工程，屋面工程，内、外部的装修装饰工程，上下水、供暖、电器、卫生洁具、通风、照明、消防、防雷等安装工程。

(2) 所有登记的施工总承包企业应具有承包工程范围相适应的施工机械和质量检测设备。

1.2 建筑市场法律制度认知

1.2.1 建筑市场遵循的法律

近年来，为规范和健全建筑市场，我国颁布了多部相关法律、法规（表1-2）。

表1-2

序号	法律、法规名称	颁布单位	颁布时间
1	中华人民共和国合同法	全国人大	1999年3月15日
2	中华人民共和国招标投标法	全国人大常委会	1999年8月30日
3	建设工程施工许可管理办法	建设部	1999年10月15日
4	建设工程质量管理条例	国务院	2000年1月30日
5	房屋建设工程质量保修办法	建设部	2000年6月30日
6	建设工程勘察质量管理办法	建设部	2000年8月1日
7	建设工程勘察设计管理条例	国务院	2000年9月25日
8	建筑企业资质管理办法	建设部	2001年4月18日
9	建设工程勘察设计企业资质管理规定	建设部	2001年7月25日
10	工程监理企业资质管理规定	建设部	2001年8月29日
11	建设工程施工发包与承包计价管理办法	建设部	2001年11月5日
12	中华人民共和国安全生产法	全国人大常委会	2002年6月29日
13	建设工程安全生产管理条例	国务院	2003年11月24日
14	安全生产许可证条例	国务院	2004年1月13日
15	建筑施工企业安全许可证管理规定	建设部	2004年7月5日
16	民用建筑节能管理规定	建设部	2005年11月10日
17	注册监理工程师管理规定	建设部	2005年12月31日
18	注册造价师管理办法	建设部	2006年12月25日
19	注册建造师管理规定	建设部	2006年12月28日
20	工程建设项目招标代理机构资格认定办法	建设部	2007年1月11日
21	安全生产事故报告和调查处理条例	国务院	2007年4月9日
22	房屋建筑和市政基础设施工程竣工验收 备案管理办法	建设部	2009年10月19日

注：表中所列法律、法规按颁布实施日期排序，部分法律、法规在颁布后有修订和更新。

1.2.2 招标投标有关法律法规

招标投标法是国家用来规范招标投标活动、调整在招标投标过程中产生的各种关系的法律规范的总称。按照法律效力的不同，招标投标法法律规范由有关法律、法规、规章及规范性文件构成。

（1）法律。由全国人大及其常委会制定，通常以国家主席令的形式向社会公布，具有国家强制力和普遍约束力，一般以法、决议、决定、条例、办法、规定等为名称。如《中华人民共和国招标投标法》（以下简称《招标投标法》）、《中华人民共和国政府采购法》（以下简称《政府采购法》）、《中华人民共和国合同法》（以下简称《合同法》）、《中华人民共和国城市规划法》（以下简称《城市规划法》）等。

（2）法规（包括行政法规和地方性法规）

行政法规，由国务院制定，通常由总理签署国务院令公布，一般以“条例”“规定”“办法”“实施细则”等为名称。如 2012 年颁布的《中华人民共和国招标投标法实施条例》（简称《条例》）是与《招标投标法》配套的一部行政法规。针对《条例》和部门规章不一致或需要补充的情形，2013 年 3 月 11 日，国家发改委、工信部、财政部、住建部、交通部、铁道部、水利部、广电总局、民航总局九部委联合以发改委 2013 年 23 号令（以下简称“23 号令”）的形式对先期颁布的 11 件部门规章的部分条款做了修改。

地方性法规，由省、自治区、直辖市及较大的市（省、自治区政府所在地的市，经济特区所在地的市，经国务院批准的较大的市）的人大及其常委会制定，通常以地方人大公告的方式公布，一般使用条例、实施办法等名称，如《北京市招标投标条例》。

（3）规章（包括国务院部门规章和地方政府规章）

国务院部门规章，是指国务院所属的部、委、局和具有行政管理职责的直属机构制定，通常以部委令的形式公布，一般以办法、规定等为名称。包括：

①《工程建设项目勘察设计招标投标办法》《工程建设项目施工招标投标办法》《工程建设项目货物招标投标办法》；

②《建设工程涉及招标投标管理办法》《房屋建筑和市政基础设施工程施工招标投标管理办法》《政府采购货物和服务招标投标管理办法》；

③《工程建设项目自行招标试行办法》《工程建设项目招标范围和规模标准规定》《评标委员会和评标办法暂行规定》等。

地方政府规章，由省、自治区、直辖市、省及自治区政府所在地的市、经国务院批准的较大的市的政府制定，通常以地方人民政府令的形式发布，一般以规定、办法等为名称。如北京市人民政府制定的《北京市工程建设项目招标范围和规模标准的规定》（北京市人民政府令 2001 年第 89 号）。

（4）行政规范性文件。各级政府及其所属部门和派出机关在其职权范围内，依据法律、法规和规章制定的具有普遍约束力的具体规定。如《国务院办公厅印发国务院有关部门实施招标投标活动行政监督的职责分工意见的通知》（国办发［2000］34 号），就是依据《招标投标法》第 7 条的授权做出的有关职责分工的专项规定；《国务院办公厅关于进一步规范招投标活动的若干意见》（国办发［2004］56 号）则是为贯彻实施《招标投标法》，针对招标投标领域存在的问题从七个方面做出的具体规定。

这些法律法规正在逐步形成并完善我国的建设工程招标投标法律体系。

1.2.3 关于对发包的法律制度

《建筑法》规定：“建筑工程依法实行招标发包，对不适于招标发包的可以直接发包。”建筑工程实行招标发包的，发包单位应当将建筑工程发包给依法中标的承包单位。建筑工程实行直接发包的，发包单位应当将建筑工程发包给具有相应资质条件的承包单位。政府及其所属部门不得滥用行政权力，限定发包单位将招标发包的建筑工程发包给指定的承包单位。

提倡对建筑工程实行总承包，禁止将建筑工程肢解发包。建筑工程的发包单位可以将建筑工程的勘察、设计、施工、设备采购一并发包给一个工程总承包单位，也可以将建筑工程勘察、设计、施工、设备采购的一项或者多项发包给一个工程总承包单位。但是，不得将应当由一个承包单位完成的建筑工程肢解成若干部分发包给几个承包单位。

1.2.4 《建筑法》对承包的规定

（1）承包单位的资质管理。承包建筑工程的单位应当持有依法取得的资质证书，并在其资质等级许可的业务范围内承揽工程。禁止建筑施工企业超越本企业资质等级许可的业务范围或者以任何形式用其他建筑施工企业的名义承揽工程。禁止建筑施工企业以任何形式允许其他单位或者个人使用本企业的资质证书、营业执照，以本企业的名义承揽工程。

（2）联合承包。大型建筑工程或者结构复杂的建筑工程，可以由两个以上的承包单位联合共同承包。共同承包的各方对承包合同的履行承担连带责任。两个以上不同资质等级的单位实行联合共同承包的，应当按照资质等级低的单位的业务许可范围承揽工程。

（3）禁止建筑工程转包。禁止承包单位将其承包的全部建筑工程转包给他人，禁止承包单位将其承包的全部建筑工程肢解以后以分包的名义分别转包给他人。

（4）建筑工程分包。建筑工程总承包单位可以将承包工程中的部分工程发包给具有相应资质条件的分包单位；但是，除总承包合同中约定的分包外，必须经建设单位认可。实行施工总承包的，建筑工程主体结构的施工必须由总承包单位自行完成。

建筑工程总承包单位按照总承包合同的约定对建设单位负责；分包单位按照分包合同的约定对总承包单位负责；总承包单位和分包单位就分包工程对建设单位承担连带责任。

禁止总承包单位将工程分包给不具备相应资质条件的单位。禁止分包单位将其承包的工程再分包。

本 章 习 题

1. 承包商应具备哪些基本条件？
2. 承包商分为哪几类？
3. 何谓施工总承包企业？
4. 施工总承包企业的资质按专业类别共分为多少个资质类别？
5. 劳务承包企业有多少个资质类别？
6. 收集施工总承包企业基础资料，按房屋建筑工程施工总承包企业资质等级标准确定企业资质等级。

2 建设工程招标组织

📖【学习概要】

掌握招标人应具备的基本条件和素质，招标的程序，熟悉招标公告和资格预审文件的编制方法与内容；掌握中华人民共和国标准施工招标文件、施工招标资格预审文件的组成内容及标准。具备根据不同招标项目的要求，依据招标投标法规定的必要条款编制招标文件的能力；具备建设项目招标全过程的组织活动能力；具备招标资格预审文件编制与审查的一般能力；具备独立完成项目招标投标全过程操作能力。

2.1 招 标 准 备

2.1.1 建筑工程招标认知

1. 建筑工程招标投标概念

工程建设项目招标投标是国际上通用的，是比较成熟而且科学合理的工程承发包方式。在我国社会主义市场经济条件下推行工程项目招标投标制，其目的是控制工期，确保工程质量，降低工程造价，提高经济效益，健全市场竞争机制。

我国工程建设招标投标方面的法律、法规的历史沿革大致如下：为了加强对工程招标投标的管理，1992 年 12 月 30 日建设部以第 23 号部令发布了《工程建设施工招标投标管理办法》，自发布之日起实施（现已废止）。1999 年 8 月 30 日九届人大十一次会议通过了《中华人民共和国招标投标法》，自 2000 年 1 月 1 日起施行。2011 年 11 月 30 日国务院第 183 次常务会议通过了《中华人民共和国招标投标法实施条例》，自 2012 年 2 月 1 日起施行。

2000 年 5 月 1 日国家发展计划委员会以第 3 号部令发布并实施《工程建设项目招标范围和规模标准规定》（现已废止）。2000 年 7 月 1 日分别以第 4 号、第 5 号部令发布并实施《招标公告发布暂行办法》和《工程建设项目自行招标试行办法》。2003 年 3 月 8 日国家发展计划委员会等七部委以七部委 30 号令发布了《工程建设项目施工招标投标办法》，自 2003 年 5 月 1 日施行。

《中华人民共和国招标投标法》规定，在中华人民共和国境内进行工程建设项目招标，包括项目的勘察、设计、施工、监理以及与工程建设有关的重要设备、材料等的采购。

2. 建筑工程招标

建筑工程项目施工招标投标是工程项目招标投标的重要环节。施工招标投标是双方当事人依法进行的经济活动，受国家法律保护和约束。招标投标是在双方当事人同意基础上的一种交易行为，也是市场经济的产物。

建筑工程招标，是指招标人将其拟发包工程的内容、要求等对外公布，招引和邀请多家承包单位参与承包工程建设任务的竞争，以便择优选择承包单位的活动。

建筑工程投标，是指投标人愿意按照招标人规定的条件承包工程，编制投标文件向招标人投函，请求承包工程建设任务的活动。

3. 工程项目施工招标投标的作用

我国工程项目施工招标投标，是按《招标投标法》规定的方法进行的。具有以下具体作用：

（1）工程招标投标有利于发包人选择较好的承包人。通过工程招标投标，可以吸引众多投标人参加投标竞争，致使发包人在众多投标人中择优选出社会信誉好、技术和管理水平高的企业承揽工程建设任务。

（2）工程招标可以保证发包人对工程建设目标的实现。发包人在招标文件中明确了竣工期限、质量标准、投资限额等目标，投标人必须响应招标文件的要求参与投标，这对投标人在中标后的履约行为起到了约束作用，从而保证了发包人对工程建设目标的实现。

（3）有利于发包人确保工程质量，降低工程建设成本，提高投资效益。发包人为了降低工程成本，避免投标人以不正当的各种行为（如相关人泄露标底、投标人互相串通、围标等）抬高报价，在工程招标文件中采用控制价的形式限制投标人投报高价。评标时，在技术标满足施工期限和质量标准等指标的前提下，选择经济合理的投标报价确定中标人，从而达到发包人确保工程质量，降低工程建设成本，提高投资效益的目的。

（4）工程招标投标体现了公平竞争的原则。通过工程招标投标确定承包人，这种公平原则，不仅体现在招投标人之间的地位上，更体现在投标人之间的地位上，不存在各方之间的行政级别高低，企业规模大小等限制，而是在招标投标这个市场经济的平台上平等竞争。

（5）工程招标投标能最大限度地避免人为因素的干扰。公开进行招标投标是投标者的实力与利益的竞争，发包人不能以“内定”的方式确定中标人，从而避免了各种不正当的人为因素对工程承包的干扰。

（6）工程招标投标有利于推进企业管理步伐，不断提高企业素质和社会信誉，增强企业的竞争力。承揽工程建设任务是建筑企业生存的基础，只有企业的技术和管理水平的不断提高，社会信誉好，才有可能在投标竞争中获取工程承包的建设任务。

4. 工程招标投标的特点

招标投标是一种商品经营方式，体现了购销双方的买卖关系，只要存在商品的生产，就必然有竞争，竞争是商品经济的产物。在不同的社会制度下，竞争的目的、性质、范围和手段也不同。资本主义竞争有它的破坏性，伴随着很多残酷的竞争。我国利用竞争发展生产，用《招标投标法》限制它的破坏性方面，利用积极一面，是企业择优发展的手段，在社会主义制度下，建筑工程招标投标的竞争有如下特点：

（1）社会主义的招标投标是在国家宏观指导下，在政府监督下的竞争。招标投标活动及其当事人应当接受依法实施的监督。建筑工程的投资受国家宏观计划的指导，建设投资必须列入国家固定资产投资计划。工程造价在国家允许的范围内浮动。

（2）投标是在平等互利的基础上的竞争。在国家《招标投标法》的约束下，各建筑企业以平等的法人身份展开竞争，这种竞争是社会主义商品生产者之间的竞争，不存在根本利益上的冲突。为了防止竞争中可能出现不法行为，我国政府颁布了《招标投标法》《招标投标实施条例》，详细规定了具体做法及行为原则。

（3）竞争的目的是相互促进，共同提高。建筑业企业之间的投标竞争，可使建筑业企业改善经营管理，加强经营管理，增强管理储备和企业弹性，使企业更好地发展。

5．工程招标投标的原则

《中华人民共和国招标投标法》第五条规定："招标投标活动应当遵循公开、公平、公正和诚实信用的原则"。

（1）公开原则。要求招标投标的法律、法规、政策公开，招标投标程序公开，招标投标的具体过程公开。

（2）公平原则。要求给予所有投标人平等的机会，使其享有同等的权利，履行同等的义务，不得以任何理由排斥或歧视任何一方。

（3）公正原则。要求在招标投标过程中，评标结果要公正，评标时对所有的投标人应一视同仁，严守法定的评标规则和统一的衡量标准，保证各投标人在平等的基础上充分竞争，保护招标投标当事人的合法权益。保证实现招标活动的目的，提高投资效益，保证项目质量。

（4）诚实信用原则。要求在招标投标活动中，招标人、招标代理机构、投标人等均应以诚实的态度参与招标投标活动，坚持良好的信用。不得以欺诈手段虚假进行招标或投标，牟取不正当利益，并且恪守诺言，严格履行有关义务。

6．建设工程招标应具备的条件

工程施工招标必须符合主管部门规定的条件。这些条件分为招标人，即建设单位应具备的和招标的建设项目应具备的两个方面。

（1）建设单位自行招标应具备的条件

1）具有项目法人资格（或法人资格）；

2）具有与招标项目规模和复杂程序相适应的工程技术、概预算、财务和工程管理等方面的专业技术人员；

3）有从事同类工程建设项目招标的经验；

4）设有专门的招标机构或者拥有3名以上专职招标业务人员；

5）熟悉和掌握《招标投标法》及有关法律规章。

不具备上述条件的，招标人应当委托具有相应资格的工程招标代理机构代理施工招标。

（2）建设项目招标应具备的条件

1）招标人已经依法成立；

2）初步设计及概算应当履行审批手续的，已经获批；

3）招标范围、招标方式和招标组织形式等应当履行核准手续的，已经批准；

4）有相当资金或资金来源已经落实；

5）有招标所需的设计图纸及技术资料。

7．建设工程招标范围

（1）《招标投标法》规定必须招标的范围

根据《中华人民共和国招标投标法》的规定，在中华人民共和国境内进行的下列工程建设项目必须进行招标。

1）根据工程的性质划分

① 大型基础设施、公用事业等关系社会公共利益、公众安全的项目；

② 全部或者部分使用国有资金或者国家融资的项目；

③ 使用国际组织或者外国政府贷款、援助资金的项目。

2）根据工作内容划分

① 建设工程，包括建筑物和构筑物的新建、改建、扩建及其相关的装修、拆除、修缮等；

② 与工程建设有关的货物，是指构成工程不可分割的组成部分，且为实现工程基本功能所必需的设备、材料等采购；

③ 与工程建设有关的服务，是指为完成工程所需的勘察、设计、监理等服务。

（2）必须进行招标的具体要求

国家计委于 2018 年 6 月 1 日依据《招标投标法》的规定颁布了《工程建设项目招标范围和规模标准规定》，对必须招标委托工程建设任务的范围作出了进一步细化的规定。

1）按工程性质划分

① 关系社会公共利益、公众安全的基础设施项目的范围包括：

A. 煤炭、石油、天然气、电力、新能源等能源项目；

B. 铁路、石油、管道、水运、航空以及其他交通运输业等交通运输项目；

C. 邮政、电信枢纽、通信、信息网络等邮电通信项目；

D. 防洪、灌溉、排涝、引（供）水、滩涂治理、水土保持、水利枢纽等水利项目；

E. 道路、桥梁、地铁和轻轨交通、污水排放及处理、垃圾处理、地下管道、公共停车场等城市设施项目；

F. 生态环境保护项目；

G. 其他基础设施项目。

② 关系社会公共利益、公众安全的公用事业项目的范围包括：

A. 供水、供电、供气、供热等市政工程项目；

B. 科技、教育、文化等项目；

C. 体育、旅游等项目；

D. 卫生、社会福利等项目；

E. 商品住宅，包括经济适用住房；

F. 其他公用事业项目。

③ 使用国有资金投资项目的范围包括：

A. 使用各级财政预算资金的项目；

B. 使用纳入财政管理的各种政府性专项建设基金的项目；

C. 使用国有企业事业单位自有资金，并且国有资产投资者实际拥有控制权的项目。

④ 国有融资项目的范围包括：

A. 使用国家发行债券所筹资金的项目；

B. 使用国家对外借款或者担保所筹资金的项目；

C. 使用国家政策性贷款的项目；

D. 国家授权投资主体融资的项目；

E. 国家特许的融资项目。

⑤ 使用国际组织或者外国政府资金的项目范围包括：

A. 使用世界银行贷款、亚洲开发银行等国际组织贷款资金的项目；

B. 使用外国政府及其机构贷款资金的项目；

C. 使用国际组织或者外国政府援助资金的项目。

2）按委托任务的规模划分

各类工程建设项目，包括项目的勘察、设计、施工、监理以及与工程建设有关的重要设备、材料等的采购，达到下列标准之一者，必须进行招标：

① 施工单项合同估算价在 400 万元人民币以上的；

② 重要设备、材料等货物的采购，单项合同估算价在 200 万元人民币以上的；

③ 勘察、设计、监是等服务的采购，单项合同估算价在 100 万元人民币以上的；

④ 单项合同估算价低于第①、②、③项规定的标准，但项目总投资在 3000 万元人民币以上的。

省、自治区、直辖市人民政府根据实际情况，可以规定本地区必须进行招标的具体范围和规模标准，但不得缩小本规定确定的必须进行招标的范围。

依法必须进行招标的工程建设项目的具体范围和规模标准，由国务院发展改革部门会同国务院有关部门制定，报国务院批准后公布施行。

（3）依法必须公开招标的项目范围

1）国务院发展计划部门确定的国家重点建设项目。

2）各省、自治区、直辖市人民政府确定的地方重点建设项目。

3）使用国有资金投资的工程建设项目。

4）国有资金投资控股或者占主导地位的工程建设项目。

（4）建设项目邀请招标的条件

国有资金控股或者占主导地位的依法必须进行招标的项目，应当公开招标；但有下列情形之一的，可以邀请招标：

1）技术复杂、有特殊要求或者受自然环境限制，只有少量潜在投标人可供选择；

2）采用公开招标方式的费用占项目合同金额的比例过大。

上述第 2）项所列情形，按照国家有关规定需要履行项目审批、核准手续等依法必须进行招标的项目，由项目审批、核准部门在审批、核准项目时确定；其他项目由招标人申请有关行政监督部门作出认定。

8. 建设项目可以不进行招标发包的条件

需要审批的工程建设项目，有下列情形之一的，由有关审批部门批准，可以不进行施工招标，采用直接委托的方式承担建设任务：

（1）涉及国家安全、国家机密或者抢险救灾，而不适宜招标的；

（2）属于利用扶贫资金实行以工代赈需要使用农民工的；

（3）需要采用不可替代的专利或者专有技术；

（4）采购人依法能够自行建设、生产或者提供；

（5）已通过招标方式选定的特许经营项目投资人依法能够自行建设、生产或者提供；

（6）需要向原中标人采购工程、货物或者服务，否则将影响施工或者功能配套要求；

（7）国家规定的其他特殊情形。

招标人为适用上述规定弄虚作假的，属于《招标投标法》第四条规定的规避招标。不需要审批但依法必须招标的工程建设项目，有上列情形之一的，可以不进行施工招标。

9. 建设工程招标分类

（1）按工程项目建设程序分类

根据工程项目建设程序，招标可分为三类，即工程项目开发招标、勘察设计招标和施工招标。这是由建筑产品交易生产过程中的阶段性决定的。

1）项目开发招标

项目开发招标是建设单位（业主）邀请工程咨询单位对建设项目进行可行性研究。其“标底”是可行性研究报告。中标的工程咨询单位必须对自己提供的研究成果认真负责，其可行性研究报告需得到建设单位的认可、同意、承诺。

2）勘察设计招标

勘察设计招标是通过可行性研究报告所提出的项目设计任务书，择优选择勘察设计单位。其“标底”是勘察和设计的成果。勘察和设计是两件不同性质的具体工作，不少工程项目是分别由勘察单位、设计单位分别进行的。

3）工程施工招标

工程施工招标是在工程项目的初步设计或施工图设计完成以后，用招标的方式选择施工单位。其标的是向建设单位（招标人）交付按设计规定的完整的建筑产品。

（2）按工程承包的范围分类

1）项目的总承包招标

这种招标可分为两种类型：一种是工程项目实施阶段的全过程进行招标；另一种是工程项目全过程招标。前者是在设计任务书已审定，从项目勘察、设计到交付使用进行一次性招标。后者是从项目的可行性研究到交付使用进行一次性招标，招标人提供项目投资和使用需求及竣工、交付使用期限，其余工作都由一个总承包商负责承包，即所谓的大包“交钥匙工程”。

2）专项工程承包招标

专项工程承包招标是指在工程承包招标中，对其中某项比较复杂或专业性强的施工和制作要求特殊的单项工程，可以单独进行招标，称为专项工程承包招标。如室内外装饰、设备安装、电梯、空调等工程。

（3）按行业类别分类

按行业类别分类，招标可分为：

1）土木工程招标，包括道路、桥梁、厂房、写字楼、商店、学校、住宅等。

2）勘察设计招标。

3）货物采购招标，包括建筑材料和大型成套设备等的招标。如装饰材料、电梯、扶梯、空调机、锅炉、电视监控、楼宇控制、消防设备等的采购。

4）咨询服务招标，包括项目开发性研究、可行性研究、工程监理等。

5）生产工艺技术转让招标。

6）机电设备安装工程招标，包括大型机电、电梯、锅炉、楼宇控制等的安装。

10. 建设工程招标方式

（1）招标方式

国内工程施工招标可采用项目全部工程招标、单位工程招标、特殊专业工程招标等方法，但不得对单位工程的分部分项工程进行招标。工程施工招标主要有公开招标、邀请招标两种方式。

1）公开招标

公开招标是一种无限竞争性招标方式，是指招标人以招标公告的方式邀请不特定的法人或其他组织投标。采用这种方式时，招标单位通过在报纸或专业性刊物上发布招标通告，或利用其他媒介，说明招标工程的名称、性质、规模、建造地点、建设要求等事项，公开招请承包商参加投标竞争。凡是对该工程感兴趣的、符合规定条件的承包商都允许参加投标，因而相对于其他招标方式，其竞争最为激烈。公开招标方式可以给一些符合资格审查要求的承包商以平等竞争的机会，可以极为广泛地吸引投标者，从而使招标单位有较大的选择范围，可以在众多的投标单位之间选择报价合理、工期较短、信誉良好的承包商。但也存在着一些缺点，如招标的成本大、时间长。

招标人采用公开招标方式的，应当发布招标公告。依法必须进行招标的项目的招标公告，应当通过国家指定的报刊、信息网络或者其他媒介发布。招标公告应当载明招标人的名称和地址、招标项目的性质、数量、实施地点和时间以及获取招标文件的办法等事项。

2）邀请招标

在国际上，邀请招标被称为选择性招标，是一种有限竞争性招标方式，是指招标人以投标邀请书的方式邀请特定的法人或其他组织投标。招标单位一般不是通过公开的方式（如在报刊上刊登广告），而是根据自己了解和掌握的信息、过去与承包商合作的经验或由咨询机构提供的情况等有选择地邀请数目有限的承包商参加投标。其优点在于：经过选择的投标单位在施工经验、技术力量、经济和信誉上都比较可靠，因而一般都能保证进度和质量要求。此外，参加投标的承包商数量少，因而招标时间相对缩短，招标费用也较少。由于邀请招标在价格、竞争的公平方面仍存在一些不足之处，因此《招标投标法》规定，国家重点项目和省、自治区、直辖市的地方重点项目不宜进行公开招标的，经过批准后可以进行邀请招标。

招标人采取邀请招标方式的，应当向三个以上具备承担招标项目的能力、资信良好的法人或者其他组织发出投标邀请书。

3）公开招标与邀请招标在招标程序上的主要区别

① 招标信息的发布方式不同

公开招标是利用招标公告发布招标信息，而邀请招标则是采用向三家以上具备实施能力的投标人发出投标邀请书，请他们参与投标竞争。

② 对投标人的资格审查时间不同

进行公开招标时，由于投标响应者较多，为了保证投标人具备相应的实施能力以及缩短评标时间，突出投标的竞争性，通常设置资格预审程序。而邀请招标由于竞争范围较小，且招标人对邀请对象的能力有所了解，不需要再进行资格预审，但评标阶段还要对各投标人的资格和能力进行审查和比较，通常称为“资格后审”。

③ 适用条件

A. 公开招标方式广泛适用。

B. 邀请招标方式仅局限于国家规定的特殊情形。

除以上两种招标方式外，还有一种议标招标方式，即由招标人直接邀请某一承包商进行协商，达成协议后将工程任务委托给承包商去完成。议标工程通常为涉及国家安全、国家机密、抢险救灾等工程项目。

11. 工程施工招标程序

（1）工程施工招标一般程序

工程施工招标一般程序可分为三个阶段：招标准备阶段、招标投标阶段和决标成交阶段。其每个阶段具体步骤见图 2-1。

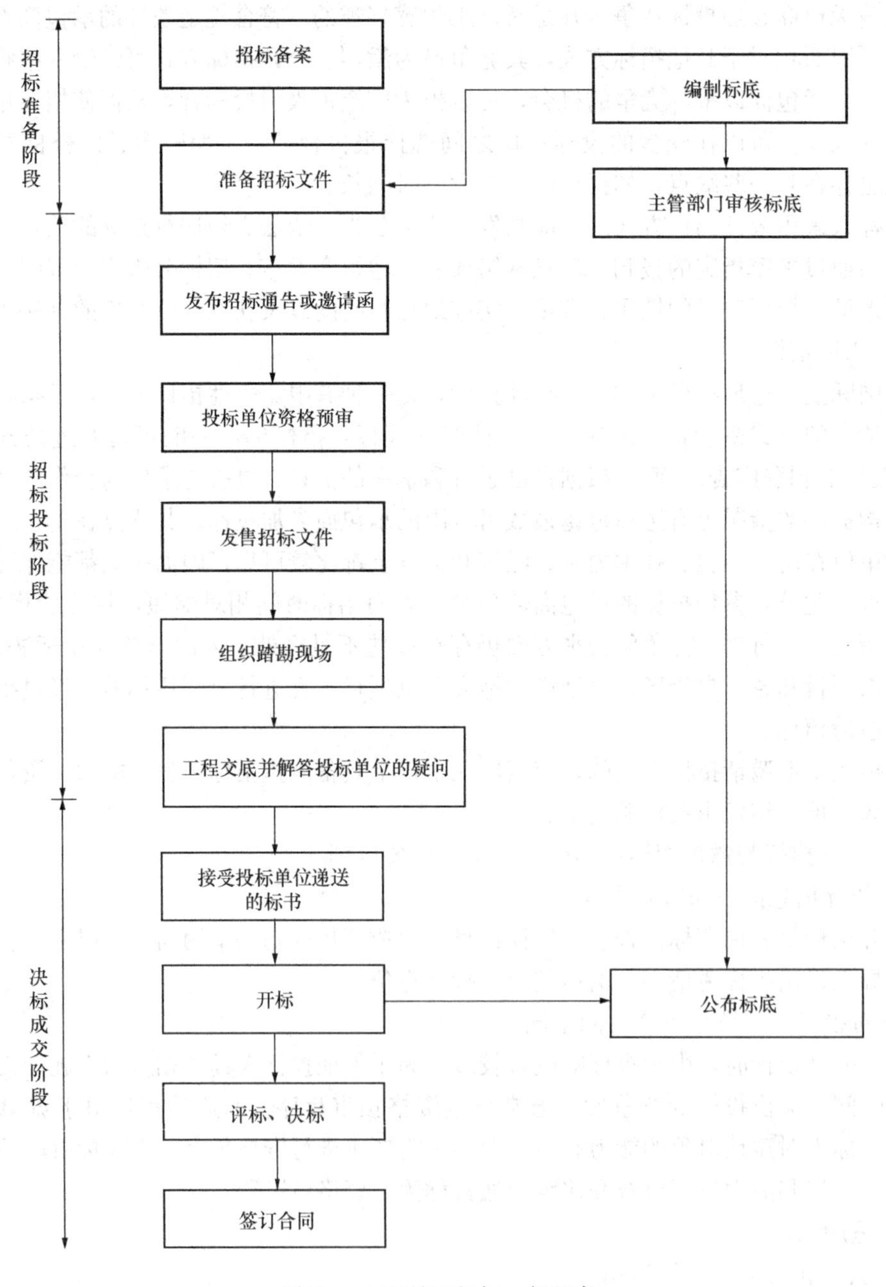

图 2-1　工程施工招标一般程序

一般情况下，施工招标应按下列程序进行：

1）由建设单位组织一个招标班子；

2）向招标投标办事机构提出招标申请书；

3）编制招标文件和标底，并报招标投标办事机构审定；

4）发布招标公告或发出招标邀请书；

5）投标单位申请投标；

6）对投标单位进行资质审查，并将审查结果通知各申请投标者；

7）向合格的投标单位分发招标文件及设计图纸、技术资料等；

8）组织投标单位踏勘现场，并对招标文件答疑；

9）建立评标组织，制定评标、定标办法；

10）召开开标会议，审查投标标书；

11）组织评标，决定中标单位；

12）发出中标通知书；

13）建设单位与中标单位签订承发包合同。

（2）公开招标程序

建设工程施工公开招标程序也同工程施工招标一般程序一样分三个阶段，其具体步骤见图 2-2。

2.1.2 组建招标工作小组

1. 招标工作机构的组织

（1）我国招标工作机构的形式

我国招标工作机构主要有三种形式：

1）自行招标，由招标人的基本建设主管部门（处、科、室、组）或实行建设项目业主责任制的业主单位负责有关招标的全部工作。这些机构的工作人员一般是从各有关部门临时抽调的，项目建成后往往转入生产或其他部门工作。

2）由政府主管部门设立“招标领导小组”或“招标办公室”之类的机构，统一处理招标工作。这种机构常常因其是政府主管部门而具有一定行政属性。

3）招标代理机构，受招标人委托，组织招标活动。这种做法对保证招标质量，提高招标效益起到有益作用。招标代理机构与行政机关和其他国家机关不得存在隶属关系或者其他利益关系。

（2）招标工作小组需具备的条件

招标工作小组由建设单位或建设单位委托的具有法人资格的建设工程招标代理机构负责组建。招标工作小组必须具备以下条件：

1）有建设单位法人代表或其委托的代理人参加；

2）有与工程规模相适应的技术、经济人员；

3）有对投标企业进行评审的能力。

招标工作小组成员组成要与建设工程规模和技术复杂程度相适应，一般以 5～7 人为宜，招标工作小组组长应由建设单位法人代表或其委托的代理人担任。

（3）招标工作机构人员构成

招标工作机构人员通常由三类人员构成：

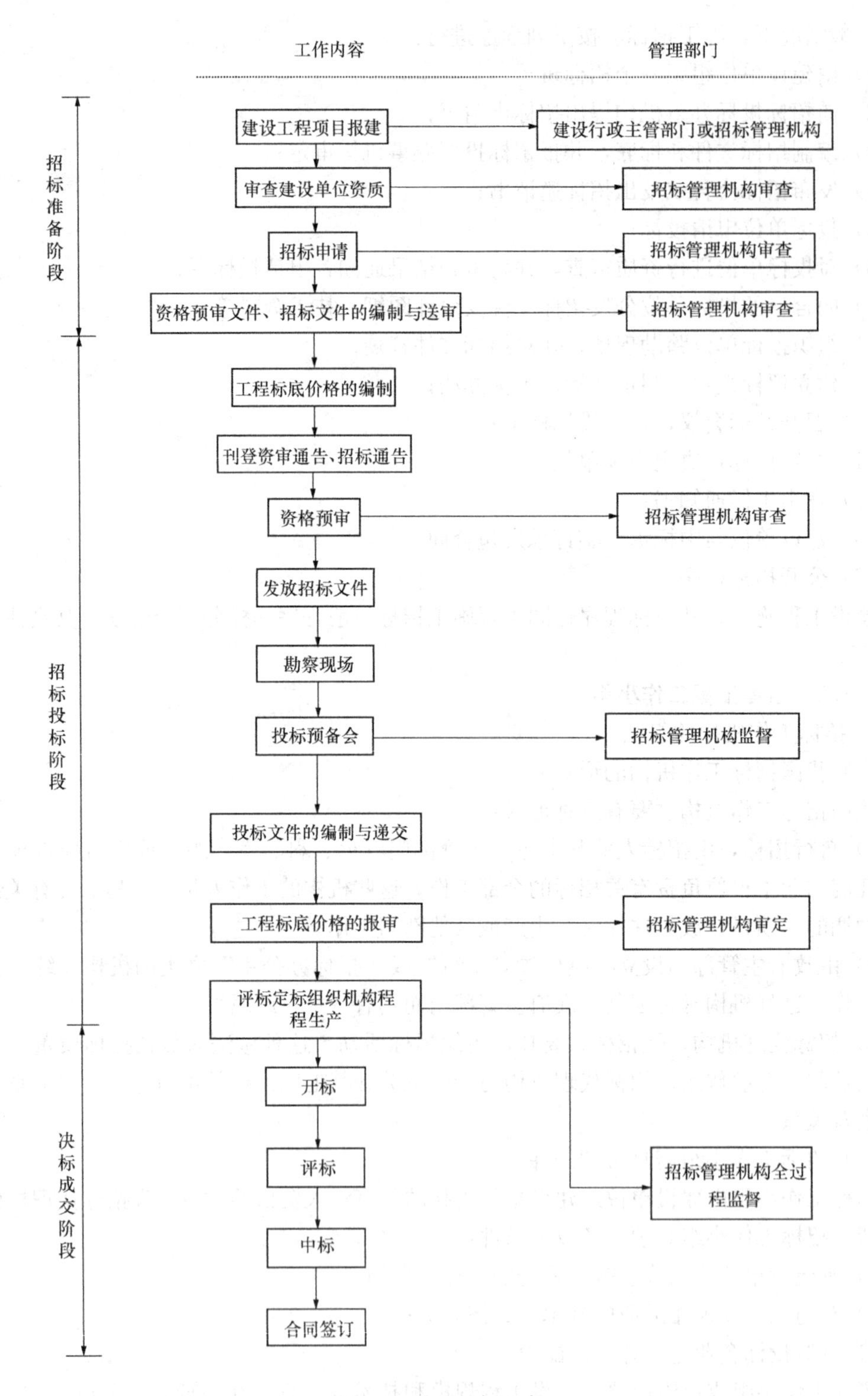

图 2-2　公开招标程序

1）决策人，即主管部门任命的招标人或授权代表。

2）专业技术人员，包括建筑师，结构、设备、工艺等专业工程师和估算师等，他们的职能是向决策人提供咨询意见和进行招标的具体事务工作。

3）助理人员，即决策和专业技术人员的助手，包括秘书、资料、档案、计算、绘图等工作人员。

2. 招标代理机构

招标代理机构是依法设立，从事招标代理业务并提供相关服务的社会中介组织。招标代理机构应当具备下列条件：

（1）是依法设立的中介组织；

（2）与行政机关和国家机关没有行政隶属关系或者其他利益关系；

（3）有固定的营业场所和开展工程代理业务所需设施及办公条件；

（4）有健全的组织机构和内部管理的规章制度；

（5）具备编制招标文件和组织评标的相应专业力量；

（6）具有可以作为评标委员会成员人选的技术、经济等方面的专家库。

从事工程建设项目招标代理业务的招标代理机构，其资格由国务院或省、自治区、直辖市人民政府的建设行政主管部门，按《工程建设项目招标代理机构资格认定办法》（建设部令第79号，2000年6月30日发布）认定。国务院住房城乡建设、商务、发展改革、工业和信息化等行政主管部门，按照规定的职责分工对招标代理机构依法实施监督管理。

招标代理机构与行政机关和其他国家机关不得存在隶属关系或者其他利益关系。即招标代理机构依法独立成立不得隶属于政府、主管行政等部门，也不得与之有任何利益关系。招标代理机构是独立的中介机构。招标代理机构应当在招标人委托的范围内办理招标事宜，并遵守《招标投标法》关于招标人的规定。

招标代理机构在其资格许可和招标人委托的范围内开展招标代理业务，任何单位和个人不得非法干涉。招标代理机构不得涂改、出租、出借、转让资格证书。

招标代理机构代理招标业务，应当遵守招标投标法和本条例关于招标人的规定。招标代理机构不得在所代理的招标项目中投标或者代理投标，也不得为所代理的招标项目的投标人提供咨询。

招标人应当与被委托的招标代理机构签订书面委托合同，合同约定的收费标准应当符合国家有关规定。

3. 招标工作机构的职能

招标工作机构的职能包括处理和决策日常事务。

（1）决策

决策性工作包括以下事项：

1）确定工程项目的发包范围，即决定是全过程统包还是分阶段发包或者单项工程发包、专业工程发包等。

2）确定承包形式和承包内容，即决定采用总价合同、单价合同还是成本加酬金合同。

3）确定承包方式，即决定是全部包工包料还是部分包工包料或包工不包料等。

4）确定发包手段，即决定采用公开招标，还是邀请招标。

5）确定标底。

6）决标并签订合同或协议。

（2）日常事务

招标的日常事务包括：

1）发布招标及资格预审通告或投标邀请函；

2）编制和发送或发售招标文件；

3）组织现场踏勘和投标答疑；

4）审查投标者资格；

5）组织编制或委托代理机构编制标底；

6）接受并保管投标文件和函件；

7）开标、审标并组织评标；

8）谈判签约；

9）缴纳招标管理费；

10）决定和发放标书编制补偿费；

11）填写招标工作综合报告和报表。

2.1.3 建设工程项目施工招标准备

1. 招标备案

工程建设项目由建设单位或其代理机构在工程项目可行性研究报告或其他立项文件批准后30日内，向相应级别的建设行政主管部门或其授权机构，领取工程建设项目报建表进行报建。建设单位在工程建设项目报建时，其基建管理机构如不具备相应资质条件，应委托建设行政主管部门批准的具有相应资质条件的社会建设监理单位代理。

工程建设项目报建手续办理完毕之后，由建设单位或建设单位委托的具有法人资格的建设工程招标代理机构，负责组建一个与工程建设规模相符的招标工作班子。招标工作班子的首要工作是进行招标备案。

（1）备案程序

招标人自行办理施工招标事宜的，应当在发布招标公告或者发出投标邀请书的5日前，向工程所在地的县级以上地方人民政府建设行政主管部门或者受其委托的工程招标投标监督管理机构备案，并报送相应资料。

工程所在地的县级以上地方人民政府建设行政主管部门或者工程招标投标监督管理机构自收到备案材料之日起5日内没有异议的，招标人可以自行办理施工招标事宜；不具备规定条件的，不得自行办理招标。

（2）要提交的资料

办理招标备案应提交以下资料：

1）建设项目的年度投资计划和工程项目报建备案登记表；

2）建设工程施工招标备案登记表；

3）项目法人单位的法人资格证明书和授权委托书；

4）招标公告或投标邀请书；

5）招标机构有关工程技术、概预算、财务以及工程管理等方面专业技术人员名单、职称证书或执业资格证书及其工作经历的证明材料。

2. 招标公告的编制

招标人采用公开招标方式的，应当发布招标公告。依法必须进行招标的项目的招标公告，可通过国家指定的报刊、信息网络或者其他媒介公开发布。

招标广告亦称为招标通告，其主要内容是：

（1）招标人的名称和地址；

（2）招标项目的内容、规模、资金来源；

（3）招标项目的实施地点和工期；

（4）获取招标文件或者资格预审文件的地点和时间；

（5）对招标文件或者资格预审文件收取的费用；

（6）对投标人的资质等级的要求；

（7）其他要说明的问题。

施工招标公告一般格式范例如下：

________（项目名称）________标段施工招标公告

1. 招标条件

本招标项目________（项目名称）已由________（项目审批、核准或备案机关名称）以________（批文名称及编号）批准建设，招标人（项目业主）为________，建设资金来自________（资金来源），项目出资比例为________。项目已具备招标条件，现对该项目的施工进行公开招标。

2. 项目概况与招标范围

____（说明本招标项目的建设地点、规模、合同估算价、计划工期、招标范围、标段划分（如果有）等）。

3. 投标人资格要求

3.1 本次招标要求投标人须具备________资质，________（类似项目描述）业绩，并在人员、设备、资金等方面具有相应的施工能力，其中，投标人拟派项目经理须具备专业________级注册建造师执业资格，具备有效的安全生产考核合格证书，且未担任其他在施建设工程项目的项目经理。

3.2 本次招标________（接受或不接受）联合体投标。联合体投标的，应满足下列要求：____________________。

3.3 各投标人均可就本招标项目上述标段中的________（具体数量）个标段投标，但最多允许中标________（具体数量）个标段（适用于分标段的招标项目）。

4. 投标报名

凡有意参加投标者，请于______年______月______日至______年______月______日（法定公休日、法定节假日除外），每日上午______时至______时，下午______时至______时（北京时间，下同），在______（有形建筑市场/交易中心名称及地址）报名。

5. 招标文件的获取

5.1 凡通过上述报名者，请于______年______月______日至______年______月______日（法定公休日、法定节假日除外），每日上午______时至______时，下午______时至______时，在______（详细地址）持单位介绍信购买招标文件。

5.2 招标文件每套售价______元，售后不退。图纸押金______元，在退还图纸时退还（不计利息）。

5.3 邮购招标文件的，需另加手续费（含邮费）______元。招标人在收到单位介绍信和邮购款（含手续费）后______日内寄送。

6. 投标文件的递交

6.1 投标文件递交的截止时间（投标截止时间，下同）为______年______月______日______时分，地点为________________（有形建筑市场交易中心名称及地址）。

6.2 逾期送达的或者未送达指定地点的投标文件，招标人不予受理。

7. 发布公告的媒介

本次招标公告同时在______（发布公告的媒介名称）上发布。

8. 联系方式

招 标 人：____________________ 招标代理机构：________________

地　　址：____________________ 地　　址：____________________

邮　　编：____________________ 邮　　编：____________________

联 系 人：____________________ 联 系 人：____________________

电　　话：____________________ 电　　话：____________________

传　　真：____________________ 传　　真：____________________

电子邮件：____________________ 电子邮件：____________________

网　　址：____________________ 网　　址：____________________

开户银行：____________________ 开户银行：____________________

账　　号：____________________ 账　　号：____________________

______年______月______日

说明："招标公告"按招标项目相关审批手续及招标人要求填写。资格预审公告亦可采用本公告格式。

依法必须进行招标的项目的资格预审公告和招标公告，应当在国务院发展改革部门依法指定的媒介发布。在不同媒介发布的同一招标项目的资格预审公告或者招标公告的内容应当一致。指定媒介发布依法必须进行招标的项目的境内资格预审公告、招标公告，不得收取费用。

3. 资格预审文件的编制

招标人采用资格预审办法对潜在投标人进行资格审查的，应当发布资格预审公告、编制资格预审文件。编制依法必须进行招标的项目的资格预审文件和招标文件，应当使用国务院发展改革部门会同有关行政监督部门制定的标准文本。资格预审文件的内容包括资格预审通告、资格预审须知及有关附件和资格预审申请的有关表格。

（1）资格预审通告

通告的主要内容应包括以下方面：

1）资金的来源。

2）对申请预审人的要求。主要写明投标人应具备以往类似的经验和在设备、人员及资金方面完成本工作能力的要求。有时，还对投标人员的其他方面提出要求。例如，我国对外招标，对投标方的一个基本要求是必须承认、遵守我国的各项法律法规。

3）招标人的名称和邀请投标人对工程项目完成的工作，包括工程概述和所需劳务、材料、设备和主要工程量清单。

4）获取进一步信息和资料预审文件的办公室名称和地址、负责人姓名、购买资格预审文件的时间和价格。

5）资格预审申请递交的截止日期。

6）向所有参加资格预审的投标人公布入选名单的时间。

（2）资格预审须知

资格预审须知应包括以下内容：

1）总则。分别列出工程建设项目或其各种资金来源，工程概述，工程量清单，对申请人的基本要求。

2）申请人须提交的资料及有关证明。一般有：申请人的身份和组织机构；申请人过去的详细履历（包括联营体各成员）；可用于本招标工程的主要施工设备的详细情况；工程的主要人员的资历和经验。

3）资格预审通过的强制性标准。强制性标准以附件的形式列入，它是指通过资格预审时对列入工程项目一览表中主要项目提出的强制性要求，包括强制性经验标准、强制性财务、人员、设备、分包、诉讼及履约标准等。

4）对联合体提交资格预审申请要求。两个以上法人或者其他组织组成一个联合体，以一个投标人的身份共同投标，则联合体各方面应当具备规定的相应资格条件。由同一专业的单位组成的联合体，按照资质等级较低的单位确定资质等级。

5）对通过资格预审单位所建议的分包人的要求。由于对资格预审申请者所建议的分包人也要进行资格预审，通过资格预审后如果对所建议的分包人有变更时，必须征得招标人的同意，否则，对其资格预审将被视为无效。

6）对申请参加资格预审的国有企业的要求。凡参加资格预审的企业应满足如下要求方可投标。该企业必须是从事商业活动的法律实体，不是政府机关，有独立的经营权、决策权的企业，可自行承担合同义务，具有对员工的解聘权。

7）其他规定。包括递交资格预审文件的份数、递交地址、邮编、联系电话、截止日期等，资格预审的结果和已通过资格预审的申请者的名单将以书面形式通知每一位申请人。

（3）资格预审须知的有关附件

1）工程概述。工程概述内容一般包括项目的环境，如地点，地形与地貌，地质条件，气象水文，交道能源及服务设施等。工程概况，主要说明所包含的主要工程项目的概况，如结构工程，土方工程，合同标段的划分，计划工期等。

2）主要工程一览表。用表格的形式将工程项目中各项工程的名称、数量、尺寸和规格表格列出，如果一个项目分几个合同招标的话，应按招标合同分别列出，使人看起来一目了然。

3）强制性标准一览表。对于各工程项目通过资格预审的强制性要求，要求用表格的形列出，并要求申请人填写详细情况，该表分为三栏：提出强制性要求的项目名称；强制性业绩要求；申请人满足或超过业绩要求的评述（由申请人填写）。

4）资格预审时间表。表中列出发布资格预审通告的时间，出售资格预审文件的时间，交资格预审申请书的最后日期和通知资格预审合格的投标人名单的日期等。

（4）资格预审申请书的表格

为了让资格预审申请者按统一的格式递交申请书，在资格预审文件中按通过资格预审的条件编制成统一的表格，让申请者填报，以便进行评审。申请书的表格通常包括如下表格：

1）申请人表。主要包括申请者的名称、地址、电话、电传、传真、成立日期等。如果是以联合体形式投标的，应首先列明牵头的申请者，然后是所有合伙人的名称、地址等，并附上每个公司的章程、合伙关系的文件等。

2）申请合同表。如果一个工程项目分几个合同招标，应在表中分别列出各合同的编号和名称，以便让申请人选择申请资格预审的合同。

3）组织机构表。它包括公司简况、领导层名单、股东名单、直属公司名单、驻当地办事处或联络机构名单等。

4）组织机构框图。主要叙述并用框图表示申请者的组织机构，与母公司或子公司的关系，总负责人和主要人员。如果是联营体应说明合作伙伴关系及在合同中的责任划分。

5）财务状况表。它包括的基本数据为：注册资金、实有资金、总资产、流动资产、总负债、流动负债、未完成工程的年投资额、未完成工程的总投资额、年均完成投资额（近3年）、最大施工能力等。近3年年度营业额和为本项目合同工程提供的营运资金，现在正进行的工程估价，今后两年的财务预算、银行信贷证明，并随附由审计部门或由省市公证部门公证的财务报表，包括损益表、资产负债表及其他财务资料。

6）公司人员表。公司人员表包括管理人员、技术人员、工人及其他人员的数量，拟为本合同提供的各类专业技术人员数及其从事本专业工作的年限。公司主要人员表，其中包括一般情况和主要工作经历。

7）施工机械设备表。它包括拟用于本合同自有设备，拟新购置设备和租用设备的名称、数量、型号、商标、出厂日期、现值等。

8）分包商表。它包括拟分包工程项目的名称，占总工程价的百分数，分包商的名称、经验、财务状况、主要人员、主要设备等。

9）已完成的同类工程项目表。包括项目名称、地点、结构类型、合同价格、竣工日期、工期、业主或监理工程师的地址、电话、电传等。

10）在建项目表。它包括正在施工和已知意向但未签订合同的项目名称、地点、工程概况、完成日期、合同总价等。

11）介入诉讼条件表。详细说明申请者或联营体内合伙人介入诉讼或仲裁的案件。

对于以上表格可根据要求的内容和需要自行设计，力求简单明了，并注明填表的要求，特别应该注意的是对于每一张表格都应有授权人的签字和日期，对于要求提供证明附件的应附在表后。

4. 招标文件的编制

（1）招标文件编制原则

招标文件的编制必须做到系统、完整、准确、明了，即提出要求的目标明确，使投标人一目了然。编制招标文件的依据和原则是：

1）首先要确定建设单位和建设项目是否具备招标条件。不具备条件的须委托具有相应资质的咨询、监理单位代理招标。

2）必须遵守《招标投标法》及有关贷款组织的要求。因为招标文件是中标者签订合同的基础。按《合同法》规定，凡违反法律、法规和国家有关规定的合同属于无效合同。招标文件必须符合国家《招标投标法》、《合同法》等多项有关法规、法令等。

3）应公正、合理地处理招标人投标人的关系，保护双方的利益。如果招标人在招标文件中不恰当地过多将风险转移给投标人一方，势必迫使投标人加大风险费用，提高投标报价，而最终还是招标人一方增加支出。

4）招标文件应正确、详尽地反映项目的客观真实情况，这样才能使投标者在客观可靠的基础上投标，减少签约、履约过程中的争议。

5）招标文件各部分的内容必须统一。这一原则是为了避免各份文件之间的矛盾。招标文件涉及投标者须知、合同条件、规范、工程量表等多项内容。如果文件各部分之间矛盾多，就会给投标工作和履行合同的过程中带来许多争端，甚至影响工程的施工。

（2）招标文件的内容

招标文件是招标单位编制的工程招标的纲领性、实施性文件，是各投标单位进行投标的主要客观依据。

招标人根据施工招标项目的特点和需要编制招标文件。招标文件一般包括下列内容：投标邀请书；投标人须知；合同主要条款；投标文件格式；采用工程量清单招标的，应当提供工程量清单；技术条款；设计图纸；评标标准和方法；投标辅助材料。

招标人应当在招标文件中规定实质性要求和条件，并用醒目的方式标明。

1）投标邀请书。投标邀请书是发给通过资格预审投标人的投标邀请信函，并请其确认是否参与投标。

2）投标人须知。投标人须知是对投标人投标时的注意事项的书面阐述和告知。投标人须知包括两部分：第一部分是投标须知前附表，第二部分是投标须知正文，主要内容包括对总则、招标文件、投标文件、开标、评标、授予合同等方面的说明和要求。投标须知前附表是投标人须知正文部分的概括和提示，排序在投标人须知正文前面，不仅利于引起投标人注意，也便于查阅检索。其常用格式见范例见表 2-1。

投标须知前附表 **表 2-1**

项号	条款号	内　　容	说明与要求
1	1.1	工程名称	××住宅项目施工
2	1.1	建设地点	××区
3	1.1	建设规模	本标段建筑面积约 36540.24m^2
4	1.1	承包方式	施工总承包
5	1.1	质量目标	合格
6	2.1	招标范围	标段 4：A7 楼本标段土建、采暖、给水排水、电气、消防工程（工程量清单和招标图纸中包含的全部内容）
7	2.2	工期要求	计划开工日期：2014 年 3 月 25 日 计划竣工日期：2015 年 4 月 30 日 从接到甲方进场通知后开始施工

续表

项号	条款号	内　容	说明与要求
8	3.1	资金来源	非政府投资
9	4.1	资质等级要求	房屋建筑工程施工总承包壹级以上（含壹级）资质
10	4.3	资格审查方式	资格预审
11	13.1	工程报价方式	工程量清单报价
12	15.1	投标有效期	为：60日历天（从投标人提交投标文件截止之日算起）
13	16.1	投标保证金的递交	投标保证金金额：80万元 提交保证金时间：2014年2月10日11：00前 提交保证金地点：××路10号401室××招标公司 招标代理机构开户行：××革新支行 账　　　　号：23100066201O××000000 开　户　名　称：××招标公司 投标保证金形式：支票、电汇或银行汇票 投标保证金必须从投标人基本账户拨付，否则视为未交投标保证金
14	5	踏勘现场	时　　间：2014年2月10日9：00 集合地点：××公司门前
	6	问题的提交	投标人提出的问题在2014年2月10日11：00时前以电子邮件形式向招标代理机构提交
		投标预备会（答疑会）	时　　间：2014年2月10日14：00 地　　点：××路10号
15	17	投标人的替代方案	不接受
16	18.1	投标文件份数	投标人应分标段制作投标文件，各标段份数如下： 正本1份，副本5份 电子版文件1套（包括商务标电子标书2张专用光盘、1张普通光盘或U盘）
17	21.1	投标文件提交地点及截止时间	收 件 人：××招标公司 地　　点：××街122号，××市建设工程交易中心 开始接收时间：2014年2月25日8：00 投标截止时间：2014年2月25日9：00
18	25.1	开　　标	开标时间：2014年2月25日9：00 开标地点：××街122号，××市建设工程交易中心
19	32.4	评标方法及标准	综合评估法，详见招标文件第九章评标标准和办法
20	37	履约担保金额	投标人提供的履约担保金额为合同总价的5%，形式为银行保函、电汇、银行汇票
21		投标限价	本次招标设最高限价，投标人的报价必须低于或等于此限价，否则废标。投标限价的金额将在投标截止日3天前公布并书面通知所有招标文件收受人

3）合同主要条款。我国建设工程施工合同包括“建设工程施工合同条件”和“建设工程施工合同协议条款”两部分。“合同条件”为通用条件，共计10方面41条；“协议条款”为专用条款。合同条款是招标人与中标人签订合同的基础。在招标文件中发给投标人，一方面要求投标人充分了解合同义务和应该承担的风险责任，以便在编制投标文件时加以考虑；另一方面允许投标人在投标书中以及合同谈判时提出不同意见，如果招标人同意也可以对部分条款的内容予以修改。

4）投标文件格式。投标书是由投标人授权的代表签署的一份投标文件，一般都是由招标人或咨询工程师拟定好的固定格式，由投标人填写。

5）采用工程量清单招标的，应当提供工程量清单。《建设工程工程量清单计价规范》GB 50500—2013规定，工程量清单是表现拟建工程的分部分项工程项目、措施项目、其他项目、规费项目和税金项目名称和相应数量的明细清单。工程量清单是由封面、总说明、分部分项工程量清单、措施项目清单、其他项目清单、规费项目清单、税金项目清单表等七个部分组成。

6）技术条款。这部分内容是投标人编制施工规划和计算施工成本的依据。一般有三个方面的内容：一是提供现场的自然条件；二是现场施工条件；三是本工程采用的技术规范。

7）设计图纸。图纸是招标文件和合同的重要组成部分，是投标人在拟定施工方案、确定施工方法以及提出替代方案、计算投标报价必不可少的资料。图纸的详细程度取决于设计的深度与合同的类型。

8）评标标准和方法。评标标准和方法应根据工程规模和招标范围详细地确定出来。

9）投标辅助材料。投标辅助材料主要包括项目经理简历表、主要施工管理人员表、主要施工机械设备表、项目拟分包情况表、劳动力计划表、现金流量表、施工方案或施工组织设计、施工进度计划表、临时设施布置及临时用地表等。

招标文件编制完毕后需报上级主管部门审批。因此，招标工作小组必须填写“建设工程施工招标文件报批表”，见表2-2。

建设工程施工招标文件报批表　　　　表2-2

<table>
<tr><td>招标文件</td><td colspan="3"></td></tr>
<tr><td>招标工程名称</td><td></td><td>本表报批日期</td><td>年　月　日</td></tr>
<tr><td>招标文件编制单位</td><td></td><td>资质等级</td><td></td></tr>
<tr><td>招标文件文号</td><td></td><td>招标文件</td><td>共　页　附后</td></tr>
<tr><td colspan="4">招标单位：（盖章）
法人代表：（盖章）
年　月　日</td></tr>
<tr><td colspan="4">核准意见</td></tr>
<tr><td colspan="4">核准单位：（盖章）
核准日期：　　年　　月　　日</td></tr>
</table>

注：本表申报二份，核准后退还一份。

5. 编制、审核标底

招标人可以自行决定是否编制标底。一个招标项目只能有一个标底。招标人设有标底的，《招标投标法》第二十二条规定，招标人不得向他人透露已获取招标文件的潜在投标人的名称、数量以及可能影响公平竞争的有关招标投标的其他情况。标底必须保密，标底编制应符合实际，力求准确、客观、公正，不超出工程投资总额。

接受委托编制标底的中介机构不得参加受托编制标底项目的投标，也不得为该项目的投标人编制投标文件或者提供咨询。

招标人设有最高投标限价的，应当在招标文件中明确最高投标限价或者最高投标限价的计算方法。招标人不得规定最低投标限价。

(1) 标底的作用

标底既是核算预期投资的依据和衡量投标报价的准绳，又是评价的主要尺度和选择承包企业报价的经济界限。

(2) 编制标低应遵循的原则和依据

1) 标底编制的原则

① 根据设计图纸及同有关资料、招标文件，参照国家规定的技术、经济标准定额及范例，确定工程量和编制标底。

② 标底价格应由成本、利润、税金组成。一般应控制在批准的总概算及投资包干的限额内。标底的计算内容、计算依据应与招标文件一致。

③ 标底价格作为建设单位的期望计划价，应力求与市场的实际变化吻合，要有利于竞争和保证工程质量。

④ 标底应考虑人工、材料、机械台班等价格变动因素，还应包括施工不可预见费、包干费和措施费等。

⑤ 一个工程只能有一个标底。

2) 标底的编制依据

① 已批准的初步设计、投资概算。

② 国家颁发的有关计价办法。

③ 有关部委及省、自治区、直辖市颁发的相关定额。

④ 建筑市场供求竞争状况。

⑤ 根据招标工程的技术难度、实际发生而必须采取的有关技术措施等。

⑥ 工程投资、工期和质量等方面的因素。

3) 标底的审核

标底必须报经招标投标办事管理机构审定。

标底编制完后必须报经招标投标办事机构审核、确定批准。经核准后的标底文件及其标底总价，由招标投标管理单位负责向招标人进行交底，密封后，由招标人取回保管。核准后的标底总价为招标工程的最终标底价，未经招标投标管理单位的同意，任何人无权再改变标底总价。标底文件及其标底，一经审定应密封保存至开标时，所有接触到标底的人员均负有保密责任，自编制之日起至公布之日止应严格保守秘密。

6. 编制招标文件注意事项

(1) 评标原则和评标办法细则，尤其是计分方法在招标文件中要明确。

(2) 投标价格中，一般结构不太复杂或工期在12个月以内的工程，可以采用固定价格，考虑一定的风险系数。结构较复杂的工程或大型工程，工期在12个月以上的，应采用调整价格。价格的调整方法及调整范围应在招标文件中明确。

(3) 在招标文件中应明确投标价格计算依据，主要有以下几个方面：工程计价类别；执行的概预算定额及费用定额；执行的人工、材料、机械设备政策性调整文件；材料、设备计价方法及采购、运输、保管的责任；工程量清单。

(4) 质量标准必须达到国家施工验收规范合格标准，对于要求质量达到优良标准时，应计取补偿费用，补偿费用的计算方法应按国家或地方有关文件规定执行，并在招标文件中明确。

(5) 招标文件中的建设工期应参照国家或地方颁发的工期定额来确定，如果要求的工期比工期定额缩短20%以上（含20%）的，应计算赶工措施费。赶工措施费如何计取应在招标文件中明确。由于施工单位原因造成不能按合同工期竣工时，计取赶工措施费的须扣除，同时还应赔偿由于误工给建设单位带来的损失。其损失费用的计算方法或规定应在招标文件中明确。

(6) 如果建设单位要求按合同工期提前竣工交付使用，应考虑计取提前工期奖，提前工期奖的计算办法应在招标文件中明确。

(7) 在招标文件中应明确投标保证金数额，一般投标保证金数额不超过投标总价的2%，投标保证金有效期应当与投标有效期一致。依法必须进行招标的项目的境内投标单位，以现金或者支票形式提交的投标保证金应当从其基本账户转出。招标人不得挪用投标保证金。

(8) 中标单位应按规定要向招标单位提交履约担保，履约担保可采用银行保函或履约担保书。履约担保比率应在招标文件中明确。一般情况下，银行出具的银行保函为合同价格的5%；履约担保书为合同价格的10%。

(9) 材料或设备采购、运输、保管的责任在招标文件中明确，如建设单位提供材料或设备，应列明材料或设备的名称、品种或型号、数量以及提供日期和交货地点等；还应在招标文件中明确招标单位提供的材料或设备计价和结算退款方式。

(10) 关于工程量清单，招标单位按国家颁布的统一工程项目划分，统一计量单位和统一的工程量计算规则，根据施工图计算工程量，提供给投标单位作为投标报价的基础。结算拨付工程款时以实际工程量为依据。

(11) 招标人可以依法对工程以及与工程建设有关的货物、服务全部或者部分实行总承包招标。以暂估价形式包括在总承包范围内的工程、货物、服务属于依法必须进行招标的项目范围且达到国家规定规模标准的，应当依法进行招标。

暂估价，是指总承包招标时不能确定价格而由招标人在招标文件中暂时估定的工程、货物、服务的金额。

(12) 对技术复杂或者无法精确拟定技术规格的项目，招标人可以分两阶段进行招标。

第一阶段，投标人按照招标公告或者投标邀请书的要求提交不带报价的技术建议，招标人根据投标人提交的技术建议确定技术标准和要求，编制招标文件。

第二阶段，招标人向在第一阶段提交技术建议的投标人提供招标文件，投标人按照招标文件的要求提交包括最终技术方案和投标报价的投标文件。

招标人要求投标人提交投标保证金的，应当在第二阶段提出。

2.2 建设工程招标

2.2.1 发布招标公告或投标邀请函

建设单位的招标申请经招标投标办事机构批准，并备妥招标文件之后，即可发出资格预审公告、招标公告或投标邀请书。招标公告一般在开标前1～3个月发出。

实行公开招标的工程，必须在有形建筑市场（即建设工程交易中心）或建设行政主管部门指定的报刊上发布招标公告，也可以同时在其他全国性或国外报刊上刊登招标公告，在信息网络或其他媒介发布。要积极创造条件，逐步实行工程信息的计算机联网。

实行邀请招标的工程，也应当在有形建筑市场发布招标信息，由招标单位向符合承包条件的单位发出“施工投标邀请书”。施工投标邀请书一般格式范例如下：

______(项目名称)______标段施工投标邀请书

______（被邀请单位名称）：

1. 招标条件

本招标项目______（项目名称）已由______（项目审批、核准或备案机关名称）以______（批文名称及编号）批准建设，招标人（项目业主）为______，建设资金来自______（资金来源），出资比例为______。项目已具备招标条件，现邀请你单位参加______（项目名称）标段施工投标。

2. 项目概况与招标范围

____（说明本招标项目的建设地点、规模、合同估算价、计划工期、招标范围、标段划分（如果有）等）。

3. 投标人资格要求

3.1 本次招标要求投标人具备______资质，______（类似项目描述）业绩，并在人员、设备、资金等方面具有相应的施工能力。

3.2 你单位______（可以或不可以）组成联合体投标。联合体投标的，应满足下列要求：______。

3.3 本次招标要求投标人拟派项目经理具备____专业____级注册建造师执业资格，具备有效的安全生产考核合格证书，且未担任其他在施建设工程项目的项目经理。

4. 招标文件的获取

4.1 请于____年____月____日至____年____月____日（法定公休日、法定节假日除外），每日上午____时至____时，下午____时至____时（北京时间，下同），在____（详细地址）持本投标邀请书购买招标文件。

4.2 招标文件每套售价____元，售后不退。图纸押金____元，在退还图纸时退还（不计利息）。

4.3 邮购招标文件的，需另加手续费（含邮费）____元。招标人在收到邮购款（含手续费）后____日内寄送。

5. 投标文件的递交

5.1 投标文件递交的截止时间（投票截止时间，下同）为____年____月____日____时____分，地点为______________（有形建筑市场/交易中心名称及地址）。

5.2 逾期送达的或者未送达指定地点的投标文件，招标人不予受理。

6. 确认

你单位收到本投标邀请书后，请于____（具体时间）前以传真或快递方式予以确认。

7. 联系方式

招 标 人：____________________	招标代理机构：________________
地　　址：____________________	地　　址：____________________
邮　　编：____________________	邮　　编：____________________
联 系 人：____________________	联 系 人：____________________
电　　话：____________________	电　　话：____________________
传　　真：____________________	传　　真：____________________
电子邮件：____________________	电子邮件：____________________
网　　址：____________________	网　　址：____________________
开户银行：____________________	开户银行：____________________
账　　号：____________________	账　　号：____________________

______年______月______日

说明：“施工投标邀请书”按招标项目填写，如被邀请投标人有五个，则分别向五个投标人签发投标邀请书。

在发出招标公告或投标邀请书后，招标人一般不得随便更改广告上的内容和条件，更不允许无故撤销广告。否则，就应承担由此给投标人造成的经济损失。除遇有不可抗力的原因外，不得终止招标。

2.2.2 对投标人进行资格预审

1. 投标人资格审查的方式

资格审查分为资格预审和资格后审。

资格预审，是指在投标前对潜在投标人进行的资格审查。

资格后审，是指在开标后对投标人进行的资格审查。

进行资格预审的，一般不再进行资格后审，但招标文件另有规定的除外。

通常公开招标采用资格预审，只有资格预审合格的施工单位才准许参加投标；不采用资格预审的公开招标应进行资格后审，即在开标后进行资格审查。

2. 投标人资格审查的目的和内容

（1）投标人资格预审的目的和内容

招标人采用公开招标时，面对不熟悉的、众多的潜在投标人，要经过资格预审从中选择合格的投标人参与正式投标。

1）投标人资格预审的目的

① 提供投标信息，易于招标人决策。经资格预审可了解参加竞争性投标的投标人数目、公司性质、组成等。使招标人针对各投标人的实力进行招标决策。

② 通过资格预审可以使招标人和工程师预先了解应邀投标公司的能力，提前进行资信调查，了解潜在投标人的信誉、经历、财务状况以及人员和设备配备的情况等，以确定潜在投标人是否有能力承担拟招标的项目。

③ 防止皮包公司参加投标，避免给招标人的招标工作带来不良影响和风险。

④ 确保具有合理竞争性的投标。具有实力的和讲信誉的大公司，一般不愿参加不做资格预审招标的投标，因为这种无资格限制的招标并不总是有利于合理竞争。高水平的优秀的投标，往往因其投标报价较高而不被接受。相反，资格差的和低水平的投标，可能由于投标报价低而被接受，这将给招标人造成较大的风险。

⑤ 对投标人而言，可使其预先了解工程项目条件和招标人要求，初估自身条件是否合格，以及初步估计可能获得的利益，以便决策是否正式投标。对于那些条件不具备，将来肯定被淘汰的投标人也是有好处的，可尽早终止参与投标活动，节省费用。同时，可减少评标人评标工作量。

2）投标人资格预审的内容

招标人对投标人的资格预审通常包括如下内容：

① 投标人投标合法性审查。包括投标人是否正式注册的法人或其他组织；是否具有独立签约的能力；是否处于正常的经营状态，即是否处于被责令停业，有无财产被接管、冻结等情况；是否有相互串通投标等行为；是否正处于被暂停参加投标的处罚期限内等。经过审查，确认投标人有不合法情形的，应将其排除。

② 审查投标人的经验与信誉。看其是否有曾圆满完成过与招标项目在类型、规模、结构、复杂程度和所采用的技术以及施工方法等方面相类似项目的经验，或者具有曾提供过同类优质货物服务的经验，是否受到以前项目业主的好评，在招标前一个时期内的业绩如何，以往的履约情况如何等。

③ 审查投标人的财务能力。主要审查其是否具备完成项目所需的充足的流动资金以及有信誉的银行提供的担保文件，审查其资产负债情况。

④ 审查投标人的人员配备能力。主要是对投标人承担招标项目的主要人员的学历、管理经验进行审查，看其是否有足够的具有相应资质的人员具体从事项目的实施。

⑤ 审查拟完成项目的设备配备情况及技术能力。看其是否具有实施招标项目的相应设备和机械，并是否处于良好的工作状态，是否有技术支持能力等。

资格审查时，招标人不得以不合理的条件限制、排斥潜在投标人或者投标人，不得对潜在投标人或者投标人实行歧视待遇。任何单位和个人不得以行政手段或者其他不合理方式限制投标人的数量。

（2）投标人资格后审的目的和内容

一般情况下，无论是否经过资格预审，在评标阶段对所有的投标人进行资格后审目的是核查投标人是否符合招标文件规定的资格条件，不符合资格条件者，招标人有权取消其投标资格。防止皮包公司参与投标，防止不符合要求的投标人中标给发包人带来风险。

如果投标资格后审的评审内容与资格预审的内容相同，投标前已进行了资格预审，则资格后审主要评审参与本项目实施的主要管理人员是否有变化，变化后给合同实施可能带来的影响；评审财务状况是否有变化，特别是核查债务纠纷，是否被责令停业清理，是否处于破产状态；评审已承诺和在建项目是否有变化，如有增加时，应评估是否会影响本项目的实施等。

3. 资格预审程序

（1）编制资格预审文件

由招标人组织有关专业人员编制，或委托招标代理机构编制。资格预审文件的主要内容有：工程项目简介、对投标人的要求、各种附表等。资格预审文件应报请有关行政监督部门审查。

（2）刊登资格预审公告

资格预审公告应刊登在国内外有影响的、发行面比较大的有关报刊上，邀请有意参加工程投标的承包人申请投标资格预审。资审预审公告的格式范例如下：

______（项目名称）______标段施工招标

资格预审公告（代招标公告）

1. 招标条件

本招标项目________（项目名称）已由________（项目审批、核准或备案机关名称）以________（批文名称及编号）批准建设，项目业主为____，建设资金来自________（资金来源），项目出资比例为________，招标人为________，招标代理机构为________。项目已具备招标条件，现进行公开招标，特邀请有兴趣的潜在投标人（以下简称申请人）提出资格预审申请。

2. 项目概况与招标范围

________（说明本次招标项目的建设地点、规模、计划工期、合同估算价、招标范围、标段划分（如果有）等）。

3. 申请人资格要求

3.1　本次资格预审要求申请人具备________资质，________（类似项目描述）业绩，并在人员、设备、资金等方面具备相应的施工能力，其中，申请人拟派项目经理须具备专业________级注册建造师执业资格和有效的安全生产考核合格证书，且未担任其他在施建设工程项目的项目经理。

3.2　本次资格预审________（接受或不接受）联合体资格预审申请。联合体申请资格预审的，应满足下列要求：________。

3.3　各申请人可就本项目上述标段中的________（具体数量）个标段提出资格预审申请，但最多允许中标________（具体数量）个标段（适用于分标段的招标项目）。

4. 资格预审方法

本次资格预审采用________（合格制/有限数量制）。采用有限数量制的，当通过详细审查的申请人多于________家时，通过资格预审的申请人限定为____家。

5. 申请报名

凡有意申请资格预审者，请于____年____月____日至____年____月____日（法定公休日，法定节假日除外），每日上午____时至____时，下午____时至____时（北京时间，下同），在________（有形建筑市场/交易中心名称及地址）报名。

6. 资格预审文件的获取

6.1 凡通过上述报名者，请于____年____月____日至____年____月____日（法定公休日、法定节假日除外），每日上午____时至____时，下午____时至____时，在（详细地址）持单位介绍信购买资格预审文件。

6.2 资格预审文件每套售价________元，售后不退。

6.3 邮购资格预审文件的，需另加手续费（含邮费）________元。招标人在收到单位介绍信和邮购款（含手续费）后____日内寄送。

7. 资格预审申请文件的递交

7.1 递交资格预审申请文件截止时间（申请截止时间，下同）为______年______月______日____时____分，地点为____________（有形建筑市场/交易中心名称及地址）。

7.2 逾期送达或者未送达指定地点的资格预审申请文件，招件人不予受理。

8. 发布公告的媒介

本次资格预审公告同时在____________（发布公告的媒介名称）上发布。

9. 联系方式

招 标 人：____________________	招标代理机构：________________
地　　址：____________________	地　　址：____________________
邮　　编：____________________	邮　　编：____________________
联 系 人：____________________	联 系 人：____________________
电　　话：____________________	电　　话：____________________
传　　真：____________________	传　　真：____________________
电子邮件：____________________	电子邮件：____________________
网　　址：____________________	网　　址：____________________
开户银行：____________________	开户银行：____________________
账　　号：____________________	账　　号：____________________

______年______月______日

（3）出售资格预审文件

在指定的时间、地点开始出售资格预审文件。资格预审文件售价以收取工本费为宜。资格预审文件发售的持续时间为从开始发出至截止接受资格预审申请时间为止。

（4）对资格预审文件的答疑

在资格预审文件发售之后，购买资格预审文件的投标人可能对资格预审文件提出各种疑问，这种疑问可能是由于投标人对资格预审文件理解困难，也可能是资格预审文件中存在着疏漏或需进一步说明的问题。投标人应将这些疑问以书面形式（如信函、传真、电报等）提交招标人；招标人应以书面形式回答，并同时通知所有购买资格预审文件的投标人。

（5）报送资格预审文件

投标人应在规定的截止日期之前报送资格预审文件。在报送截止时间之后，招标人不接受任何迟到的资格预审文件。已报送的资格预审文件在规定的截止时间之后不得做任何修改。

（6）澄清资格预审文件

招标人在接受投标人报送的资格预审文件后，可以找投标人澄清报送的资格预审文件中的各种疑点，投标人应按实回答，但不允许投标人修改报送的资格预审文件的内容。

（7）评审资格预审文件

组成资格预审评审委员会，对资格预审文件进行评审。资格审查包括准备工作、资格初步审查、资格详细审查。

1）资格审查的准备工作。资格审查的准备工作主要包括审查委员会成员签到、审查委员会的分工、熟悉文件资料、对申请文件进行基础性数据分析与整理工作。

2）资格初步审查。资格初步审查的具体程序为：

① 审查委员会根据规定的审查因素和审查标准，对申请人的资格预审申请文件进行审查，并使用附表记录审查结果。

② 提交和核验原件。

③ 澄清、说明或补正。

④ 申请人有任何一项初步审查因素不符合审查标准的，或者未按照审查委员会要求的时间和地点提交有关证明和证件的原件、原件与复印件不符或者原件存在伪造嫌疑且申请人不能合理说明的，不能通过资格预审。

3）资格详细审查。资格详细审查的具体程序为：

① 只有通过了初步审查的申请人可进入详细审查。

② 审查委员会根据规定的程序、标准和方法，对申请人的资格预审申请文件进行详细审查，并使用附表记录审查结果。

③ 联合体申请人的资质认定和可量化审查因素（如财务状况、类似项目业绩、信誉等）的指标考核。

④ 澄清、说明或补正。

⑤ 审查委员会应当逐项核查申请人是否存在规定的不能通过资格预审的任何一种情形。

⑥ 不能通过资格预审。申请人有任何一项详细审查因素不符合审查标准的，或者存在规定的任何一种情形的，均不能通过详细审查。

（8）向投标人通知评审结果

招标人以书面形式向所有参加资格预审者通知评审结果，在规定的日期、地点向通过资格预审的投标人出售招标文件。资格预审通过通知书是以施工投标邀请书的形式发出的，其格式范例如下：

投标邀请书

备案编号：SG××××××

××招标公司受××住房管理中心的委托对“××住宅工程项目施工”进行国内公开招标。欢迎资格预审合格的投标人，就该工程的施工提交密封投标。

1. 招标内容：本项目一期总建筑面积约50万平方米，地上商服、地下车库、地下人防等多种用途建筑。共划分9个标段：

标段一：A1楼、A3楼。

标段二：A2楼、A4楼。

标段三：A5楼、A6楼。

标段四：A7楼。

标段五：A8楼、A9楼、A11楼、A12楼。

标段六：A13楼、A14楼、A15楼。

标段七：C1楼、C3楼、C5楼。

标段八：C2楼、C4楼、C6楼。

标段九：C7楼、C9楼。

2. 工程地点：××市××区。

3. 本工程对投标人的资格审查采用资格预审方式，只有资格预审合格的投标人才能购买招标文件。招标文件发售时间、地点：2014年2月5日起至2014年2月9日止每日9：00—16：00在××招标公司401室（××路10号）。

4. 招标文件售价：2000元人民币/标段，招标文件售后不退。

5. 投标截止时间及开标时间：2014年2月25日9：00。

6. 投标文件递交及开标地点：××市建设工程交易中心（××街122号）。

招 标 人：××住房管理中心

地　　址：××街××号

联 系 人：×××　　　　电　　话：0451-××××××

招标代理：××招标公司

地　　址：××路10号。

联 系 人：　　　　电子信箱：××××5@126.com

电　　话：　　　　　　传　　真：

开户名称：××招标公司

开户银行：××支行

账　　号：

说明：该范例为本教材工程案例（参见附录）。

国际工程资格预审程序框图见图 2-3。

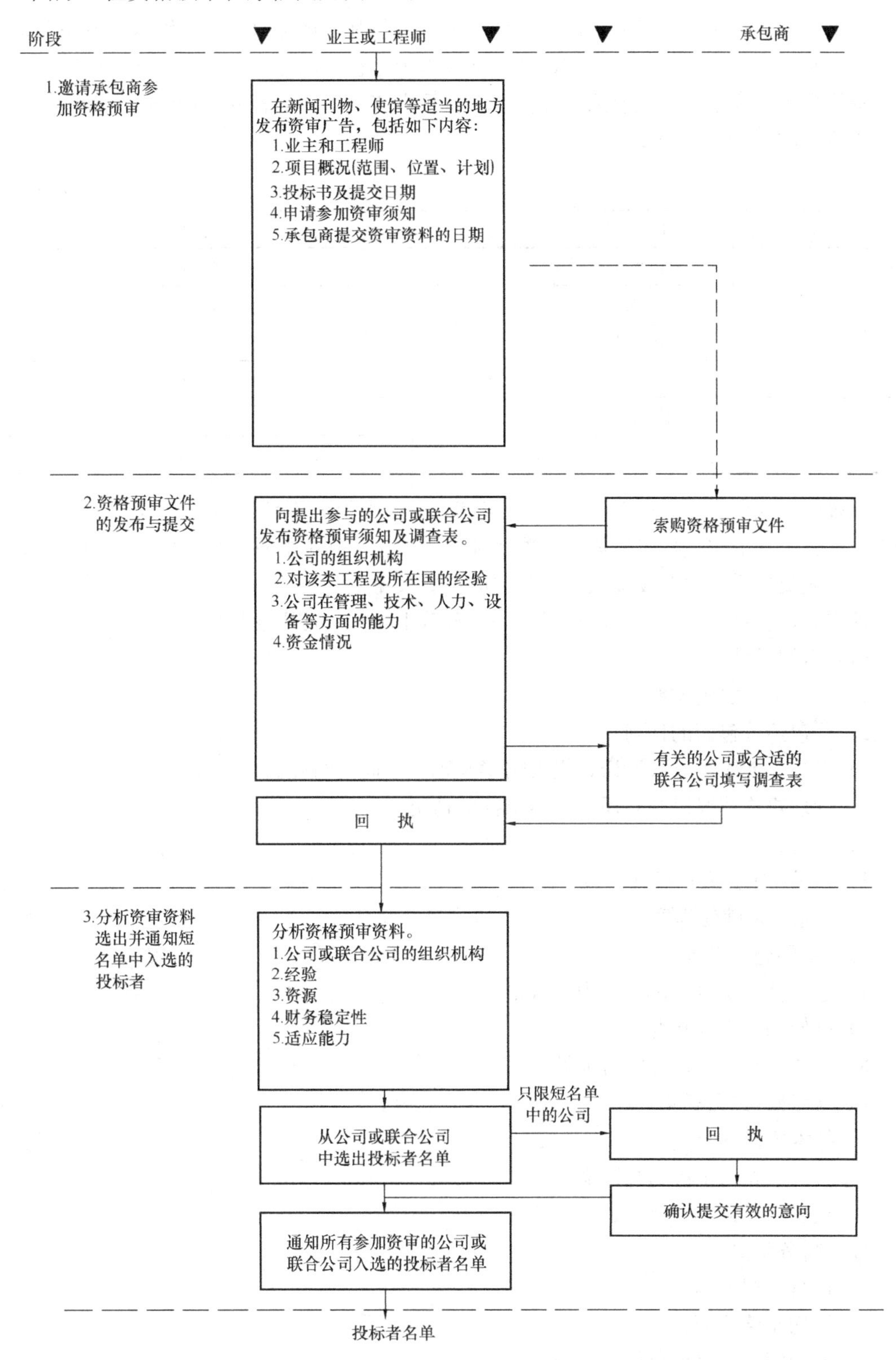

图 2-3　资格预审程序框图

4. 资格预审的评审方法

资格预审的评审标准必需考虑到评标标准，一般凡属评标时考虑的因素，资格预审评审时可不必考虑。反过来，也不应该把资格预审中已包括的标准再列入评标的标准。

资格预审的评审方法一般采用评分法。将预审应该考虑的各种因素分类，确定它们在评审中应占的比分，见表 2-3。

表 2-3

序号	评分项目	分值
1	机构及组织	10 分
2	人员	15 分
3	设备、机械	15 分
4	经验、信誉	30 分
5	财务状况	30 分
总分		100 分

一般申请人所得总分在 70 分以下，或其中有一类得分不足最高分的 50%者，视为不合格，各类因素的权重数应根据招标项目性质以及在实施中的重要程度而言，如复杂的工程项目，人员素质、工业设施项目设备项应占更大比重。

评审时，在每一因素下面还可以进一步分若干参数，常用参数如下：

(1) 组织及计划

1) 总的项目实施方案。

2) 分包给分包商的计划。

3) 以往未能履约导致诉讼、损失赔偿及延长合同的情况。

4) 管理机构情况以及对现场实施指挥的情况。

(2) 人员简介

1) 经理和主要人员胜任程度。

2) 专业人员胜任程度。

(3) 主要施工设施及设备

1) 适用性（型号、工作能力、数量)。

2) 已使用年份及状况。

3) 来源及获得该设施的可能性。

(4) 经理（过去三年)

1) 技术方面的介绍。

2) 所完成相似工程的合同额。

3) 获优、优良工程情况。

(5) 财务状况

1) 银行介绍的函件。

2) 平均年营业额。

3) 流动资产与目前负债的比值。

4) 过去三年中完成合同总额。

在同一类中，每个参数可占一分。如果不能令人满意，或所提供的信息不当，可以不给分。能完成项目要求具有一定余力者可以给最高分。如某项工程需要推土机 20 台，而申请人有 30 台可供使用，则可给满分（为 2 分），更多的推土机没有必要，所以不给更高的分数，给分标准可定为 30 台或 30 台以上者给 2 分，20～30 台给 1 分，不足 20 台给 0 分。

有些参数是定性问题，如主要人员胜任程度。这种参数可用高、中、低、不能胜任四级表示，每级分别分为 6，4，2，0 分。

资格预审的评审标准应视具体招标工程、具体情况而定。如财务状况中，招标人要求投标申请人出具一定资金，垫支一部分工程款，也可以采用申请人能取得银行信贷额多少来垫支工程款或其他参数的办法。

5. 确定资格合格投标人短名单

（1）合格条件的要求

资格预审采用及格/不及格制。申请投标人的资格是否合格，不仅看其最终总分的多少，还要检查各单项得分是否满足最低要求的得分。如果一个申请投标人资格预审的总分不低，但其中的某一项得分低于该项预先设定的最低分数线，仍应判定他的资格不合格，因为通过资格预审后即认为他具备实施招标工程的能力，若其投标中标将会在施工阶段给发包人带来很大的风险。通过资格预审申请人的数量不足 3 个的，招标人可重新组织资格预审或不再组织资格预审而直接招标。

（2）确定投标人短名单

目前确定短名单有如下两种方式：

1）不限定合格者数量。为了体现公平竞争原则，所有总分在录取线以上的申请投标人均认为合格，有资格参与投标竞争。但录取线应为满足资格预审预先设定满分总分的 80%。使用世界银行、亚洲开发银行或其他国际金融组织贷款实施的工程项目通常都采用这种方式。

2）限定合格者数量。对得分满足总分 60%以上的申请投标人按照投标须知中说明的预先确定数量（5～7 家），从高分向低分录取。对合格的投标人发出邀请函并请其回函确认是否参加投标，如果某一投标人放弃投标，则以候补排序最高的投标人递补，以保证投标竞争者的数量。目前国内招标的工程项目中，由于国内同一资质的施工企业之间的能力差异不是很大，如果不限定数量往往超过预定合格标准的投标人很多，不能达到突出投标竞争、减少评标工作的目的，因此现在采用这种方式的较多。

资格预审后，招标人应当向所有投标申请人通告资格预审结果，并向资格预审合格的投标申请人发出资格预审合格通知书，告知获取招标文件的时间、地点和方法。经过资格预审合格的申请投标人，均可以参加投标。应当要求合格的投标人在规定时间内以书面形式确认是否参与投标，若有不参加投标者且本次资格预审采用预定数量确定的投标人短名单，则应补充通知记分排名下一位申请人购买招标文件，以保持投标具有竞争性。

6. 资格预审评审报告

资格预审完成后，评审委员会应向招标人提交资格预审报告，并报建设行政主管部门备案。评审报告的主要内容包括：

（1）工程项目概况；

（2）资格预审简介；

（3）资格预审评审标准；

（4）资格预审评审程序；

（5）资格预审评审结果；

（6）资格预审评审委员会名单及附件；

（7）资格预审评分汇总表；

（8）资格预审分项评分表；

（9）资格预审详细评审标准等。

7. 投标人资格审查应注意事项

（1）通过对建筑市场的调查确定主要实施经验方面的资格条件

实施经验是资格审查的重要条件，应依据拟建项目的特点和规模进行建筑市场调查。调查与本项目相类似已完成和准备建设项目的企业资质和施工水平的状况，调查可能参与本项目投标的投标人数目等。依此确定实施本项目企业的资质和资格条件，该资质和资格条件既不能过高，减少竞争；也不能过低，增加评标工作量。还应补充说明的是，我国目前对资质条件过分重视，而轻视资格条件，这是一个误区，随着我国改革开放的不断深入，招标投标事业的发展和建筑市场的不断完善，“资格比资质更重要”的理念会逐步被大家所接受。这也是WTO规则所要求的，因国际承包商没有我国施工企业的等级，所以资质的问题要与国际经济接轨，从这里也可以看出，我国的施工企业也必须从小到大、从低到高、从浅到深地进入其他领域建设，才能成为与国际工程公司竞争的多功能的施工企业。

（2）资格审查文件的文字和条款要求严谨和明确

一旦发现条款中存在同题，特别是影响资格审查时，应及时修正和补遗。但必须在递交资格审查申请截止日前14天发出，否则投标人来不及做出响应，影响评审的公正性。

（3）应公开资格审查的标准

将资格合格标准和评审内容明确地载明在资格审查文件中，即让所有投标人都知道资质和资格条件，以使他们有针对性地编制资格审查申请文件。评审时只能采用上述标准和评审内容，不得采用其他标准，暗箱操作，或限制、排斥其他潜在投标人。

（4）审查投标人提供的资格审查资料的真实性

应审查投标人提供的资格审查资料的真实性，在评审的过程中如发现投标人提供的评审资料有问题时，应及时去相关单位或地方调查，核实其真实性。如果投标人提供的资格审查资料是编造的或者不真实时，招标人有权取消其资格申请，而且可不作任何解释。另外还应特别防止假借其他有资格条件的公司名义提报资格审查申请，无论是在投标前的资格预审，还是投标后的资格后审，一经发现。既要取消其资格审查申请，也要向行政监督部门投诉，并可要求给予相应处罚。

（5）招标人不得限制、排斥潜在投标人或投标人

《招标投标实施条例》第三十二条规定，招标人不得以不合理的条件限制、排斥潜在投标人或者投标人。

招标人有下列行为之一的，属于以不合理条件限制、排斥潜在投标人或者投标人：

1）同一招标项目向潜在投标人或者投标人提供有差别的项目信息；

2）设定的资格、技术、商务条件与招标项目的具体特点和实际需要不相适应或者与合同履行无关；

3）依法必须进行招标的项目以特定行政区域或者特定行业的业绩、奖项作为加分条件或者中标条件；

4）对潜在投标人或者投标人采取不同的资格审查或者评标标准；

5）限定或者指定特定的专利、商标、品牌、原产地或者供应商；

6）依法必须进行招标的项目非法限定潜在投标人或者投标人的所有制形式或者组织形式；

7）以其他不合理条件限制、排斥潜在投标人或者投标人。

2.2.3 发售招标文件

发售招标文件是将招标文件、图纸和有关技术资料发售给通过资格预审获得投标资格的投标人。投标人收到招标文件、图纸和有关资料后，应认真核对，核对无误后，应以书面形式予以确认。

招标人应当按照资格预审公告、招标公告或者投标邀请书规定的时间、地点发售资格预审文件或者招标文件。自招标文件或资格预审文件开始出售之日起到停止出售之日止，不得少于5个工作日。

招标人发售资格预审文件、招标文件收取的费用应当限于补偿印刷、邮寄的成本支出，不得以营利为目的。

招标人应当合理确定提交资格预审申请文件的时间。依法必须进行招标的项目提交资格预审申请文件的时间，自资格预审文件停止发售之日起不得少于5日。

发售招标文件时应做好发售记录，内容包括领取招标文件的公司详细名称、地址、联系电话、传真、邮政编码等。以便于日后查对，需要时进行联系，如答疑、澄清、修改和补遗招标文件等。

2.2.4 组织现场踏勘和标前会议

1. 组织现场踏勘

（1）组织现场踏勘的时间

招标人在招标书里明确定出现场勘察日期及工程技术答疑时间。一般采用定时组织前往现场勘察。在投标人领取了招标文件并进行了初步研究一段时间后，招标人应组织投标人进行现场考察，以便让投标人取得有关编制投标文件所必须的一切资料与现场情况。现场考察的时间一般安排在投标预备会的前1～2天。

投标人在现场勘察中如有疑问，应在投标预备会前以书面形式向招标人提出，但应给招标人留有解答时间。

招标人不得组织单个或者部分潜在投标人踏勘项目现场。

（2）招标人向投标人介绍情况

招标人应向投标人介绍有关现场以下情况：

1）施工现场是否达到招标文件规定的条件；

2）施工现场的地理位置和地形、地貌；

3）施工现场的地质、土质、地下水位、水文等情况；

4）施工现场气候条件，如气温、湿度、风力，年雨雪量等；

5）现场环境，如交通、饮水、污水排放、生活用电、通信等；

6）工程在施工现场中的位置或布置；

7）临时用地，临时设施搭建等。

（3）招标人解答疑问的方式

投标人在领取招标文件、图纸和有关技术资料及现场勘察时提出的疑问，招标人可通过以下方式进行解答，该解答的内容为招标文件的组成部分。

1）收到投标人提出的疑问问题后，应以书面形式进行解答，并将解答同时发给所有获得招标文件的投标人。

2）收到提出的问题后，通过投标预备会进行解答，并以会议纪要形式同时发给所有获得招标书的投标人。

2. 召开投标预备会

（1）投标预备会的目的在于澄清招标文件中的疑问，解答投标人对招标文件的现场勘察中所提出的疑问。投标预备会可安排在发出招标文件 7 日后举行。

（2）投标预备会由招标人组织并主持召开，在预备会上对招标文件和现场情况做介绍或解释。并解答投标人提出的问题，包括书面提出的和口头提出的询问。

（3）在投标预备会上还应对图纸进行交底和解释。

（4）投标预备会结束后，由招标人整理会议记录和解答内容，报招标投标管理机构同意后，尽快以书面形式将问题及解答同时送给所有获得招标文件的投标人。

（5）所有参加投标预备会的投标人应签到登记，以证明出席会议。

（6）无论是招标人以书面形式向投标人发放的任何资料文件，还是投标人以书面形式提出的问题，均应采用书面形式并按照招标文件的规定向对方确认收到。

（7）投标预备会的程序

1）宣布投标预备会的开始；

2）介绍参加会议的单位的主要人员；

3）介绍问题解答人；

4）解答投标人提出的问题（投标文件中的疑问问题；现场勘察中的疑问问题；对施工图纸进行交底）；

5）投标人提出进一步问题；

6）招标人做进一步解答；

7）宣布会议结束。

2.2.5 招标文件的修订与澄清

招标人可以对已发出的资格预审文件或者招标文件进行必要的澄清或者修改。澄清或者修改的内容可能影响资格预审申请文件或者投标文件编制的，招标人应当在提交资格预审申请文件截止时间至少 3 日前，或者投标截止时间至少 15 日前，以书面形式通知所有获取资格预审文件或者招标文件的潜在投标人；不足 3 日或者 15 日的，招标人应当顺延提交资格预审申请文件或者投标文件的截止时间。

潜在投标人或者其他利害关系人对资格预审文件有异议的，应当在提交资格预审申请文件截止时间 2 日前提出；对招标文件有异议的，应当在投标截止时间 10 日前提出。招标人应当自收到异议之日起 3 日内作出答复；作出答复前，应当暂停招标投标活动。

招标人终止招标的，应当及时发布公告，或者以书面形式通知被邀请的或者已经获取资格预审文件、招标文件的潜在投标人。已经发售资格预审文件、招标文件或者已经收取投标保证金的，招标人应当及时退还所收取的资格预审文件、招标文件的费用，以及所收取的投标保证金及银行同期存款利息。

本 章 习 题

思考题：

1. 对投标人资格审查的方式有几种？
2. 投标人资格预审的内容有哪些？
3. 写出资格预审程序？
4. 资格评审报告的主要内容包括哪些？
5. 投标人资格审查应注意事项有哪些？
6. 资格预审文件或者招标文件的发售期间有何规定？
7. 提交资格预审申请文件的时间如何确定？
8. 何谓工程招标投标？
9. 工程项目施工招标投标的作用是什么？
10. 工程招标投标的原则有哪些？
11. 建设工程招标应具备哪些条件？
12. 建设工程招标分为哪几类？
13. 哪些建设工程项目属于强制性招标范畴？
14. 我国对工程建设项目的招标规模标准有何规定？
15. 哪些工程建设项目可以不进行招标？
16. 何谓公开招标？哪些工程必须进行公开招标？
17. 何谓邀请招标？哪些工程可以进行邀请招标？
18. 办理招标备案应提交哪些资料？
19. 招标通告的主要内容有哪些？
20. 资格预审通告的主要内容应包括几个方面？
21. 编制招标文件的依据和原则是什么？
22. 编制招标文件注意事项有哪些？

练习题：

1. 根据教师给定的资料，编写一份招标公告。
2. 根据教师给定的资料，编写一份资格预审通告。

实训题：

模拟工程项目施工招标文件的编制

1. 实训目的

招标文件是工程项目施工招标过程中最重要、最基本的技术文件，编制施工招标相关文件是学生学习本门课程需要掌握的基本技能之一。国家对施工招标文件的内容、格式均有特殊规定，通过本次实训活动，进一步提高学生对招标文件内容与格式的基本认识，提高学生编制招标文件的能力。学生通过实训基本能做到作为招标人正确编制招标公告、资格预审文件、招标文件的能力。

2. 实训准备

(1) 实际在建工程或已完工程完整施工图及全套项目批准文件。

(2) 工程量清单。

(3) 有条件的可提供实训室和可利用的软件。

3. 实训内容

(1) 招标公告（资格预审公告）编写训练。

(2) 根据招标文件内容、格式和本工程招标要求编写招标文件。

4. 步骤

(1) 学生分成若干招标组织机构，明确各自分工，团队协作完成实训任务。

(2) 按照公开招标程序进行招标过程模拟。

(3) 编制招标文件。

3　建设工程投标组织

📖【学习概要】

了解建筑工程施工投标工作程序，掌握建筑工程项目施工投标准备工作内容，掌握建筑工程项目施工投标资格预审申请文件、投标文件投标函部分、投标文件商务部分和投标文件技术部分的内容、组成以及编制方法。

📖【知识链接】

1. 建设工程项目投标的概念

工程招标是指建设单位对拟建的工程项目通过法定的程序和方式吸引建设项目的承包单位竞争，并从中选择条件优越者来完成工程建设任务的法律行为。

建筑工程项目施工投标是指投标人（具有符合招标人要求资质等级和其他条件的施工企业）根据招标人规定的招标条件，提出完成发包工程的施工方案、技术措施、进度计划、人员及机械配备以及报价等，向招标人投函，争取得到项目施工承包权的活动。

2. 投标人应具备的条件

（1）《招标投标法》第二十六条规定："投标人应当具备承担招标项目的能力；国家有关规定对投标人资格条件或者招标文件对投标人资格条件有规定的，投标人应当具备规定的资格条件。"

（2）《工程建设项目施工招标投标办法》（国家七部委令第30号）第二十条规定，资格审查主要审查潜在投标人或者投标人是否符合下列条件：

1）具有独立订立合同的权利；

2）具有履行合同的能力，包括专业、技术资格和能力，资金、设备和其他物资设施状况，管理能力、经验、信誉和相应的从业人员；

3）没有处于被责令停业、投标资格被取消，财产被接管、冻结、破产状态；

4）在最近三年内没有骗取中标和严重违约及重大工程质量问题；

5）国家规定的其他资格条件。

（3）《国家基本建设大中型项目实行招标投标的暂行规定》第13条规定，（国家计委于1997年8月18日发布）参加建设项目主体工程的设计、建筑安装和监理以及主要设备、材料供应等投标的单位，必须具备下列条件：

1）具有招标文件要求的资质证书，并为独立的法人实体；

2）承担过类似建设项目的相关工作，并有良好的工作业绩和履约记录；

3）财务状况良好，没有处于财产被接管、破产或其他关、停、并、转状态；

4）最近三年内没有与骗取合同有关以及其他经济方面的严重违法行为；

5）近几年有较好的安全记录，投标当年内没有发生重大质量和特大安全事故。

法律对投标人的资格条件作出规定，对保证招标项目的质量、维护招标人的利益乃至国家和社会公共利益，都是很有必要的。不具备相应的资格条件的承包商、供应商，不能参加有关的招标项目的投标；招标人也应当按照《招标投标法》和国家有关规定及招标文件的要求，对投标人进行必要的资格预审。不具备规定的资格条件的，不能中标。

3. 联合体投标的法律规定

《招标投标法》第三十一条规定：两个以上法人或其他组织可以组成一个联合体，以一个投标人的身份共同投标。联合体各方均应当具备承担招标项目的相应能力，国家有关规定或招标文件对投标人资质条件有规定的，联合体各方均应当具备规定的相应资格条件。由同一专业组成的联合体，按照资质等级较低的确定资质等级。联合体各方应当签订共同投标协议，明确约定各方拟承担的工作和责任，并将共同投标协议连同投标文件一并提交投标人。联合体中标的，联合体各方应当共同与招标人签订合同，就中标项目向招标人承担连带责任。招标人不得强制投标人组成联合体共同投标，不得限制投标人之间的竞争。

《工程项目施工招标投标办法》（国家七部委令第30号）第四十二条规定："联合体各方签订共同投标协议后，不得再以自己的名义单独投标，也不得组成新的联合体或参加其他联合体在同一项目中投标"。第四十三条规定："招标人接受联合体投标并进行资格预审的，联合体应在接交预审文件前组成。资格预审后联合体增减、更换成员的，其投标无效"。

4. 建设工程项目施工投标一般程序（图3-1）

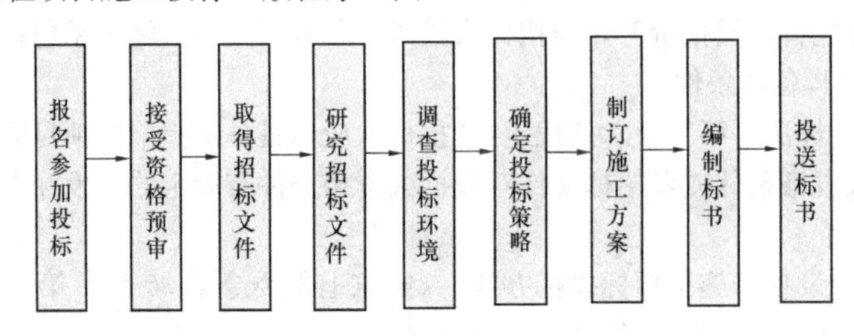

图3-1　建设工程项目施工投标一般程序示意图

建设工程项目施工投标分为准备工作、组织工作和投标后期工作三个阶段。其具体内容如下：

（1）了解招标信息，选择投标对象。建筑企业根据招标广告或招标通告，分析招标工程的条件，再依据自己的能力，选择投标工程。

（2）申请投标。按招标广告、通告的规定向招标单位提出投标申请，提交有关的资料。

（3）接受招标单位的资格预审。

（4）通过资格预审的投标人购买招标文件及有关资料。

（5）研究招标文件。研究招标工程条件、招标工程发包范围、工程量、工期、质量要求及合同主要条款等，厘清承包责任和报价范围，模糊不清或把握不准之处，应做好记录，在答疑会上澄清。

（6）参加现场勘察，调查投标环境，并就招标中的问题向招标人提出质疑。

（7）确定投标策略，编制投标书。

（8）在规定的时间内，向招标人报送标书。

（9）参加开标会议。

(10) 等待评标、决标。

(11) 中标人与招标人签订承包合同。

【案例】

见本教材附录，《××住宅工程项目施工四标段施工招标文件》。

3.1 投 标 准 备

建设工程项目施工投标是一项系统工程，全面而充分的投标准备工作是中标的前提与保障。投标人的投标准备工作主要有建立投标工作机构、投标决策（投标前的决策、投标过程决策）、办理投标事宜、研究招标文件、现场踏勘、参加标前答疑会。

3.1.1 建立投标机构

对投标人而言，建设工程项目施工投标，它关系到建筑安装企业的经营与发展，随着建筑领域科学技术的进步，“新材料、新工艺、新技术”的推广与应用，BIM管理技术在招标投标及工程项目管理中的广泛应用，建筑工程越来越多的是技术密集型项目，这样势必给投标人带来两方面的挑战，一方面是技术上的挑战，要求投标人具有先进的科学技术，能够完成高、新、尖、难工程；另一方面是管理上的挑战，要求投标人具有现代先进的组织管理水平，能以较低价（必须合理）中标。实践证明投标人建立一个组织完善、业务水平高、强有力的投标机构是获取中标的根本保证。

1. 建设工程项目施工投标工作机构形式

建设工程项目施工投标工作机构有两种形式：一种是常设固定机构；另一种是临时机构。

(1) 常设固定投标机构

一般情况下，大型集团（企业）常设专门机构或职能部门从事较大工程项目投标或工程施工投标。中标后将其中标的项目根据集团公司的内部管理下发给各下属部门。该形式机构有如下特点：

1) 能够充分发挥投标企业资质、人员、财力、技术装备、经验、业绩及社会信誉等方面的优势参与国内外投标竞争；

2) 机构人员相对固定，机构内部分工明确，职责清晰，分析、比较以往投标成败原因，总结投标经验，收集数据、持续改进成为常态化的管理工作；

3) 公司管理成本因该常设机构而略有增加；

4) 组织机构管理层次一般为三个层次，即负责人、职能小组负责人、职员；

负责人：一般由集团（企业）的技术负责人或主管生产经营副总经理担任。主要职责是负责投标全过程的决策。

职能工作小组负责人：按专业划分，负责审核技术方案、投标报价及金融等投标其他事务性管理工作。

职员：包括工程技术类人员、经济管理类人员和综合事务性人员。工程技术人员按专业划分，负责编制投标工程施工方案、拟定保证措施、编制施工进度计划；经济类人员按专业划分，负责编制各专业工程投标报价；综合事务性人员负责市场调查，收集项目投标相关的重要信息。

（2）临时机构

通常情况下，企业的下属部门是具有独立法人单位或企业分支机构，在获取招标信息并决定投标后，组建临时投标工作机构，并代表该企业进行投标。该机构的成员大部分为项目中标后施工项目部成员，这种投标机构具有如下特点：

1）机构灵活，可根据招标项目的内容聘请相关人员；

2）投标工作与机构中的每个人的利益密切相关，使投标工作机构人员工作态度积极、严谨，投标方案更加成熟合理；

3）投标成本相对低，但有时因人员缺乏或专业等其他原因，致使投标工作遇到困难，或影响投标文件质量。

2. 投标工作机构人员素质要求

（1）决策及经营管理类人才素质。是指专门从事工程承包经营管理，制订和贯彻经营方与规划、负责全面筹划和安排的决策人才，这类人应具备的素质为：

1）专业技术素质：知识渊博、较强的专业水平，对其他相关学科也应有相当的知识水平，能全面、系统地观察和分析问题。

2）法律与管理素质：具有一定的法律知识和实际工作经验，充分了解国内外有关法律及国际惯例，对开展投标业务所遵循的各项规章制度有充分的了解，有丰富的阅历和预测、决策能力。

3）社会活动能力：有较强的思辨能力和社会活动能力，视野广阔、有胆识、勇于开拓，具有综合、概括分析预测、判断和决策能力，在经营管理领域有造诣，具有较强的谈判交流能力。

（2）专业技术类人才素质。所谓专业技术类人才，指工程设计、施工中的各类技术人员，如建造师、结构工程师、造价师、土木工程师、电气工程师、机械工程师、暖通工程师、机械工程师等各专业技术人员。他们应具备深厚的理论又具备熟练的实际操作能力，在投标时能够根据项目招标范围、发包方式、招标人实质性要求，从本公司的实际技术优势及综合实力出发，编制科学合理的施工方案、技术措施、进度计划及合理的工程投标报价。

（3）报价及商务金融类人才素质。所谓报价商务金融类人才，是指从事投标报价、金融、贸易、税法、保险、预决算等专业知识方面人才，财务人员需具有会计师资格。

以上是对投标机构人员个体素质的基本要求，一个投标班子仅仅个体素质良好还不够，还需要各方的共同参与、协同作战，充分发挥集体力量。

3.1.2 投标决策

在市场经济条件下，承包商获得工程项目承包任务的主要途径是投标，但是作为承包商，并不是逢标必投，应根据诸多影响因素来确定投标与否。投标决策的正确与否，关系到能否中标和中标后的效益以及企业的发展前景。所谓决策包括三个面的内容：

1）针对招标投标项目，根据投标人的实力决定是否投标；

2）倘若投标，是投什么性质的标；

3）在投标中如何采用以长制短，以优胜劣汰的策略和技巧。

投标决策分两阶段进行，即投标决策的前期阶段和投标决策的后期阶段。

1. 投标决策的前期阶段

投标决策的前期阶段是指在购买投标人资格预审资料前后完成的决策研究阶段，此阶段必须对投标与否做出论证。

（1）决定是否投标的原则

1）承包投标工程的可行性和可能性。如本企业是否有能力承揽招标工程，竞争对手是否有明显的优势等，对此要进行全面分析。

2）招标工程的可靠性。如建设工程的审批程序是否已经完成，资金是否已经落实等。

3）招标工程的承包条件。如承包条件苛刻，企业无力完成施工，则应放弃投标。

（2）明确投标人应具备的条件

投标人应当具备承担招标项目的能力。投标活动对参加人有一定的要求，不是所有感兴趣的法人或其他组织都可以参加投标，投标人必须按照招标文件的要求，具有承包建设项目的资质条件、技术装备、经验、业绩，以及财务能力，必须满足项目招标人的要求。

（3）投标决策时应考虑的基本因素

工程项目施工投标决策考虑的因素主要有两个方面，即主观因素和客观因素。主观因素主要包括如下几个方面：

1）技术因素

① 工程技术管理人员的专业水平是否与招标项目相适应；

② 机械装备是否满足招标工作要求；

③ 是否具有与招标项目类似工程施工管理经验。

2）经济因素

① 是否具有招标人要求的垫付资金的能力；

② 是否具有新增或租赁机械设备的资金；

③ 是否具有支付或办理担保能力；

④ 是否具有承担不可抗力风险能力。

3）管理因素

① 是否具备适应建设领域先进管理技术与方法，例如 BIM 技术在施工全过程的管理与应用；

② 是否具备可操作的质量控制，安全管理、工期控制，成本控制的经验与方法；

③ 是否具备对技术、经济等突发事件的处理能力。

4）信誉因素

企业是否具有良好的商业信誉，是否获得关于履约的奖项。客观因素主要包括如下几个方面：

① 发包人和监理人情况

A. 发包人的民事主体资格、支付能力、履约信誉、工作方式；

B. 监理工程师以往在工程中是否客观、公正、合理地处理问题。

② 项目情况

A. 招标工程项目的技术复杂程度及要求；

B. 对投标人类似工程经验的要求；

C. 中标承包后对本企业今后的影响。

③ 竞争对手和竞争形势

A. 竞争程度是否激烈；

B. 竞争对手的优势、历年的投标报价水平、在建工程项目以及自有技术等；

C. 市场资源供给及价格情况。

(4) 投标决策的定量分析方法

进行投标决策时，只有把定性分析和定量方法结合起来，才能定出正确决策。决策的定量分析方法有很多，如投标评价表法、概率分析法、线性规划法等。下面具体叙述投标评价表法的应用：

1) 根据具体情况。分别确定影响因素及其重要程度。

2) 逐项分析各因素预计实现的情况。可以划分为上、中、下三种情况。为了能进行定量分析，对以上三种情况赋予一个定量的数值。如“上”得10分，“中”得5分，“下”得0分。

3) 综合分析。根据经验统计确定可以投标的最低总分，再针对具体工程评定各项因素的加权综合总分，与“最低总分”比较，即可做出是否可以投标的决策。举例见表3-1。

投标评价表 **表3-1**

八项标准	权数	判断等级			得分
		上（10分）	中（5分）	下（0分）	
1. 工人和技术人员的操作技术水平	20	10	—	—	200
2. 机械设备能力	20	—	5	—	100
3. 设计能力	5	10	—	—	50
4. 对工程的熟悉程度和管理经验	15	10	—	—	150
5. 竞争的程度是否激烈	10	—	5	—	50
6. 器材设备的交货条件	10	—	—	0	0
7. 对今后机会的影响	10	10	—	—	100
8. 以往对类似工程的经验	10	10	—	—	100
合计	100				700
可接受的最低分值					650

该工程投标机会评价值为700分，而该承包商规定可以投标最低总分为650分。故可以考虑参加投标。

(5) 放弃投标的项目

通常情况下，下列招标项目应放弃投标：

1) 定量分析法中投标综合总分值低于规定最低总分的项目；

2) 本企业主管和兼营能力之外的项目；

3) 工程规模、技术要求超过本施工企业技术等级的项目；

4) 本企业生产任务饱满，而招标工程的盈利水平较低或风险较大的项目；

5）本企业技术等级、信誉、施工水平明显不如竞争对手的项目。

2. 投标决策的后期阶段

如果决定投标，即进入投标决策的后期阶段，它是指从申报资格预审至投标报价前完成的决策研究阶段。即依据招标文件的实质性要求确定本企业本次投标的目的（保本、盈利、占领市场或扩大市场）从工程技术人员配备、机械设备投入、是否使用新材料、新工艺、新技术以及自有技术的应用等方面进行决策，重点投标报价要合理、施工方案要科学合理，如何应用BIM技术进行工程项目方案的展示以及项目施工的全过程的管理，以确保投标获得成功。

3.1.3 办理投标有关事宜

1. 投标报名

（1）投标报名的形式

投标报名方式通常有两种，一种是现场报名；另一种是网上报名。

1）现场报名

拟投标人根据获取的资格预审公告（或招标公告），按其要求的时间地点携带其法人单位的营业执照、资质证书和相关介绍信等手续报名参加资格预审或投标。资质条件不符合招标人要求的法人单位或组织不能参与投标竞争。

2）网上报名

拟投标人根据获取的资格预审公告（或招标公告），按其要求的时间及指定的网址上传本单位的营业执照、资质证书以及公告要求提交的其他文件（包括各类证明文件），并保证其上传文件的真实性及有效性。

（2）异地投标报名

《招标投标法》第六条规定，依法必须进行招标的项目，其招标投标活动不受地区或者部门的限制。任何单位或各人不得违法限制或者排斥本地区、本系统以外的法人或其他组织参加投标，不得以任何方式非法干涉招标投标活动。

有些工程项目招标时，对项目所在省、地区以外的投标人，作了相关的规定。摘录本教材案例如下：

> ………
>
> 4. 合格的投标人
>
> 4.1　投标人的资质等级要求见投标须知前附表第9项。
>
> 4.2　投标人合格条件：
>
> ………
>
> 4.2.8　投标人如果是非本省注册企业，应到××省住房和城乡建设厅办理备案手续，开具针对本项目投标的“外省建筑业企业投标备案介绍信”。

2. 购买资格预审文件或招标文件

拟投标人根据资格预审公告或招标公告要求，凭法人或其他组织相关证书、证明文件方可购买资格预审文件或招标文件。

3. 提交投标保证金

投标保证金是指在招标投标活动中，投标人随投标文件一同递交给招标人的一定形式和金额的投标责任担保。

《中华人民共和国政府采购法实施条例》释义：当招标文件规定了投标人应当提交投标保证金后，投标保证金就属于投标的一部分了。投标人应当按照招标文件的规定提交保证金。《条例》规定，投标人未按照招标文件规定提交保证金的，其投标无效。

（1）投标保证金的作用

投标保证金最基本的功能是对投标人的投标行为产生约束作用。投标保证金为招标活动提供保障。

招投标是一项严肃的法律活动，招标人的招标是一种要约行为，投标人作为要约人，向招标人（要约邀请方）递交投标文件之后，意味着响应招标人发出的要约邀请。在投标文件递交截止时间至招标人确定中标人的这段时间内，投标人不能要求退出竞争或修改投标文件。而一旦招标人发出中标通知书，作出承诺，则合同即告成立，中标的投标人必须接受，并受到约束。否则，投标人要承担合同订立过程中的缔约过失责任，就要承担投标保证金被招标人没收的法律后果。

（2）投标保证金的数额

根据国家七部委颁发的第30号令《工程建设项目施工招标投标办法》第三十七条规定，投标保证金一般不得超过项目估算价的2%，但最高不得超过八十万元人民币。投标保证金有效期应当与投标有效期一致。

投标人在递交投标文件之前或同时，按投标人须知前附表规定的金额、担保形式和投标保证金格式递交投标保证金，并作为其投标文件的组成部分。联合体投标的，其投标保证金由牵头人递交，并应符合投标人须知前附表的规定。投标人不按要求提交投标保证金的，其投标文件作废标处理。

本教材工程案例中投标保证金的数额及支付的规定摘录如下：

13	16.1	投标保证金的递交	投标保证金金额：80万元 提交保证金时间：2014年2月10日11：00前 提交保证金地点：××××路10号401室 ××××招标公司 招标代理机构开户行：××支行 账　　号：2310006620101490××××× 开 户 名 称：×××招标公司 投标保证金形式：支票、电汇或银行汇票 投标保证金必须从投标人基本账户拨付，否则视为未交投标保证金

说明：本材料源自案例工程招标文件投标须知前附表中“投标保证金提交”截图。

（3）现金形式

根据国家七部委颁发的第30号令《工程建设项目施工招标投标办法》第三十七条规定：“招标人可以在招标文件中要求投标人提交投标保证金。投标保证金除现金外，可以是银行出具的银行保函、保兑支票、银行汇票或现金支票。”

投标保证金有如下几种形式：

1）现金。通常适用于投标保证金额度较小的招标活动。

2）银行汇票。由银行开出，交由汇款人转交给异地收款人，该形式适用于异地投标。

3）银行本票。本票是出票人签发，承诺自己在见票时无条件将确定的金额给收款人或者持票人的票据。对于用作投标保证金的银行本票而言，则是由银行开出，交由投标人递交给招标人，招标人再凭银行本票至银行兑取现金。

4）支票。对于作为投标保证金的支票而言，支票是由投标人开出，并由投标人交给招标人，招标人再凭支票在自己的开户行存款。

5）投标保函。投标保函是投标人申请银行开立的保证函，保证投标人在中标人确定之前不得撤销投标，在中标后应该按着招标文件和投标文件与招标人签订合同。如果投标人违反规定，开立保证函的银行将根据招标人的通知，支付银行保函规定数额的资金给招标人。

（4）投标保证金提交的时间（招投标法规定）：在潜在投标人资格预审合格后，购买招标文件时提交，或在提交投标文件时提交，或在招标文件规定的截止时间提交。

（5）投标保证没收

出现下列情形之一投标保证金被没收：

1）投标人在投标函格式规定的投标有效期内撤回其投标；

2）中标人在规定的时间内未能与招标人签订合同；

3）根据招标文件规定，中标人未提交履约保证金；

4）投标人采用不正当手段骗取中标。

（6）投标保证金退还

《工程建设项目施工招标投标管理办法》（七部委 30 号令）第六十三条规定：招标人最迟应当在与中标人签订合同后五日内，向中标人和未中标的投标人退还投标保证金及银行同期存款利息。

3.1.4 研究招标有关文件

投标人必须研究招标相关文件，即研究资格预审文和招标文件。

1. 研究资格预审文件

通常拟投标人从如下几个方面研究资格预审文件：

1）资格预审申请人的基本要求；

2）申请人须提交的有关证明；

3）资格预审通过的强制性标准（人员、设备、分包、诉讼以及履约等）；

4）对联合体的提交资格预审的要求；

5）对通过预审单位建议分包的要求。

2. 研究招标文件

通常拟投标人研究招标文件主要研究投标须知、合同条款、评标标准和办法、技术要求及工程图纸、工程量清单等。

（1）研究投标须知

重点了解投标须知中的招标范围、计划开竣工时间、合同工期、投标人资质条件、信誉、是否接受联合体投标、现场勘察形式及时间、预备会时间、投标截止日期和时间、投标有效期、分包、偏离、投标保证金金额、形式及提交时间、财务状况、投标文件的形式和份数、开标时间及地点、招标控制价等。

（2）研究合同条件

1）要确定下列时间：合同计划开竣工时间、总工期和分阶段验收的工期、工程保修期等；

2）关于延误工期赔偿的金额和最高限定，以及提前工期奖等；

3）关于保函的有关规定；

4）关于付款的条件，有否预付款、关于工程款的支付以及拖期付款有否利息、扣留保修金的比例及退还时间等；

5）关于材料供应，有否甲供材料或材料的二次招标；

6）关于合同价格调整条款；

7）关于工程保险和现场人员事故保险等；

8）关于不可抗力造成的损失的赔偿办法；

9）关于争议的解决。

（3）研究招标项目技术要求及工程图纸

招标文件对工程内容、技术要求、工艺特点、设备、材料和安装方法等均作了规定和要求。近年的特大异形建筑层出不穷，招标人通常要求投标人应用BIM技术相关软件建模、模拟施工全过程。投标人则应按招标人提出的要求完成所有需要通过BIM技术展示的投标。

研究图纸要从各专业图纸进行研究，即研究土建（建筑、结构）、给水排水、暖通、电气等专业图纸，如果图纸中存在缺陷或错误，投标人在规定的时间向招标人提出并得到澄清。

（4）核算工程量清单

目前大多数工程投标报价采用工程量清单计价方式，工程量清单随附于招标文件，工程量清单中的“项”与“量”的准确与否关系到投标报价的准确程度，并直接影响到中标以后的合同管理工作，投标人在投标文件编制之前必须对工程量清单的“项”与“量”进行核定。核算工程量清单具体工作如下：

1）依据图纸核定清单项目设置是否有错、重、漏现象，清单项目特征描述是否与图纸相符；

2）依据各专业图纸进行工程量的计算，核定工程量清单中的量的准确性，并核对计量单位的准确性；

3）工程量清单存在的问题汇总待预备会或答疑时提出，并要获得招标人对此做出的回复。

3.1.5 调查投标环境

投标环境是招标工程项目施工的自然、经济和社会条件。这些条件都是工程施工的制约因素，必然影响工程成本及其他管理目标的实现。施工现场考察是投标人必须经过的投标程序。按照国际惯例，投标人提出的报价单一般被认为是在现场考察的基础上编制的。一旦报价单提出之后，投标人就无权因为现场考察不周、情况了解不细或因素考虑不全面而提出修改投标书、调整报价或提出补偿等要求。

1. 国内投标环境调查要点

（1）施工现场条件

1）施工场地周边情况，布置临时设施、生活暂设的可能性，现场是否具备开工条件；

2）进入现场的通道，给水排水（是否有饮用水）、供电和通信设施；

3）地上、地下有无障碍物，有无地下管网工程；

4）附近的现有建筑工程情况；

5）环境对施工的限制。

（2）自然地理条件

1）气象情况，包括气温、湿度、主导风向和风速、年降雨量以及雨季的起止期；

2）场地的地理位置、用地范围；

3）地质情况，地基土质及其承载力，地下水位；

4）地震及其抗震设防烈度，洪水、台风及其他自然灾害情况。

（3）材料和设备供应条件

1）砂石等大宗材料的采购和运输条件；

2）须在市场采购的钢材、水泥、木材、玻璃等材料的可能供应来源和价格；

3）当地供应构配件的能力和价格；

4）当地租赁建筑机械的可能性和价格等；

5）当地外协加工生产能力等。

（4）其他条件

1）工地现场附近的治安情况；

2）当地的民风民俗；

3）专业分包的能力和分包条件；

4）业主的履约情况；

5）竞争对手的情况。

2. 国际投标环境调查要点

（1）政治情况

1）工程所在国的社会制度和政治制度；

2）政局是否稳定；

3）与邻国关系如何，有无发生边境冲突和封锁边界的可能；

4）与我国的双边关系如何。

（2）经济条件

1）工程项目所在国的经济发展情况和自然资源状况；

2）外汇储备情况及国际支付能力；

3）港口、铁路和公路运输以及航空交通与电信联络情况；

4）当地的科学技术水平。

（3）法律方面

1）工程项目所在国的宪法；

2）与承包活动有关的经济法、工商企业法、建筑法、劳动法、税法、外汇管理法、经济合同法及经济纠纷的仲裁程序等；

3）民法和民事诉讼法；

4）移民法和外办管理法。

（4）社会情况

1）当地的风俗习惯；

2）居民的宗教信仰；

3）民族或部落间的关系；

4）工会的活动情况；

5）治安状况。

（5）自然条件

1）工程所在地的地理位置、地形、地貌；

2）气象情况，包括气温、湿度、主导风向和风力，年平均和最大降雨量等；

3）地质情况，地基土质构造及特征，承载能力，地下水情况；

4）地震、洪水、台风及其他自然灾害情况。

（6）市场情况

1）建筑和装饰材料、施工机械设备、燃料、动力、水和生活用品的供应情况，价格水平，过去几年的物价指数以及今后的变化趋势预测。

2）劳务市场状况，包括工人的技术水平、工资水平，有关劳动保险和福利待遇的规定，在当地雇用熟练工人、半熟练工人和普通工人的可能性，以及外籍工人是否被允许入境等。

3）外汇汇率和银行信贷利率。

4）工程所在国本国承包企业和注册的外国承包企业的经营情况。

3.1.6 汇编释疑文件

投标人在完成研究招标文件、熟悉图纸、核算工程量清单以及现场勘察工作后，针对招标文件存在疑问及现场的疑问，需以书面形式进行汇总形成释疑文件，并按招标文件要求的时间地点提交。通常释疑文件采用如下形式（见工程案例释疑申请文件范例）。

释　疑　申　请

致：××住房管理中心

我方是××住宅 工程项目施工招标的投标人，经研究 招标编号 SG××××××××××第四标段《招标文件》之文本部分、图纸部分、工程量清单部分以及现场勘察后，有如下疑问：

一、文本部分

1. 第×部分，第×条：“………”（第×页）

2. 第×部分，第×条：“………”（第×页）

3. 第×页投标文件格式要求：提交近三年的财备状况表，目前是3月份，财务审计报告在3月底才能完成，近三年是从哪一年计？

………

二、图纸部分

（一）土建工程

1. 建筑图：××图　××问题

2. 结构图：××图　××问题

（二）给水排水工程

1. 给水系统……

2. ××立面图

（三）通风空调工程

1. ××图××设备标高……

2. ××图××风管标高……

（四）电气工程

1. 低压系统图第××回路与××系图线路规格不一致

2. ××系统图有×条工作回路、×条备用回路，在平面图中仅有×条回路……

（五）弱电系统

1. ……

2. ……

三、工程量清单部分

（一）项的偏差

1. 土建部分

（1）编号01××××××××××与×××××××项是否有重复

……

（*n*）编号01××××××××02项目特征描述与图纸有偏差

2. 给水排水部分

××规格的给水管，清单项目未见

……

3. 电气部分

××规格导线动力回路未列清单项目

（二）工程量偏差

1. 土建部分

（1）编号01××××××××03经我方核算其工程量为×××m^3

……

（*n*）编号01××××××××02经我方核算其工程量为×××m^2

2. 给水排水部分

编号××××××××××项目××规格的给水管，经我方核算其工程量为×××m

……

3. 电气部分

编号××××××××××项目××规格导线管内穿线工程量为×××m

四、现场勘察部分

2014年2月10日经招标人组织（或经招标人允许自行）勘察位于××××地点招标项目施工场地发现有如下情况与招标文件不一致：

1. 现场仍有大量苗木

2. 现场与交通主干道接壤道路尚未铺通

3. 局部低洼相对－1000mm

……

如上四个方面的疑问敬请释疑。

投标人：××建设工程公司（公章）

法人代表：（签字或盖章）

2014 年 3 月 10 日

3.1.7 参加投标预备会

投标预备会召开的目的是向投标人进行工程项目技术要求交底，以及澄清招标文件的疑问，解答投标人对招标文件和勘察现场中所提出的疑问。

招标文件一般均规定在投标前召开标前会议。投标人应在参加标前会议之前把招标文件中存在的问题以及疑问整理成书面文件，按照招标文件规定的方式、时间和地点要求，送到招标人或招标代理机构处。一些共性问题一般在标前会议上得到解决，但关于图纸、清单等问题通常是以“答疑文件”形式在规定时间内下发给所有获得招标文件的投标人，无论其是否提出了疑问。《招标投标法》第二十三条规定：“招标人对已发出的招标文件进行必要的澄清或修改的，应当在招标文件要求提交投标文件截止时间至少十五日以前，以书面形式通知所有招标文件收受人。该澄清或者修改的内容为招标文件的组成部分。”

招标人对投标人提出的疑问的答复的书面文件通常称为“答疑文件”。答疑文件是招标文件的组成部分，是投标人编制投标文件的重要依据，是合同文件的组成部分，是合同履行过程中解决争议的重要依据。

投标人在接到招标人的书面澄清文件后，依据招标文件以及澄清文件编制投标文件。

3.2 编制投标有关文件

在投标工作中，编制投标有关文件是一项重要的工作。投标有关文件包括资格预审申请文件和投标文件。

3.2.1 编制资格预审申请文件

资格预审申请文件是拟投标人向招标人提交的证明其具备完成招标项目的资质与能力的文件，是招标人对投标人进行投标资格预审的重要依据。

1. 资格预审申请文件的内容

根据住房和城乡建设部建市［2010］88 号文颁布的《房屋建筑和市政工程标准施工招标资格预审文件》(2010 年版）规定，投标资格预审申请文件包括以下内容：

（1）资格预审申请函；

（2）法定代表人身份证明和授权委托书；

（3）联合体协议书；

（4）申请人基本情况表；
（5）近年财务状况表；
（6）近年完成的类似项目情况表；
（7）正在施工的和新承接的项目情况表；
（8）近年发生的诉讼和仲裁情况；
（9）其他材料
1）其他企业信誉情况表（年份同诉讼及仲裁情况年份要求）；
2）拟投入主要施工机械设备情况表；
3）投入项目管理人员情况表；
4）其他。
招标人可根据招标项目的特点对资格预审申请文件另作要求。
2. 资格预审申请文件形式
资格预审申请文件的形式有两种，一种是纸制文件，通常工程项目要求递交纸质资格预审申请文件；另一种是电子版文件，适用电子招标，资格预审文件直接上传至指定的网址。
3. 资格预审申请文件数量
招标人如果要求提供纸质申请文件，其数量在该招标项目《资格预审文件》的“申请人须知”中说明；如果招标人要求提交电子版文件，提交一份电子版文件即可。
4. 资格预审申请文件编制依据
（1）拟投标人依据招标项目《资格预审文件》、招标人给定的《资格预审申请文件》格式及要求编写。
（2）依据申请人（拟投标人）资质条件、业绩、财务状况、技术装备、自身的实力和能力据实编写。
（3）依据拟派往招标项目的项目经理组织机构情况编写。
5. 资格预审申请文件编制方法
资格预审申请文件按招标项目资格预审文件提供的格式、内容和要求编写。具体方法见教材“工程案例”资格预审申请文件范例：
（1）封面

××住宅　工程项目施工第四标段施工招标

资格预审申请文件

正本

申请人：××建设工程公司（盖单位章）

法定代表人或其委托代理人：钟×（签字）

2014 年 1 月 5 日

注：“资格预审申请文件封面”填写时需加盖公章，法人代表或授权人签字。

（2）目录

目　　录

说明："目录"填写时需加页码。

（3）资格预审申请函

一、资格预审申请函

×××××住房管理中心（招标人名称）：

1. 按照资格预审文件的要求，我方（申请人）递交的资格预审申请文件及有关资料，用于你方（招标人）预审我方参加××住宅工程项目施工（项目名称）四标段施工招标的投标资格。

2. 我方的资格预审申请文件包含第二章"申请人须知"第3.1.1项规定的全部内容。

3. 我方接受你方的授权代表进行调查，以审核我方提交的文件和资料，并通过我方的客户，澄清资格预审申请文件中有关财务和技术方面的情况。

4. 你方授权代表可通过蒋××，联系电话0451-888999××（联系人及联系方式）得到进一步的资料。

5. 我方在此声明，所递交的资格预审申请文件及有关资料内容完整、真实和准确，且不存在第二章"申请人须知"第1.4.3项规定的任何一种情形。

申请人：××建设工程公司（盖单位章）

法定代表人或其委托代理人：程××（签字）

电　　话：0451-5345××××

传　　真：0451-5345××××

申请人地址：××市××区××路999号

邮政编码：1500××

2014 年 1 月 5 日

—1—

说明："资格预审申请函"填写时需加盖公章，法人代表或受权人签字。

（4）法定代表人身份证明

二、法定代表人身份证明

申 请 人：　××建设工程公司

单位性质：　民营

地　　址：　××市××区××路999号

成立时间：　2005 年 3 月 1 日

经营期限：　20 年

姓　　名：　钟×　性　　别：　男

年　　龄：　35　职　　务：　总经理

系　××建设工程公司　（申请人名称）的法定代表人。

特此证明。

申请人：××建设工程公司（盖单位章）

2014 年 1 月 5 日

-2-

说明："法定代表人身份证明"必须加盖投标人公章。

（5）授权委托书

三、授权委托书

本人　钟××　（姓名）系　××建设工程公司　（申请人名称）的法定代表人，现委托　程××　（姓名）为我方代理人。代理人根据授权，以我方名义签署、澄清、说明、补正、递交、撤回、修改　××住宅工程项目施工　（项目名称）　四　标段施工招标资格预审文件，其法律后果由我方承担。

委托期限：　90天

代理人无转委托权。

附：法定代表人身份证明

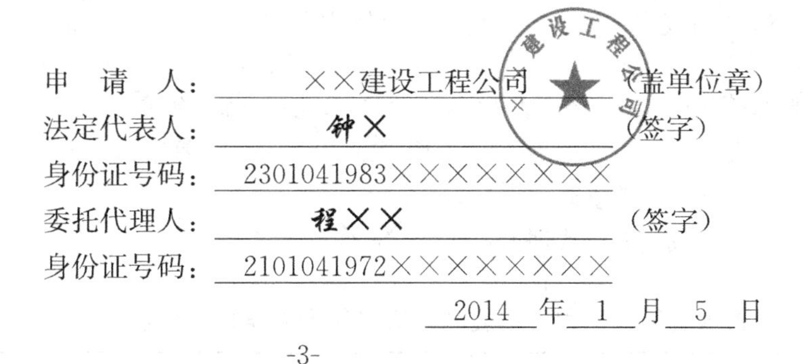

申　请　人：　××建设工程公司　（盖单位章）

法定代表人：　钟×　（签字）

身份证号码：　2301041983××××××××

委托代理人：　程××　（签字）

身份证号码：　2101041972××××××××

2014 年 1 月 5 日

-3-

说明："法定代表人授权委托书"必须由法定代表人签署。

（6）联合体协议书

四、联合体协议书

牵头人名称：××建设工程公司
法定代表人：钟××
法 定 住 所：××市××区××路999号
成员二名称：××装饰工程公司
法定代表人：裘××
法 定 住 所：北京市海淀区 ×××路××××号

鉴于上述各成员单位经过友好协商，自愿组成 ×× （联合体名称）联合体，共同参加××××× 住房管理中心 （招标人名称）（以下简称招标人） ×××× 建设工程公司 （项目名称） ×标段（以下简称合同）。现就联合体投标事宜订立如下协议：

1. ××建设工程公司（某成员单位名称）为 ××（联合体名称）牵头人。

2. 在本工程投标阶段，联合体牵头人合法代表联合体各成员负责本工程资格预审申请文件和投标文件编制活动，代表联合体提交和接收相关的资料、信息及指示，并处理与资格预审、投标和中标有关的一切事务；联合体中标后，联合体牵头人负责合同订立和合同实施阶段的主办、组织和协调工作。

3. 联合体将严格按照资格预审文件和招标文件的各项要求，递交资格预审申请文件和投标文件，履行投标义务和中标后的合同，共同承担合同规定的一切义务和责任，联合体各成员单位按照内部职责的划分，承担各自所负的责任和风险，并向招标人承担连带责任。

4. 联合体各成员单位内部的职责分工如下：

××建设工程公司负责工程项目施工（土、水、电）；

××装饰工程公司 负责工程二次高级装饰工程。按照本条上述分工，按各自承担的工程范围投标报价为准。

5. 资格预审和投标工作以及联合体在中标后工程实施过程中的有关费用按各自承担的工作量分摊。

6. 联合体中标后，本联合体协议是合同的附件，对联合体各成员单位有合同约束力。

7. 本协议书自签署之日起生效，联合体未通过资格预审、未中标或者中标时合同履行完毕后自动失效。

8. 本协议书一式 八 份，联合体成员和招标人各执一份。

牵头人名称： ××建设工程公司 （盖单位章）
法定代表人或其委托代理人： 钟×× （签字）
成员二名称： ××装饰工程公司 （盖单位章）
法定代表人或其委托代理人： 裘×× （签字）
2014 年 1 月 5 日
备注：附求美装饰工程公司裘××法定代表人身份证明。

说明：本教材案例不接受联合体投标，此联合体协议为模拟模式，旨在指导该文件编写方法。

（7）申请人基本情况表

<table>
<tr><th colspan="11">五、申请人基本情况表</th></tr>
<tr><td>申请人名称</td><td colspan="10">××建设工程公司</td></tr>
<tr><td>注册地址</td><td colspan="5">××市××区××路999号</td><td>邮政编码</td><td colspan="4">1500××</td></tr>
<tr><td rowspan="2">联系方式</td><td>联系人</td><td colspan="4">战××</td><td>电话</td><td colspan="4">00451-5345××××</td></tr>
<tr><td>传真</td><td colspan="4">0451-5345××××</td><td>网址</td><td colspan="4">www. hl××. com</td></tr>
<tr><td>组织结构</td><td colspan="10">见附页（本教材不另附组织机构图）</td></tr>
<tr><td>法定代表人</td><td>姓名</td><td>钟××</td><td colspan="2">技术职称</td><td colspan="3">高级工程师</td><td colspan="2">电话</td><td>0451-5333××××</td></tr>
<tr><td>技术负责人</td><td>姓名</td><td>甄××</td><td colspan="2">技术职称</td><td colspan="3">高级工程师</td><td colspan="2">电话</td><td>0451-5334××××</td></tr>
<tr><td>成立时间</td><td colspan="2">1998年</td><td colspan="8">员工总人数：226</td></tr>
<tr><td>企业资质等级</td><td colspan="2">壹级</td><td rowspan="5">其中</td><td colspan="5">项目经理</td><td colspan="2">诚××</td></tr>
<tr><td>营业执照号</td><td colspan="2">GNJH100××××</td><td colspan="5">高级职称人员</td><td colspan="2">15</td></tr>
<tr><td>注册资本金</td><td colspan="2">5000万元</td><td colspan="5">中级职称人员</td><td colspan="2">60</td></tr>
<tr><td>开户银行</td><td colspan="2">建设银行××市支行
××分理处</td><td colspan="5">初级职称人员</td><td colspan="2">20</td></tr>
<tr><td>账号</td><td colspan="2">62170011××××</td><td colspan="5">技工</td><td colspan="2">50</td></tr>
<tr><td>经营范围</td><td colspan="10">房屋建筑工程总承包、工业与民用电气、压力容器制做安装、锅炉安装</td></tr>
<tr><td>体系认证情况</td><td colspan="10">本公司通过ISO-9002质量体系认证、ISO 14001环境管理体系认证，职业OHSAS 18001健康安全认证（认证文件影印件附后）</td></tr>
<tr><td>备注</td><td colspan="10"></td></tr>
</table>

说明："申请人基本情况表"应附申请人营业执照副本及其年检合格的证明材料、资质证书副本和安全生产许可证等材料的复印件，认证文件影印件略。

（8）近年财务状况表

××会计师事务所

审 计 报 告

××会审字［2012］第05号

委托单位：××建设工程公司

二〇一二年 十二月 二十七日

资产负债表

资产负债表　　施企01表

编制单位：××建设工程公司　　2012年度（第一年）　　单位：元

资产	行次	年初余额	期末余额	负债和所有者权益	行次	年初余额	期末余额
流动资产：				流动负债：			
货币资金	1	1195178.78	2105091.45	短期借款	51		
短期投资	2			应付票据	52		
应收票据	3			应付账款	53	18325869.75	17829968.75
应收账款	4	45721306.65	47276255.89	预收款项	54		
减：坏账准备	5	50000.00		其他应付款	55	20574742.01	11043454.27
应收账款净额	6	45671306.65		应付工资	56	15425.40	180000.00
预付账款	7			应付福利费	57		
应收补贴款	8			未交税金	58	486395.46	355777.45
其他应收款	9	998879.29	829892.69	未付利润	59		
存货	10	10039307.00	10039307.00	其他未交款	60	230.73	
待摊费用	11	423363.00		预提费用	61		
待处理流动资产净损失	12			一年内到期的长期负债	62		
一年内到期的长期债券投资	13			其他流动负债	63		
其他流动资产	14			流动负债合计	70	39402663.35	29409200.47
流动资产合计	20	58328034.72	60250547.03	长期负债：			
长期投资：				长期借款	71		
长期投资	21			应付债券	72		
固定资产：				长期应付款	73		
固定资产原价	24	70897923.14	64359768.74	其他长期负债	80		

利润及利润分配表

利润及利润分配表

编制单位：××建设工程公司　　2012年度（第一年）　　施企02表

项　　目	行数	上年实际数	本年实际数
一、主营业务收入	1	525600000.00	634816500.00
减：主营业务成本	2	497627780.00	599449731.55
主营业务税金及附加	3	17344800.00	20948944.50
二、主营业务利润（亏损以“—”号填列）	4	10627419.63	14417823.95
加：其他业务利润（亏损以“—”号填列）	5		
减：营业费用	6		
管理费用	7	5925377.09	7617798.00
财务费用	8	1190213.86	1269633.00
其中：利息支出	9		
利息收入	10		
三、营业利润（亏损以“—”号填列）	11	3511828.68	5530392.95
加：投资收益（损失以“—”号填列）	12		
补贴收入	13		
营业外收入	14		
减：营业外支出	15		
四：利润总额（亏损总额以“—”号填列）	16	3511828.68	5530392.95
减：所得税	17	3127241.24	3714850.28
五、净利润（净亏损以“—”号填列）	18		
六、净利润	19	384587.44	1815542.67
七、可供分配的利润	22	4034882.26	5850424.93
减：提取法定盈余公积	23		
提取法定公益金	24		
提取职工奖励及福利基金	25		
提取储备基金	26		
提取企业发展基金	27		
利润归还投资	28		
八、可供投资者分配的利润	29	4034882.26	5850424.93
减：应付优先股股利	30		
提取任意盈余公积	31		
应付普通股股利	32		
转作资本（或股本）的普通股股利	33		
九、未分配利润	34	40334882.26	5850424.93
其中：应由以后年度税前利润弥补的亏损	35		
补充资料：	36		
1. 出售、处置部门或被投资单位所得收益	37		
2. 自然灾害发生的损失	38		
3. 会计政策变更增加（或减少）利润总额	39		
4. 会计估计变更增加（或减少）利润总额	40		

现金流量表

现金流量表

编制单位：××建设工程公司　　2012年度（第一年）　　施企03表

项　目	行次	金　额
一、经营活动产生的现金流量：		
销售商品：提供劳务收到的现金	1	577683015.00
收到的税费返还	2	
收到的其他经营活动有关的现金	3	5008420.00
现金流入小计	4	582691435.00
购买商品、接受劳务支付的现金	5	435938882.49
支付给职工以及为职工支付的现金	6	82742183.77
支付的各项税费	7	21951954.57
支付的其他与经营活动有关的现金	8	41148501.50
现金流出小计	9	581781522.33
经营活动产生的现金流量净额	10	909912.67
二、投资活动产生的现金流量：	11	
收回投资所收到的现金	12	
取得投资收益所收到的现金	13	
处置固定资产、无形资产和其他长期资产所收回的现金净额	14	3461845.60
收到的其他与投资活动有关的现金	15	
三、现金流入小计	16	3461845.60
购建固定资产、无形资产和其他长期资产所支付的现金	17	
投资所支付的现金	18	
四、汇率变动对现金的影响额	32	
五、现金及现金等价物净增加额	33	909912.67
补充资料：	34	
将净利润调节为经营活动的现金流量：	35	
净利润	36	−184457.33
加：计提的资产减值准备	37	0.00
固定资产折旧	38	100432.52
无形资产摊销	39	
长期待摊费用摊销	40	
待摊费用减少（减：增加）	41	
预提费用增加（减：减少）	42	
处置固定资产、无形资产和其他长期资产的损失（减：收益）	43	3461845.60
固定资产报废损失	44	
财务费用	45	1269933.00
投资损失（减：收益）	46	
递延税款贷项（减：借项）	47	
存货的减少（减：增加）	48	
经营性应收项目的减少（减：增加）	49	3604349.24
经营性应付项目的增加（减：减少）	50	−7342190.36

说明：资产负债表、利润表、现金流量表为财务审计报告内容。

近三年财务状况表			
年份	总产值（万元）	其中建安产值（万元）	备注
2013			
2012			
2011			

说明：一般要求提供近三年的企业财务状况，如果是第一季度招标，此时财备审计报告尚未完成，本教材模拟招标时间为 2014 年 2 月 5 日，所以近三年的财务状况从 2013 年计。

近年财务状况表是指经过会计师事务所或者审计机构审计的财务会计报表，以下各类报表中反映的财务状况数据应当一致，如果有不一致之处，以不利于申请人的数据为准。

1）近年资产负债表；

2）近年损益表；

3）近年利润表；

4）近年现金流量表；

5）财务状况说明书。

除财务状况总体说明外，近年财务状况表应特别说明企业净资产，招标人也可根据招标项目具体情况要求说明是否拥有有效期内的银行 AAA 资信证明、本年度银行授信总额度、本年度可使用的银行授信余额等。

（9）近年完成的类似项目情况表

六、近年完成的类似项目情况表	
项目名称	“×××庭苑”工程项目
项目所在地	××市××区××街
发包人名称	××市××房地产开发公司
发包人地址	××市××区××街××号
发包人电话	0451-66××××××
合同价格	6250.27 万元
开工日期	2012 年 3 月 31 日
竣工日期	2013 年 6 月 30 日
承包范围	土建、给水排水、消防、电气、弱电
工程质量	合格
项目经理	李××
技术负责人	冯××
总监理工程师及电话	总监理工程师：修××，电话：1370451×××××
项目描述	“×××庭苑”第×标段，建筑面积 35346.43m^2，地上 32 层，地下二层（含人防工程，地下车库）框剪结构；室内给水排水；消防及消防自动报警；建筑电气等工程项目
备　注	该项目获“东三省优质样板工程”奖（附获奖证书）
-19-	

说明：“近年完成类似工程项目”应附中标通知书和合同协议书、工程接收证书（工程竣工验收证书）的复印件，每张表格只填写一个项目，并标明序号，项目描述重点说明与招标项目特征类似的内容。

（10）正在施工和新承接的项目情况表

七、正在施工和新承接的项目情况表

项目名称	××××××职业学院教学楼
项目所在地	××省×××市×××区
发包人名称	××××××职业学院
发包人地址	××省×××市×××区
发包人电话	0430-555×××××（联系人：寇××）
签约合同价	9675.45 万元
开工日期	2013 年 4 月 15 日
计划竣工日期	2014 年 7 月 30 日
承包范围	土建、给水排水、通风与空调、消防、消防自动报警、电气、弱电
工程质量	合格
项目经理	钱××
技术负责人	陆××
总监理工程师及电话	总监理工程师：纪××，联系电话 188××××××××
项目描述	该教学楼总建筑面积约 43450.33m^2，主体 13 层及群房 5 层，外墙干挂花岗岩嵌玻璃幕墙。室内给水排水设直引水系统、中水系统；中央空调，消防及自动报警系统；电气、弱电包括安防、电话、数据、有线电视
备注	该项目争创鲁班奖

-25-

说明："正在施工和新承接的项目情况表"应附中标通知书和（或）合同协议书复印件。每张表格只填写一个项目，并标明序号；新承接的项目要选择有代表性的工程，如国家、地方重点工程，应用新技术重点工程，或规模较大的工程。

（11）近年发生的诉讼和仲裁情况

八、近年发生的诉讼和仲裁情况

类别	序号	发生时间	情况简介	证明材料索引
诉讼情况	—	—	—	—
	—	—	—	—
仲裁情况	—	—	—	—
	—	—	—	—

-30-

说明：近年发生的诉讼和仲裁情况仅限于申请人败诉的，且与履行施工承包合同有关的案件，不包括调解结案以及未裁决的仲裁或未终审判决的诉讼。

（12）其他材料

<table>
<tr><td>

九、其　他　材　料

（一）企业信誉情况表
（二）拟投入的机械设备情况表
（三）拟投入项目经理人员情况

-31-
</td></tr>
</table>

说明：该页为子目录页。

（13）企业信誉情况表

企业信誉情况表

获奖项目	获奖类别	授予单位	备注
“×××庭苑”工程项目	“××省优质样板工程”	×××机构	2013年12月
×××工程	获××市结构优持奖	××市建设委员会	2012年12月
……	……	……	……

-32-

说明：“企业信誉情况表”要后附颁奖单位的文件、获奖证书。

（14）拟投入的机械设备表

拟投入本项目的主要施工机械设备

机械设备名称	型号规格	数量	目前状况	来源	现停放地点	备注
塔机	QTZ40	1	良好	自有	单位院内	用于垂直、水平运输
塔机	QTZ63	1	良好	自有	单位院内	用于垂直、水平运输
混凝土输送泵	HBT-60C	1	良好	自有	单位院内	输送商品混凝土
混凝土布料器	BLJ20	1	良好	自有	单位院内	用于垂直、水平运输
……	……	……	……	……	……	……
电渣压力焊机		2				竖向钢筋连接
闪光对焊机	UN100	1				钢筋焊接
……	……	……	……	……	……	……
柴油发电机	NHK200kW	台	1			备用临时停电

-36-

说明：“目前状况”应说明已使用年限、是否完好以及目前是否正在使用，“来源”分为“自有”和“市场租赁”两种情况，正在使用中的设备应在“备注”中注明何时能够投入本项目，并提供相关证明材料。

（15）拟投入的项目管理人员情况表

拟投入项目管理人员情况表						
姓名	性别	年龄	职称	专业	资格证书编号	拟在本项目中担任的工作或岗位
李××	男	39	高级工程师	工业与民用建筑	00206×××	项目经理
冯××	男	37	高级工程师	工业与民用建筑	00233×××	技术负责人
管××	男	30	工程师	工程监理	130108000×××	安全员
甄××	男	28	工程师	工业与民用建筑	130123139×××	质检员
钱××	女	41	工程师	工程造价	00270×××	造价管理人员
边×	女	26	助理工程师	建筑工程管理	130108000×××	资料员
富××	男	46	高级工程师	建筑电气	13001×××	电气工程师
梁×	男	54	高级工程师	采暖通风与空调	20075×××	暖通工程师
-37-						

说明："拟投标项目管理人员情况表"需填写拟投入本招标项目的项目部的核心成员。

项目经理简历表					
姓名	李××	年龄	39	学历	本科
职称	高级工程师	职务	副总经理	拟在本工程任职	项目经理
注册建造师资格等级			壹级	建造师专业	建筑工程
安全生产考核合格证书			黑建安C（2013）0000×××		
毕业学校	2004年毕业于 黑龙江建筑职业技术学院 建筑工程 专业				
主要工作经历					
时间	参加过的类似项目名称	工程概况说明		发包人及联系电话	
2015—2017	"×××庭苑"工程项目	"×××庭苑"第×标段，建筑面积35346.43m^2，地上32层，地下二层（含人防工程，地下车库）框架-剪力墙结构；室内给水排水；消防及消防自动报警；建筑电气等工程项目		柴×× 0451-66××××××	
	……	……		……	
-38-					

说明：注"项目经理简历"项目经理应附建造师执业资格证书、注册证书、安全生产考核合格证书、身份证、职称证、学历证、养老保险（本教材模拟案例中要求项目经理养老保险证明必须由项目经理本人所在的当地社会劳动保险事业管理部门出具有效证明，本企业出具的证明无效）复印件以及未担任其他在施建设工程项目项目经理的承诺，管理过的项目业绩须附合同协议书和竣工验收备案登记表复印件。类似项目限于以项目经理身份参与的项目。"技术负责人简历"格式与项目经理简历一致，在此略。

主要项目管理人员简历表			
岗位名称	安全员		
姓名	管××	年龄	30
性别	男	毕业学校	黑龙江建筑职业技术学院
学历和专业	大专　工程监理	毕业时间	2008年
拥有的执业资格	安全员	专业职称	助理工程师
执业资格证书编号	1301080000×××	工作年限	8年
主要工作业绩及担任的主要工作	×××项目安全员 2008××大学学生公寓工程项目见习技术员 2010××住宅小区安全员助理 2011×××广场项目安全员		
-39-			

说明：主要项目管理人员指项目副经理、技术负责人、合同商务负责人、专职安全生产管理人员等岗位人员。应附注册资格证书、身份证、职称证、学历证、养老保险复印件，专职安全生产管理人员应附有效的安全生产考核合格证书，主要业绩须附合同协议书。

承　诺　书

×××××住房管理中心（招标人名称）：

我方在此声明，我方拟派往　××住宅 工程项目施工　（项目名称）×标段施工（以下简称“本工程”）的项目经理李××（项目经理姓名）现阶段没有担任任何在施建设工程项目的项目经理。

我方保证上述信息的真实和准确，并愿意承担因我方就此弄虚作假所引起的一切法律后果。

特此承诺

申请人：　××建设工程公司　（盖单位章）

法定代表人或其委托代理人：　钟×　（签字）

2014 年 3 月 5 日

说明：“承诺书”必须由法定代表人签署。

6. 资格预审申请文件编写注意事项

（1）投标资格预审申请文件，严格按照招标项目《资格预审文件》中申请人须知，申请文件格式及审核内容编写，如有必要，可以增加内容，并作为资格预审申请文件的组成部分。

（2）文件填写的有关数据、经验业绩或在建工程名称要准确、并且随附证明文件要齐全。

（3）有关证明类文件要具有真实性、有效性和时效性。

（4）资格预审申请文件所有需签字盖章的文件要有效签署。

（5）文件形式、装订、标识、数量或包封要符合资格预审文件的要求。

3.2.2 编制投标文件投标函部分

投标文件是投标人对招标文件提出的实质性要求和条件做出响应的书面文件。

投标文件是招标人对投标人评审的依据，是投标人中标后与招标人签订合同的依据，投标文件是合同文件的组成部分。

1. 投标文件组成

我国目前由国务院发展改革部门会同有关行政监督部门和住房和城乡建设部制定的标准文本主要有：《中华人民共和国标准施工招标文件》（2007年版），《中华人民共和国房屋建筑和市政工程标准施工招标文件》（2010年版），《中华人民共和国简明标准施工招标文件》（2012年版），《中华人民共和国标准设计施工总承包招标文件》（2012年版）。

《中华人民共和国标准施工招标文件》（2007版）（国家发展和改革委员会、财政部、原建设部等九部委56号令发布）适用于依法必须进行招标的工程建设项目，一定规模以上，且设计和施工不是由同一承包商承担的工程施工招标。投标文件包括下列内容：

（1）投标函及投标函附录

（2）法定代表人身份证明及授权委托书

（3）联合体协议书

（4）投标保证金

（5）已标价工程量清单

（6）施工组织设计

附表一：拟投入本标段的主要施工设备表；

附表二：拟配备本标段的试验和检测仪器设备表；

附表三：劳动力计划表；

附表四：计划开、竣工日期和施工进度网络图；

附表五：施工总平面图；

附表六：临时用地表。

（7）项目管理机构

1）项目管理机构组成表；

2）主要人员简历表。

（8）拟分包项目情况表

（9）资格审查资料

1）投标人基本情况表；

2）近年财务状况表；

3）近年完成的类似项目情况表；

4）正在施工的和新承接的项目情况表；

5）近年发生的诉讼及仲裁情况。

（10）其他材料

《中华人民共和国房屋建筑和市政工程标准施工招标文件》（2010年版），是《中华人民共和国标准施工招标文件》（2007年版）的配套文件，适用于一定规模以上，且设计和施工不是由同一承包人承担的房屋建筑和市政工程的施工招标。投标文件包括下列内容：

（1）投标函及投标函附录

（2）法定代表人身份证明或授权委托书

（3）联合体协议书

（4）投标保证金

（5）已标价工程量清单

（6）施工组织设计

附表一：拟投入本工程的主要施工设备表；

附表二：拟配备本工程的试验和检测仪器设备表；

附表三：劳动力计划表；

附表四：计划开、竣工日期和施工进度网络图；

附表五：施工总平面图；

附表六：临时用地表；

附表七：施工组织设计（技术暗标部分）编制及装订要求。

（7）项目管理机构

1）项目管理机构组成表；

2）主要人员简历表。

（8）拟分包计划表

（9）资格审查资料

1）投标人基本情况表；

2）近年财务状况表；

3）近年完成的类似项目情况表；

4）正在施工的和新承接的项目情况表；

5）近年发生的诉讼和仲裁情况；

6）企业其他信誉情况表（年份要求同诉讼及仲裁情况年份要求）；

7）主要项目管理人员简历表。

（10）其他材料

《中华人民共和国标准设计施工总承包招标文件》（2012年版）适用于设计施工一体化的总承包招标，投标文件包括下列内容：

（1）投标函及投标函附录

（2）法定代表人身份证明或授权委托书

（3）联合体协议书

（4）投标保证金

（5）价格清单

（6）承包人建议书

（7）承包人实施方案

（8）资格审查资料

（9）其他资料

《中华人民共和国简明标准施工招标文件》（2012年版）适用于工期不超过12个月、技术相对简单且设计和施工不是由同一承包人承担的小型项目施工招标，投标文件包括下列内容：

（1）投标函及投标函附录

（2）法定代表人身份证明

（3）授权委托书

（4）投标保证金

（5）已标价工程量清单

（6）施工组织设计

（7）项目管理机构

（8）资格审查资料

依据上述国家颁发的标准文件，招标人可根据招标项目的具体情况进行内容的增加。招标人可在招标文件中对投标文件内容组成进行组合，但实质内容不发生改变，通常具体工程项目施工招标文件中对投标文件的组成及格式有明确要求。例如本教材案例中投标文件由三个部分组成，即投标函部分、商务部分、技术部分；因案例招标项目采用资格预审，所以投标文件不包括资格审查部分。

2. 投标文件编制依据

（1）依据工程项目《招标文件》（包括招标人下发的答疑文件或招标文件的澄清文件、招标文件随附的工程量清单、图纸），编制投标文件（全部内容），并且必须对招标文件的实质要求做出响应。

（2）依据投标人的资格条件及相关信息编制投标函。

（3）依据工程项目招标文件规定遵循的国家或项目所在地区的工程质量标准、规范编制投标文件的技术方案。

（4）依据工程项目招标文件确定的计价依据、招标项目所在地点的市场供给和物价水平，以及本企业的自给情况和施工方案确定投标报价。

3. 投标文件编制步骤

投标文件的编制步骤如图3-2所示。

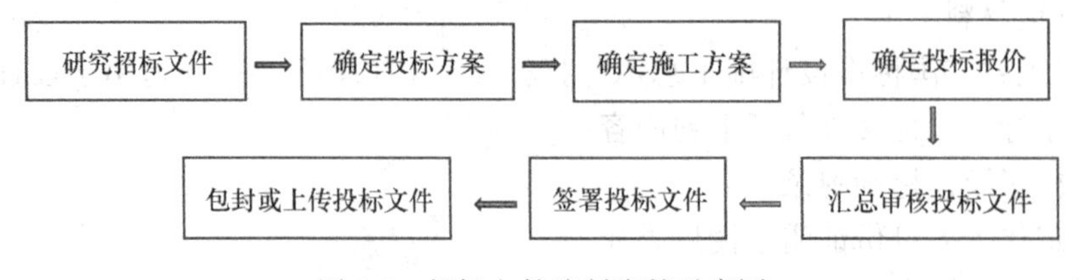

图3-2　投标文件编制步骤示意图

（1）研究招标文件（包括随附文件）。

（2）确定投标方案，是指确定报价策略及工程技术方案策略。

（3）确定施工方案，是指经投标班子决策后采取的技术方案，比如是否采用企业自有技术，是否采用“新材料、新工艺、新技术”，在招标文件允许的前提下是否建议采取其他方案等，但施工方案必须实质性响应招标文件要求，并达到科学合理的水平。

（4）确定投标报价，是指根据招标文件的招标范围、图纸、工程量清单（如有时）、计价规范、评标标准和办法、市场材料价格、是否有外协加工、工程施工方案以及报价策略最终确定投标报价。

（5）汇总审核投标文件，是指投标文件各个组成部分编写完毕后，对文件进行的组合，以及对文件进行全面的审核。

（6）签署投标文件，是指投标文件审核无误后，对文件进行签字或盖章。

（7）包封或上传投标文件，是指投标文件签署完成后并按招标文件要求进行装订、包封和标识；如果是电子招标，则根据招标文件要求进行上传。

4. 投标文件编制方法

投标人依据招标文件投标须知及招标文件确定的投标文件格式进行编制投标文件。

投标文件的投标函部分、商务部分、技术部分、投标文件封面及目录编制方法如下：

（1）投标文件投标函部分编制

投标函是指投标人按照招标文件的条件和要求，向招标人提交的关于投标人有关报价、质量或承诺等说明的函件。工程项目施工招标文件一般要求投标函部分包括法定代表人身份证明、授权委托书、投标函、投标函附录、投标文件对招标文件的商务和技术偏离、招标文件要求投标人提交的其他投标资料，有的招标文件将投标保证金提交情况作为投标函部分的文件。

投标函部分编制范例如下：

1）投标函部分首页

××住宅 工程项目施工（项目名称）

投　标　文　件

备案编号：SG×××××××××××

标　段：四

项 目 名 称：　××住宅 工程项目施工

投标文件内容：　投标文件投标函部分

投　标　人：　××建设工程公司（盖公章）

法定代表人或其委托代理人：　钟×（签字并盖章）

日　期：2014 年　2　月　24　日

说明：投标文件投标函部分的首页必须按招标文件给定的格式填写并签字，盖章。

2）法定代表人身份证明

一、法定代表人身份证明

申 请 人：××建设工程公司

单位性质：民营

地　　址：××市××区××路999号

成立时间：2005 年 3 月 1 日

经营期限：20 年

姓　　名：钟×　性　　别：男

年　　龄：35　职　　务：总经理

系××建设工程公司（申请人名称）的法定代表人。

特此证明。

××建设工程公司

申请人：××建设工程公司（盖单位章）

2014 年 2 月 24 日

-2-

说明："法定代表人身份证明"必须加盖单位公章。

3）授权委托书

二、授权委托书

本人 钟× （姓名）系××建设工程公司（申请人名称）的法定代表人，现委托 程× （姓名）为我方代理人。代理人根据授权，以我方名义签署、澄清、说明、补正、递交、撤回、修改 ××住宅工程项目施工 （项目名称） 四 标段施工招标资格预审文件，其法律后果由我方承担。

委托期限：90天

代理人无转委托权。

附：法定代表人身份证明

××建设工程公司

申 请 人：×× 建设工程公司（盖单位章）

法定代表人：钟×（签字）

身份证号码：2301041983××××××××

委托代理人：程×（签字）

身份证号码：2101041972××××××××

2014 年 2 月 24 日

-3-

说明："法定代表人授权委托书"必须由法定代表人签署。

4）投标函

三、投 标 函

致：×××××住房管理中心

1. 根据你方招标工程项目编号为备案编号：SG×××××××××××的××住宅工程项目施工第四标段的招标文件，遵照《中华人民共和国招标投标法》等有关规定，经研究上述招标文件的投标须知、合同条款、图纸、工程建设标准和工程量清单及其他有关文件后，我方愿以人民币（大写）伍仟捌佰柒拾肆万叁仟贰佰壹拾陆元玖角零分（RMB ¥58743216.90 元）的投标报价（其中安全生产措施费总额为 2483560.48 元）并按上述图纸、合同条款、工程建设标准和工程量清单（如有时）的条件要求承包上述工程的施工、竣工，并承担任何质量缺陷保修责任。

2. 我方已详细审核全部招标文件，包括修改文件（如有时）及有关附件。

3. 我方承认投标函附录是我方投标函的组成部分。

4. 一旦我方中标，我方保证按合同协议书中规定的工期 370 日历天内完成并移交全部工程。

5. 如果我方中标，我方将按照规定提交上述总价 5% 的履约保证金作为履约担保。

6. 我方同意所提交的投标文件在招标文件的投标须知中规定的投标有效期内有效，在此期间内如果中标，我方将受此约束。

7. 除非另外达成协议并生效，你方的中标通知书和本投标文件将成为约束双方的合同文件的组成部分。

8. 我方承诺中标后，在工程施工过程中创建安全质量标准化工地。

投 标 人：××建设工程公司 （盖章）

单位地址：××市××区××路999号

法定代表人或其委托代理人：钟× （签字或盖章）

邮政编码：1500×× 电话：0451-5345×××× 传真：0451-5345××××

开户银行名称：建设银行××市支行××分理处

开户银行账号：62170011××××

开户银行地址：××市××区××路30号 电话：0451-5778××××

日期：2014 年 2 月 24 日

-3-

说明："投标函"必须按投标总价表填写投标报价，按报价表填写安全生产措施费、按施工组织设计填写质量等级及总工期。

5）投标函附录

四、投标函附录

序	项目内容	约定内容	备　注
1	履约保证金	合同价款的（5）%	
2	施工准备时间	签订合同后（7）天	
3	施工总工期	（370）日历天	招标文件工期400日历天
4	质量标准	合格	
5	提前工期奖	无	
6	保修期	依据保修书约定的期限	见保修书
7	安全生产措施费	总额：2483560.48元 其中：土建工程：2330253.51元 水暖工程：84652.56元 电气工程：68654.41元 合计：2483560.48元	安全生产措施费填写各单位工程中相同费用的合计数，投标人须按规定的格式填报
8	如果投标人在两个标段同时取得中标资格，选择标段的顺序	标段____→标段____	在不同标段的投标文件中，投标人所选择的标段顺序必须一致。如不一致，则其“标段选择”无效。 若投标函附录中没有选择标段顺序或所选择的标段顺序无效，则评标委员会将视为该投标人是按所投标段的自然顺序选择

-4-

说明：“投标函附录”必须按招标文件填写履约保证金比例，按投标文件技术部分施工组织设计填写总工期。按投标报价填写安全生产措施费。

6）投标文件对招标文件的商务和技术偏离

五、投标文件对招标文件的商务和技术偏离

无

-5-

说明：投标人的投标文件内容如与招标文件规定有不一致处应在此处明确说明，否则，招标人在签订合同时对投标文件中偏离招标文件的内容不予承认，同时招标人视偏离程度保留拒绝其投标的权利。

7）招标文件要求投标人提交的其他投标资料

六、招标文件要求投标人提交的其他投标资料

——投标保证金交接收据

收　　据

交款单位：××建设工程公司　　收款方式：支票

人民币（大写）捌拾万元整　　¥800000.00元

收款事由：‘××住宅工程项目施工’第四标段投标保证金

2014年2月5日

单位盖章：（××住房管理中心 财务专用章）

财务主管：

记　　账：

出　　纳：

经　　办：

-6-

说明："招标文件要求投标人提交的其他资料"如果投标保证金在购买招标文件时提交，该部分通常将投标保证金提交证明文件附于其中。

3.2.3　编制投标文件商务部分

投标文件中商务部分（也称经济标）的主要内容是建设工程投标报价，它是投标人计算和确定承包该项工程的投标总价格。投标报价应根据招标文件规定的报价范围、计价依据以评标标准和办法以及工程的性质、规模、结构特点、技术复杂难易程度、施工现场实际情况、当地市场技术经济条件及竞争对手情况等，确定经济合理的报价。并且达到总价合理、分部分项报价合理、项目（定额项目、清单项目）单价合理。

通常招标文件要求投标文件商务部分为投标报价部分。文件一般包括投标总价、总说明、工程项目投标报价汇总表、单项工程投标报价汇总表、单位工程投标报价汇总表、分部分项工程量清单与计价表等计价表格。

投标文件商务部分编制范例如下：

1）商务部分首页

××住宅 工程项目施工（项目名称）

投 标 文 件

备案编号：SG××××××××××

标　段：四

项 目 名 称：　××住宅 工程项目施工

投标文件内容：　投标文件商务部分

投　标　人：　××建设工程公司　（盖公章）

法定代表人或其委托代理人：钟×　（签字并盖章）

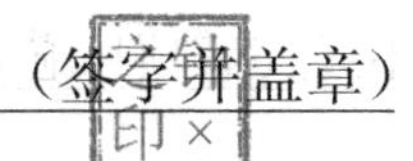

日　期：2014 年　2　月　24　日

-7-

说明："投标文件商务部分"按招标文件条目编写；标注页码。

2）商务部分目录

目　　录

-8-

说明："目录"为商务部分的子目录，按招标文件要求的内容填写。

投　标　总　价

招 标 人：　×××××　住房管理中心

工程名称：　××住宅工程项目施工

投标总价(小写)：　58743216.90 元

(大写)：　伍仟捌佰柒拾肆万叁仟贰佰壹拾陆元玖角零分

投 标 人 ：　××建设工程公司　(单位盖章)

法定代表人或其委托代理人：　程×　(签字或盖章)

编 制 人 ：　郎×　(造价人员签字盖专用章)

编制时间：2014 年 2 月 24 日

-9-

说明：“投标总价”处所填内容为招标项目该标段所有的单项工程或专业工程报价的汇总价格。

投标报价说明

×××××住房管理中心施工项目投标报价说明如下：

1. 工程概况

×××××住房管理中心第四标段，工程建筑面积 36540.24m^2，地下二层，地上 32 层，框架-剪力墙结构，桩基础，安装部分包括给水排水、采暖、消防、电气、消防自动报警系统。总工期 370 天，计划开工时间 2014 年 3 月 25 日—2015 年 3 月 30 日。

2. 投标报价编制

依据《×××××住房管理中心施工项目第四标段招标文件》（备案编号：SG×××××××××××）、《答疑文件》以及图纸、工程量清单的招标范围确定报价范围，依据施工验收规范、现行本地区《造价信息》、市场供应、该标段施工方案，以及本企业自有资源情况确定报价。

3. 其他说明

本报价不包括×××内容。

-10-

说明：“投标报价说明”主要说明工程概况、计划开竣工时间、报价依据及报价范围。

表 2　工程项目投标报价汇总表

工程名称：××住宅　工程项目施工　　　　第　页共　页

序号	单项工程名称	金额（元）	其中		
			暂估价（元）	安全文明施工费（元）	规费（元）
1	××住宅　工程项目施工四标段	58743216.90	—	2483560.48	300501.09
合计		58743216.90	—	2483560.48	300501.09

-11-

说明："工程项目投标报价汇总表"如果招标某标段包括若干个单项工程，则将所有的单项的报价逐项填写在该表中，其合计为招标项目投标总价。

表 3　单项工程投标报价汇总表

工程名称：××住宅　工程项目施工　　　　第　页共　页

序号	单位工程名称	金额（元）	其中		
			暂估价（元）	安全文明施工费（元）	规费（元）
1	××住宅　工程项目施工四标段	58743216.90	—	2483560.48	300501.09
合计		58743216.90	—	2483560.48	300501.09

-11-

说明："单项投标报价汇总表"如果招标某标段包括若干个单项工程，则该表将某一个单项工程的所有单位工程（土、水、电、弱电等）报价汇总在该表中，其合计为某单项工程报价。如果有三个单项工程，则该表要分别填写三个工程的报价汇总表。

表 4　单位工程投标报价汇总表

名称：××住宅 工程项目施工四标段（土建）　　　　第　页共　页

序号	汇总内容	金额（元）	其中：暂估价（元）
1	分部分项工程	37411364.36	
1.1			
1.2			
1.3			
1.4			
1.5			
2	措施项目	4863477.67	
2.1	安全文明施工费	2483560.48	
3	其他项目	1940297.86	
3.1	暂列金额		
3.2	专业工程暂估价		
3.3	计日工		
3.4	总承包服务费		
4	规费	300501.09	
5	税金	1635572.21	
合计=1+2+3+4+5		48634773.67	

说明："单位工程投标报价汇总表"是填写某一个单项工程的某一单位工程报价表，如：土建部分、给水排水部分、消防部分、电气部分、弱电部分等要单独填写该表。

表5 单位工程投标报价汇总表

名称：××住宅 工程项目施工四标段（电气） 第 页共 页

序号	汇总内容	金额（元）	其中：暂估价（元）
1	分部分项工程	2534310.12	
1.1			
1.2			
1.3			
1.4			
1.5			
2	措施项目	略	
2.1	安全文明施工费	68654.41	
3	其他项目	略	
3.1	暂列金额		
3.2	专业工程暂估价		
3.3	计日工		
3.4	总承包服务费		
4	规费	82883.48	
5	税金	110796.42	
合计=1+2+3+4+5		3294603.16	

说明：“单位工程投标报价汇总表”水暖工程略。

表6 分部分项工程量清单与计价表

工程名称：××住宅 工程项目施工 标段：四 第 页共 页

序	项目编码	项目名称	项目特征描述	计量单位	工程量	金额（元）		
						综合单价	合价	其中：暂估价
	土石方工程						103723.76	
1	010101001001	平整场地	三类土厚在300mm内挖填找平	m^2	1625.38	7.43	12076.70	—
	……	……	……	……	……	……	……	
n	010103001001	回填方	基础回填土、室内回填土：夯填运输距离150m	m^3	556.44	69.35	38589.66	—
2	桩基础工程						……	
3	砌筑工程						……	
4	钢筋混凝土工程						……	
……	……						……	
n	混凝土模板支架及支撑						……	
合计							37411364.36	

说明：“分部分项工程量清单与计价表”按单位工程填写；水电工程该表略。

表7　工程量清单综合单价分析表

工程名称：××住宅　工程项目施工　　标段：四　　　　第　页共　页

项目编码		010101001		项目名称		平整场地		计量单位			m²
清单综合单价组成明细											
定额编号	定额名称	定额单位	数量	单价				合价			
				人工费	材料费	机械费	管理费和利润	人工费	材料费	机械费	管理费和利润
×××	平整场地	100m²	16.2538	5.42			2.01	8809.56			32670.01
1	010101001001	m²	1625.38	5.42	—	—	2.01	8809.56			32670.01
人工单价		小计									
元/工日		未计价材料费						0			
清单项目综合单价								7.43			
材料费明细	主要材料名称、规格、型号					单位	数量	单价（元）	合价（元）	暂估单价（元）	暂估合价（元）
	其他材料费							—		—	
	材料费小计							—		—	

说明："工程量清单综合单价分析表"按单位工程的某一清单项目逐项填写，水电工程略（计价软件自动生成该表，选择打印即可）。

表8　措施项目清单与计价表（一）

工程名称：××住宅　工程项目施工　　标段：四　　　　第　页共　页

序号	项目名称	计算基础	费率（%）	金额（元）
1	安全文明施工费（按安全生产措施费报价）			
1.1	环境保护费、文明施工费		建筑：0.30 安装：0.25 装饰：0.15	
1.2	安全施工费		建筑：0.23 安装：0.19 装饰：0.12	
1.3	临时设施费		建筑：1.40 安装：1.19 装饰：0.72	
1.4	防护用品等费用		建筑：0.11 安装：0.09 装饰：0.05	
1.5	垂直防护架		执行2010年《关于发布二〇一〇年建筑物（构筑物）垂直防护架、垂直封闭防护、水平防护架费用计取标准的通知》（××市造价字［2010］1号）	
1.6	垂直封闭防护			
1.7	水平防护架			
2				
3				
合计				

说明："措施项目清单与计价表"该表投标时按单位工程措施项目清单表填写。

表 9　措施项目清单与计价表（二）

工程名称：××住宅工程项目施工　　　　标段：四　　　　　　　　　　　第　页共　页

序号	项目编码	项目名称	项目特征描述	计量单位	工程量	金额（元）	
						综合单价	合价
本页小计							
合计							

说明："措施项目清单与计价表"该表投标时按单位工程措施项目清单表填写。

表 10　其他项目清单与计价汇总表

工程名称：××住宅工程项目施工　　　　标段：四　　　　　　　　　　　第　页共　页

序	项目名称	计量单位	金额（元）	备注
1	暂列金额			明细详见表 9-1
2	暂估价			
2.1	材料暂估价		—	明细详见表 9-2
2.2	专业工程暂估价			明细详见表 9-3
3	计日工			明细详见表 9-4
4	总承包服务费			明细详见表 9-5
5				

说明："其他项目清单与计价汇总表"相关数据略，投标时按投标报价相关内容填写。

表 10-1　暂列金额明细表

工程名称：××住宅工程项目施工　　　　标段：四　　　　　　　　　　　第　页共　页

序	项目名称	计量单位	暂定金额（元）	备注
1				
2				
合计				—

说明："暂列金额明细表"根据招标文件提供的招标控制价相关项目填写。

表 10-2　材料暂估单价表

工程名称：××住宅工程项目施工　　　　标段：四　　　　　　　　　　　第　页共　页

序	材料名称、规格、型号	计量单位	单价（元）	备注
1				
2				
……				
n				

说明："材料暂估价"根据招标文件提供的招标控制价相关项目填写。

表 10-3　专业工程暂估价表

工程名称：××住宅工程项目施工　　　标段：四　　　　　　第　页共　页

序号	工程名称	工程内容	金额（元）	备注
1				
……				
n	……	……	……	……
合计				—

说明：“专业暂估价”根据招标文件提供的招标控制价相关项目填写。

表 10-4　计日工表

工程名称：××住宅工程项目施工　　　标段：四　　　　　　第　页共　页

编号	项目名称	单位	暂定数量	综合单价	合价
一	人工				
1					
……					
n	……				
人工小计					
二	材料				
1					
……					
n	……				
材料小计					
三	施工机械				
1					
……					
n	……				
施工机械小计					……
总计					……

表 10-5　总承包服务费计价表

工程名称：××住宅工程项目施工　　　标段：四　　　　　　第　页共　页

序号	项目名称	项目价值（元）	服务内容	费率（%）	金额（元）
1	发包人发包专业工程				
2	发包人供应材料				
合计					

说明：“总承包服务费”根据各单位工程报价填写。

表 11 规费、税金项目清单与计价表

工程名称：××住宅工程项目施工　　标段：四　　第 页共 页

序	项目名称	计算基础	费率（%）	金额（元）
1	规费			
1.1	工程排污费		0.06	
1.2	社会保障费			
(1)	养老保险费		2.99	
(2)	失业保险费		0.19	
(3)	医疗保险费		0.4	
1.3	工伤保险费		0.22	
1.4	住房公积金		0.43	
1.5	危险作业意外伤害保险		0.11	
1.6	生育保险费		0.13	
2	税金	分部分项工程费＋措施项目费＋其他项目费＋规费	3.44	
合计				

说明："规费、税金项目"按单位工程填写。

表 12 投标主要材料设备表

序号	材料设备名称	规格型号	设备主要技术参数	生产厂家	投标人采用的品牌	计量单位	单价（元）	在同一厂家、品牌中的档次
一、	建筑工程							
1	商混凝土	C30		××		m^3	440.00	
	……						……	
二、								
1	配电箱	GGD-×××		××市××开关厂	华安	台	19650	合格
2	电力电缆	YJV	5×50	×电缆厂	华强	m	85	合格
…	…	…	…	…	…		…	…

说明："投标主要材料设备表"按某单位工程主要材料价格填写。

表 13 投标报价需要的其他资料

无

说明：如果投标报价中的材料或设备价格明显低于参考价格，则在该部分提供相关证明文件，如果投标方案中因采取特殊方案而发生的相关费用，则在该表中说明。

3.2.4 编制投标文件技术部分

1）投标文件技术部分的组成

招标文件通常要求投标文件技术部分包括两部分内容，即施工组织设计和项目组织机构。

2）投标文件技术部分编制依据

投标文件技术部分编制依据国家现行的技术质量验收标准、招标项目技术要求并结合投标人综合实力确定科学合理的项目组织机构与实施方案。

① 施工组织计编制。施工组织设计是对招标项目工程施工活动实施科学管理的重要依据。施工组织设计要对工程在人力、物力、时间和空间以及技术组织等方面作出统筹安排，施工组织设计内容如下：

A. 工程概况；

B. 目标部署；

C. 编制依据；

D. 施工方案（分部分项工程施工）

a. 施工准备；

b. 分部分项工作内容；

c. 施工流程；

d. 分部分项工程施工方法。

E. 技术组织保证措施

a. 保证安全技术组织措施；

b. 保证质量技术组织措施；

c. 保证工期技术组织措施；

d. 成本管理技术组织措施；

e. 保证文明技术组织措施；

f. 成品与半成品保护技术组织措施；

g. 季节性施工技术组织措施；

h. 保证质量技术组织措施。

F. 计划

a. 劳动力组织安排；

b. 物资采购计划

主要和辅助材料计划

周转材料计划

设备、机具购置或租赁计划

c. 拟投入的施工机械（包括机具、仪器、仪表）；

d. 临时用地计划；

e. 临时用电计划；

f. 施工进度计划（网络图、横道图）。

G. 应急预案；

H. 施工平面布置图。

② 项目组织机构部分。依据招标文件要求（专业、执业资格、工作经验、安全生产考核等）配备项目组织机构成员，并说明项目组织运行管理制度、岗位责任制度以及管理工作流程等。

投标文件技术部分编写范例如下：

××住宅工程项目施工（项目名称）

投标文件

备案编号：SG××××××××××

标　段：四

项 目 名 称：　××住宅工程项目施工

投标文件内容：　投标文件技术部分

投　标　人：　××建设工程公司　（盖公章）

法定代表人或其委托代理人：钟×　刻钟印×（签字并盖章）

日　期：2014 年 2 月　24　日

说明：投标文件技术部分的首页必须按招标文件给定的格式填写并签字，盖章。

目　　录

说明：“目录”该目录为投标文件技术部分子目录，要标页码。

第一部分　施工组织设计

一、目标部署

（一）工期目标

根据招标人要求及我公司综合实力，确保在370日历天完成招标范围内的工程内容并一次性通过验收。比招标人要求工期提前30天全部施工完毕并交付使用。

（二）质量目标

我们将精心组织施工，确保工程质量按国家验收标准《建筑工程施工质量验收统一标准》GB 50300—2013一次验收合格，并达到建筑优良工程标准，工程主体结构创省优质结构工程，工程争创“龙江杯”奖。

（三）安全目标

安全文明施工是工程项目管理的重要工作。我们将根据国家、省、市有关安全、文明施工标准要求，层层落实责任，分片包干，加强进场人员的三级安全思想教育，提高施工人员的安全意识，落实安全技术措施，达到“市安全文明施工工地标准”；在施工全过程中，杜绝死亡及重伤事故，月轻伤频率控制在1.5‰以下，无重大安全事故。

（四）文明施工目标

严格按照××市文明施工的各项规定执行，执行本公司《质量管理手册》关于文明施工相关规定；施工现场做到“亮化、美化、绿化、道路硬化”。

（五）环境保护目标

本工程按国家有关规定，做好环境保护工作。严禁在施工现场焚烧油毡、橡胶、塑料、皮革、树叶、枯草等会产生有毒有害物质的可燃物，不排放有害烟尘和恶臭气体的物质。设专人负责对驶出施工现场的车辆车轮进行清洗并检查装载物（土石、垃圾等）是否有防尘措施，还负责施工现场出入口的清洁卫生，以免污染环境。

二、工程概况

本工程位于××市××区，本标段工程内容包括土建、给水排水、消防、电气、消防自动报警系统等招标文件及工程量清单包括的所有内容，本标段为高层框架-剪力墙结构，层数：32层，总高度103.800m，标准层高2.8m，建筑面积约36540.24m²，基础为桩基础。

工程名称：××住宅工程项目施工。

建设单位：×××××住房管理中心。

设计单位：××××建筑规划设计研究院。

建筑面积：35096.24m²。

建筑层数：32层（地下一层）。

建筑层高：地下层为4.5m，1层为4.5m，2层为5.4m，3～31层为2.8m，32层4.5m。

建筑总高：103.800m。

工程地址：××市××区。

结构类型：全现浇框架-剪力墙结构

建筑功能：地下一层为设备用房及车库（3402m²），1层为商业门面及车库（3413m²）……3～31层为住宅（26072m²）。

2.1 建筑设计概况

本项目工程为32层框架-剪力墙结构建筑，建筑物占地面积3413m²。

本工程建筑构造及装修作法如下：

楼地面：－3.700层车库地面为石屑水泥地面；±0.000层车库地面为水磨石楼面；±0.000，4.500层室外地面为贴花岗石和防滑地面砖地面；所有厨房、卫生间楼面为防水。

说明：该部分说明楼地面、内墙、顶棚、外墙面、门窗等做法。

2.2 结构设计概况

本工程抗震设防烈度为8度。

基础结构：基础形式为独立柱基础、条形基础和人工挖孔桩基础。五层以下为全现浇钢筋混凝土框架-剪力墙结构。

钢筋保护层厚度为：基础底板的底面为35mm、上面为25mm；地下室外墙为35mm；剪力墙为15mm；梁、柱为25mm；楼板及楼梯为15mm。

说明：该部分说明基础结构形式、主体结构形式。

2.3 工程特点及施工条件概况

2.3.1 工程特点

本工程位于××市××区，北临松花江。地理位置较佳，交通便利，工程为高层住宅建筑，质量要求高。

安全生产，文明施工要求高，本工程地处沿江风景区。

2.3.2 施工条件概况

（1）施工场地

合理布置临时设施及材料、架料堆场，搞好场地硬化、美化工作，创造一个良好的施工环境。

（2）交通情况

本工程的车辆出入较为方便，为保证施工周边的清洁卫生，我们将派专人每日清扫车辆出入口的清洁，并对出施工现场的车辆进行冲洗。

（3）现场及过往行人安全

由于本工程为新区新建项目，除在建工程的施工及工作人员外，没有常住人口，在施工过程中，我公司将严格执行省及市建委颁发的《建筑工地文明施工标准》，住建部颁发的《建筑施工安全文明检查标准》JGJ 59—2011，实施全封闭施工，确保现场和行人安全。

三、编制依据

1.××住宅工程项目施工（备案编号：SG××××）招标文件、答疑会议纪要。

2. ××××建筑规划设计研究设计设计的建筑、结构、安装施工设计图纸。

3. 国家、行业及地方有关政策、法律、法令、法规。

4. 国家强制性技术质量标准、施工验收规范、规程。

工程质量验收标准：

《建筑工程施工质量验收统一标准》GB 50300—2013

《建筑地基基础工程施工质量验收规范》GB 50202—2002

《砌体结构工程施工质量验收规范》GB 50203—2011

《混凝土结构工程施工质量验收规范》GB 50204—2015

《屋面工程质量验收规范》GB 50207—2012

《地下防水工程质量验收标准》GB 50208—2011

《建筑地面工程施工质量验收规范》GB 50209—2010

《建筑装饰装修工程质量验收规范》GB 50210—2001

《建筑给水排水及采暖工程施工质量验收规范》GB 50242—2002

《建筑电气工程施工质量验收标准》GB 50303—2015

《智能建筑工程质量验收规范》GB 50339—2013

《建筑物防雷工程施工与质量验收规范》GB 50601—2010

《建筑节能工程施工质量验收规范》GB 50411—2007

《建设工程文件归档整理规范》GB/T 50328—2014

《工程技术标准强制性条文（城镇建设部分）》2013

四、施工方案

（一）施工前准备工作

1. 施工管理及作业人员安排

施工项目部人员情况见“第二部分　项目管理机构配备情况”。

2. 机械设备准备

见拟投入的主要机械设备表。

3. 物资准备

（1）单位工程主要材料计划表（包括成品半成品委托加工计划）。

（2）单位工程辅助材料计划表。

（3）项目施工周转性材料计划表。

4. 技术准备工作

（1）组织施工技术人员研究施工图，汇总施工图中存在的问题，在设计图纸会审交底会上解决。

（2）准备本工程需用的施工验收规范及技术标准及其标准图集。

（3）施工前向作业班组进行技术交底。

（4）提出原材料计划，半成品加工计划。

……

（*n*）编制工程施工组织设计（或质量计划书、作业指导书）。

5. 生产准备

(1) 做好工程施工前的"水通、电通、路通、通信通"和场地平整工作以及场区。

(2) 搭建施工区域封闭围墙，围墙高度为2.0m。在主要出入口挂置"六牌二图"、安全警示标识等。所搭建的临设工程，井然有序，加工房、机具设备房、办公室等按平面布置图建造并符合安全、卫生、通风、采光、防火等要求。

(3) 施工现场用水、排水设施。

(4) 施工现场用电布置

根据施工供电"三相五线制"的原则……。动力和照明在二级箱处分开设置，三级箱均为"一机一闸、一漏一箱"进行电力控制。三级箱处严禁动力、照明用电混合使用。施工现场照明用电在地面以下的均采用36V以下安全电压进行供电。

(二) 建筑工程施工方案

1. 基础施工方案

(1) 基础施工阶段平面排水

排水系统每天派1人进行维护清理，以保证排水畅通，防止地表水流入基础内影响其作业。

(2) 人工挖孔桩基础施工

1) 机具设备准备及材料要求

机具要求：提升机具、挖孔工具包括：水平运输工具、混凝土浇筑机具以及其他机具（钢筋加工机具、焊接工机具）。

材料要求：水泥、砂子、碎石、钢材等。

2) 工艺原理

人工挖孔桩基础分为两个部分，即①护壁；②桩芯。护壁可根据实际情况酌情，桩芯为C25钢筋混凝土。

3) 工艺流程

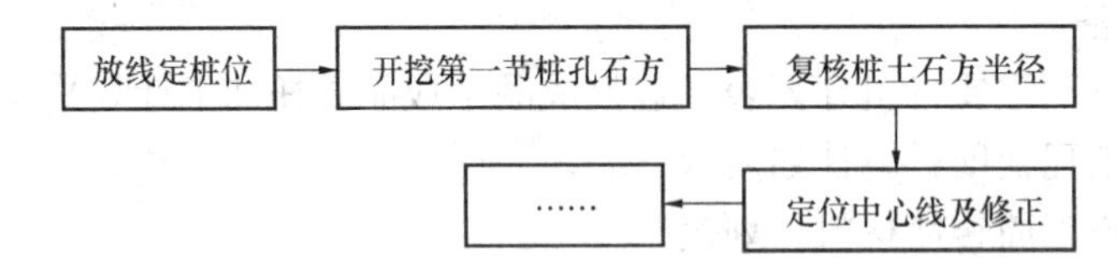

4) 挖孔施工方法

① 定出桩的位置，截面允许误差3cm，垂直偏差≤0.5%，一次开挖深度不超过1.2m，遇石用锤钎破碎；

② 土石方孔内运输；

……

5) 护壁施工方法

① 护壁钢筋安装：待桩孔开挖修正后，立即进行人工绑扎护壁钢筋，所绑扎的钢筋应符合设计及施工验收规范要求；

② 护壁模板；

③ 护壁混凝土施工。

6）钢筋笼制作及安装

7）桩芯混凝土施工

采用商品混凝土浇灌，混凝土坍落度按配合比要求。

8）保证安全措施

① 照明用×××，向孔内送风方式×××，与作业人员联系（对讲及其他声音信号）；

② 孔内如出现塌方等处理措施；

③ 弃土堆放位置距离孔口边不得小于 1.5m；

④ 地下水位较高时采用井点降水措施；

⑤ 遇到流动性淤泥或流砂等特殊地质地貌，将编制专项施工组织设计报总工审批，并报监理单位审批，获得批复后方能进行施工；

⑥ 安全栏杆设置及作业人员安全护具。

（3）混凝土条形基础施工

1）施工顺序（见流程图）

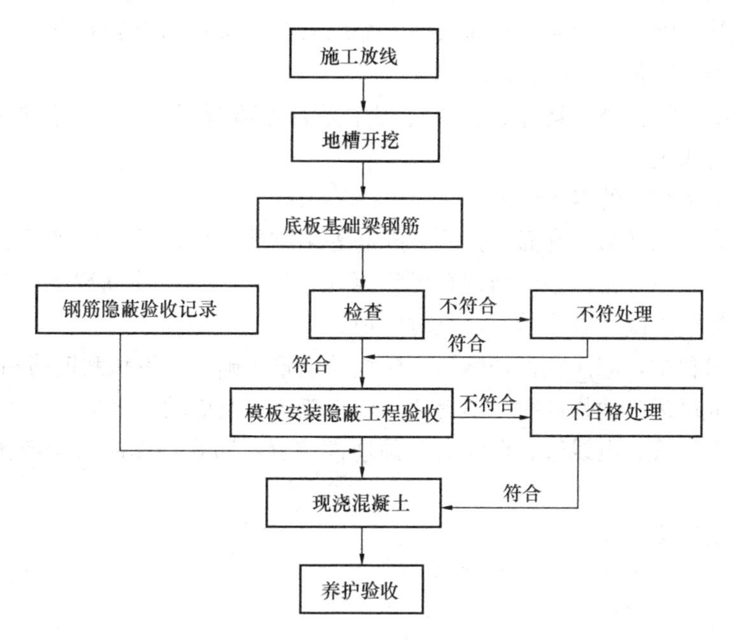

2）施工工艺

① 地槽开挖施工方法

……

② 模板施工方法

……

③ 钢筋工程施工方法

……

④ 混凝土的浇筑和振捣

浇筑混凝土前应清除模板内的积水、木屑、钢丝、铁钉等杂物，并用水湿润模板。使用钢模应保持其表面清洁无浮浆……。

⑤ 混凝土的养护

……

⑥ 模板拆除

……

⑦ 质量标准及措施

原材料、外加剂、混凝土拌合物配料、必须符合现行国家标准、施工及验收规范和设计的有关规定。

按设计要求混凝土中加防水剂，防水剂应有出厂合格证及使用说明书，现场复验其各项性能指标应合格。施工缝处加 BW 止水条，该材料可遇水膨胀，有效地防止结构渗水。

检查的称量是否准确，如拌合用水量，水泥重量，外加剂掺量等。

检查混凝土拌合物的坍落度，每工作班至少测两次。

检查模板尺寸，坚固性，是否有缝隙、杂物，对欠缺之处应及时纠正。

检查配筋，钢筋保护层，预埋铁件，穿墙管等细部构造是否符合设计及规范要求。合格后填写隐蔽工程验收记录。

检查混凝土拌合物在运输、浇筑过程中是否有离析现象，观察浇捣施工质量，发现问题及时纠正。

检查混凝土结构的养护情况。

外观检查有无蜂窝、麻面、孔洞、露筋等影响质量的缺陷，穿墙管、施工缝等细部构造是否封闭严密，整个结构有无渗漏现象。若发现有渗漏现象，应找出确切部位，分析渗漏原因，采取措施，及时处理。

在施工过程中，应注意保护钢筋，模板的位置正确，不得踩踏钢筋和改动模板。

在拆模或吊运其他物件时，不得碰坏施工缝企口及撞动止水带。

保护好穿墙管、电线管、电线盒及预埋件位置，防止振捣时挤偏或预埋件凹进混凝土内。

2. 主体结构施工方案

……屋面防水施工、楼地面施工。

3. 门窗施工方案

1）塑钢窗安装施工……。

2）防盗门施工方案……。

……

n）装饰装修工程施工方案

外墙砖、内墙、顶棚面刷乳胶漆、面砖墙裙施工等、水泥砂浆楼面施工、楼地面贴地面砖施工、楼地面贴花岗石施工、成品保护等。

（三）给水排水工程施工方案

（1）安装工程概况

工程水电安装工程内容包括生活给水排水、消防给水、采暖、通风；强电、弱电、消防自动报警系统安装。

1）给水排水工程主要内容：生活给水系统、消防给水系统以及排水、雨水系统。给水水源由市政给水管网引来，在小区内设消防水池、生活给水采用分区式给水。

2）室内采暖采用同程式热水采暖系统……。

3）通风主要包括正压送风系统和消防排烟系统。在一层、负一层设排烟系统，每层设排烟风机房，并设排烟风机箱；负一层设送风风机箱和送风机房；排烟系统和通风系统共用一套风管和风机。楼梯间正压送风系统采用分段送风方式，每隔两层设一个正压送风口，高区风机设在屋面层，低区风机设在架空层。所有风管均采用镀锌钢板制作风管。

4）电气工程部分包括高低压配电系统、照明（含应急照明）系统、动力设备配电及控制系统、防雷接地系统；弱电包括安防、监控、电视、电话、数据系统、火灾自动报警系统。

（2）安装工程施工准备

1）工程技术人员及操作人员组织安排

序号	工种名称	数量（人）	进场时间	进场时间	备注
1	管道工	10			
2	电工	10			
3	钳工	3			
4	铆工	3			
5	焊工	3			
6	设备维修工	1			
7	维修电工	1			
8	辅助工	15		全周期	

2）主要施工机具、设备需用计划

序号	设备名称	规格型号	单位	数量	备注
1	直流电焊机	A×-4-300 型	台	1	
2	交流电焊机	B×6-300 型	台	1	
3	交流电焊机	B×6-500 型	台	2	
4	手提砂轮机	S3S-150	台	2	

序号	设备名称	规格型号	单位	数量	备注
5	手提砂轮机	SISI-200	台	2	
6	冲击电钻	561 型	把	2	
7	冲击电钻	568 型	把	4	
8	手枪电钻	J12-6-ϕ10	把	5	
9	手动葫芦	1t	台	4	
10	手动葫芦	5t	台	2	
11	切割机	J3-B-350	台	2	
12	卷扬机	5t	台	2	
13	电动试压泵		台	1	
14	手动试压泵		台	1	
15	台式焊接机	20～125mm	台	1	用于 PP-R 给水管
16	电子焊接机	20～110mm	台	1	
17	机械压接钳		套	6	导线连接
18	砂轮切割机		台	3	

3）主要施工及测量器具

序号	名称	规格	单位	数量	备注
1	水平仪		台	1	管道标高控制
2	接地电阻仪	ZC-8	只	1	测接地电阻
3	兆欧表	ZC-3-500V	只	2	绝缘测试
4	兆欧表	ZC-3-1000V	只	1	绝缘测试
5	灌水试验装置	ϕ75～ϕ160 等	套	2	
6	万用表		块	2	
7	压力表	0～1.6MPa	块	2	
8	钳型电流表	0～300A；0～500A	块	1	

4）劳动力需用计划一览表

序号	工种名称	单位	使用数量	总工日	备注
1	管道工	个	16		
2	电工	个	16		
3	暖通工	个	8		
4	油漆工	个	4		
5	焊工	个	3		
6	设备维修工	个	1		
7	辅助工	个	16		

（3）给水排水及采暖施工方案

（此处略）

（四）电气工程施工方案

根据本次招标文件确定的电气工程范围以及本工程施工特点，电气按以下工序组织施工：预留、预埋、安装施工、调整试验。

1）电气施工工艺流程：

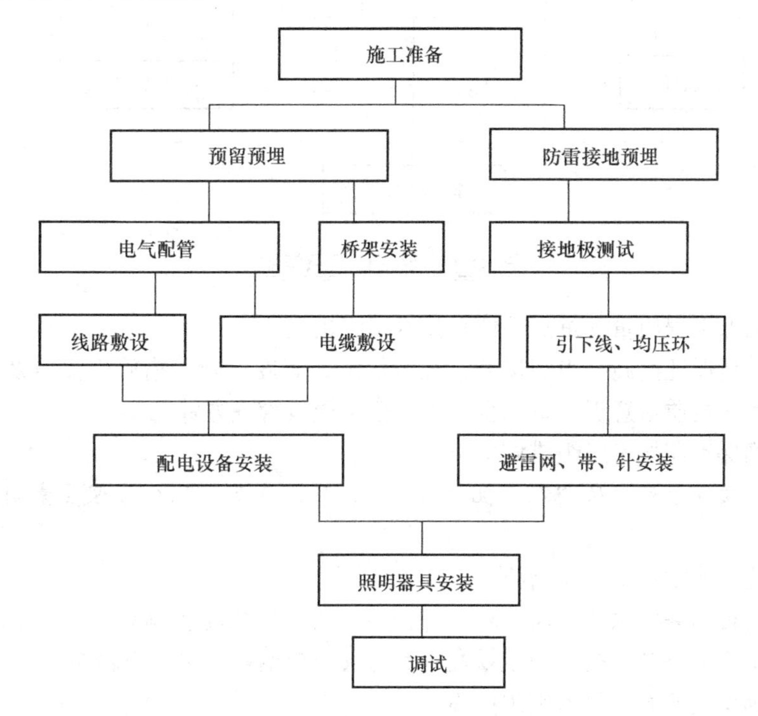

2）电气工程分部分项工程施工方案

说明：施工方案内容包括各子项的工作内容描述、施工流程、施工方法、质量标准……。

五、确保安全生产技术组织措施

说明：该部分可以用图表形式表现安全生产（包括文明施工）措施，也可用文字叙述。安全生产保证措施及体系如下图所示。

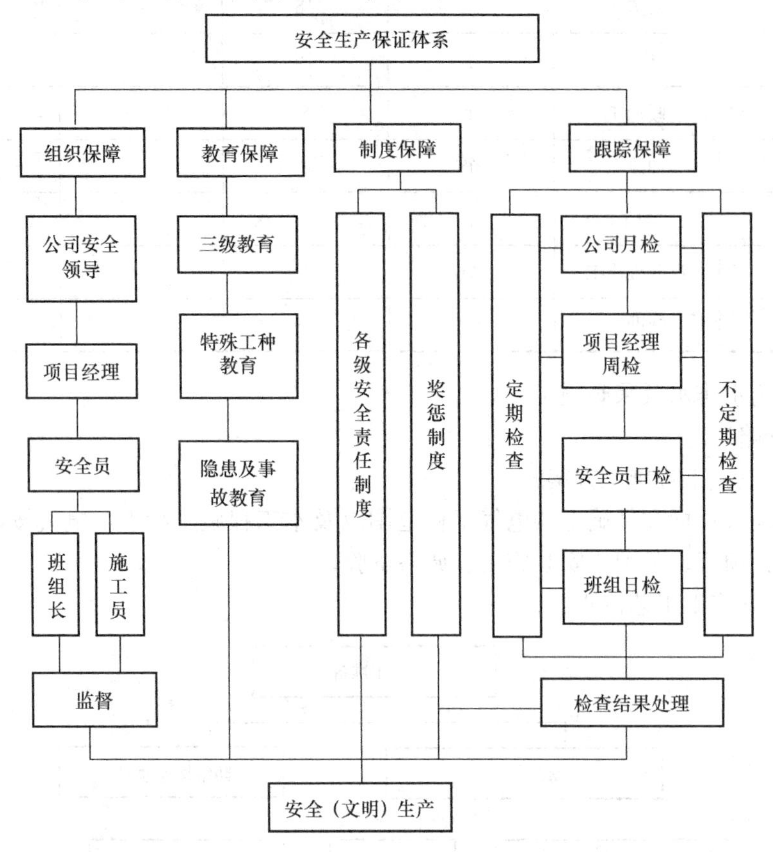

安全生产保证体系示意图

六、确保工程质量（重点部位）技术组织措施

工程质量保证措施有组织保障、经济保障、制度保障、措施保障以及提高管理人员及操作人员质量意识。贯彻全过程、全员质量管理方针。

七、确保工期技术组织措施

说明：该部分可以从“人、机、料、法、环、资金”几个管理要素制定工期保证措施。

八、确保成本技术组织措施

说明：该部分可以从“人、机、料、法”几个管理要素制定工期保证措施。也可以从施工准备阶段、施工阶段以及竣工验收阶段编制保证成本措施。

九、确保文明施工技术组织措施

说明：该部分可以与安全管理措施相结合进行编制。

十、季节性施工措施

说明：该部分针对北方的气候特点，制定冬雨季施工、已有设施、管线的加固、保护等措施。

十一、关键施工技术、工艺及工程项目实施的重点、难点和解决方案

说明：重点部分制定专项保证措施。例如：

1. 结构尺寸控制措施

说明：该部分重点说明模板安装固定措施。

2. 梁、柱节点细部处理措施

说明：该部分主要说明节点处多个方向的柱、梁交叉，浇筑节点处混凝土等的措施。

3. 屋面各构造层质量控制措施

说明：该部分说明找平、防水卷材施工、细部处理措施以及工序检查措施。

4. 现浇楼梯成型质量控制措施

说明：该部分说明现浇楼梯施工中容易出现踏步尺寸不均的质量通病预防措施。

5. 施工缝的留设及处理措施

说明：该部分说明现浇钢筋混凝土柱、楼面板和楼面梁、剪力墙的施工缝、特别要求的斜缝、垂直的缝、水平缝质量保证措施。

6. 控制混凝土开裂的技术措施

说明：该部分主要从试验、材料使用比例、温控、外加剂、养护等技术措施。

7. 保证抹灰面不开裂、不空鼓技术措施

说明：该部分主要施工措施。

8. 保证外墙面砖粘结牢固的技术措施

说明：该部分主要说明外墙砖的强度及冻融性、找平层水泥砂浆的强度，以及粘接剂质量控制等措施。

十二、成品保护措施

说明：该部分需说明已完的成品与半成品保护具体的措施，可以从“人、法、环”的管理要素写具体措施。

十三、应急预案

说明：该部分要制定应对突发事件的预防措施。如：应对自然灾害、极端天气、社会、人文、爆发性疾病、火灾、爆炸等预案。

十四、拟投入主要施工机械具体拟投入施工机械见表1。

拟投入的主要施工机械设备表　　表1

序号	机具名称	规格型号	单位	数量	用途及说明
1	塔机	QTZ40	台	1	用于垂直、水平运输
2	塔机	QTZ63	台	1	用于垂直、水平运输
3	混凝土输送泵	HBT-60C	台	1	输送商品混凝土
4	混凝土布料器	BLJ20	台	2	混凝土施工布料
5	砂浆搅拌机	HI325	台	2	拌制砂浆
6	电渣压力焊机		套	2	竖向钢筋连接
7	闪光对焊机	UN100	台	1	钢筋焊接
8	交流电焊机	30kVA	台	4	钢筋、铁件等焊接
9	圆盘锯	ϕ400以内	台	2	木作加工
10	电动弯头压筋机		台	1	钢筋加工

序号	机具名称	规格型号	单位	数量	用途及说明
11	卷扬机	7.5kW	台	2	钢筋调直
12	钢筋切断机	ϕ40	台	1	钢筋加工
13	平板振动器	1.5kW	台	2	振捣混凝土
14	插入式振动器	1.5kW-6m	套	8	振捣混凝土
15	型材切割机	ϕ400 以内	台	1	型材切割
16	台钻	ϕ20 以内	台	1	工具加工
17	冲击电锤	ϕ25 以内	台	5	装修、安装用
18	潜水泵	ϕ50 以内	台	3	抽水、排水用
19	软轴抽水机	ϕ50 以内	台	3	抽水、排水用
20	手推胶轮车		辆	20	施工平面水平运输
21	移动式碾压机		台	1	地下室周边回填
22	冲击夯	BS600	台	2	地下室周边回填
23	柴油发电机	NHK200kW	台	1	备用临时停电

注：随表附上拟投入的主要施工设备的检验证书。

说明："拟投入的主要施工机械"该表需根据土建、安装工程以及完成投标工程项目所包含的所有专业工程所需的设备填写。随表附上拟投入的主要施工设备的检验证书。

十五、拟投入主要物资计划

（一）主要材料计划

（二）周转材料计划

（三）设备装置采购计划

说明："拟投入的主要物资计划"中的"主要材料计划表"根据投标报价文件中的主要材料表填写即可；周转材料计划按措施项目填写；"设备装置采购计划"按招标文件及图纸制定计划，如有招标人提供设备装置则编制需求计划。

十六、劳动力安排计划

劳动力计划表

单位：人

工种	按工程施工阶段投入劳动力情况					
	施工准备阶段	基础工程阶段	主体工程阶段	装饰工程阶段	安装工程阶段	收尾阶段
木工	20	20	10	0	0	0
钢筋工	15	15	30	0	0	0
混凝土工	10	10	20	0	0	0
抹灰工	0	0	20	25	5	0
瓦工	24	30	10	0	0	0
水暖工	2	4	4	5	20	2
电工	2	4	6	5	20	2
……						

说明："劳动力安排计划"按工程进度计划区分专业工程填写。

十七、施工进度计划（网络图）

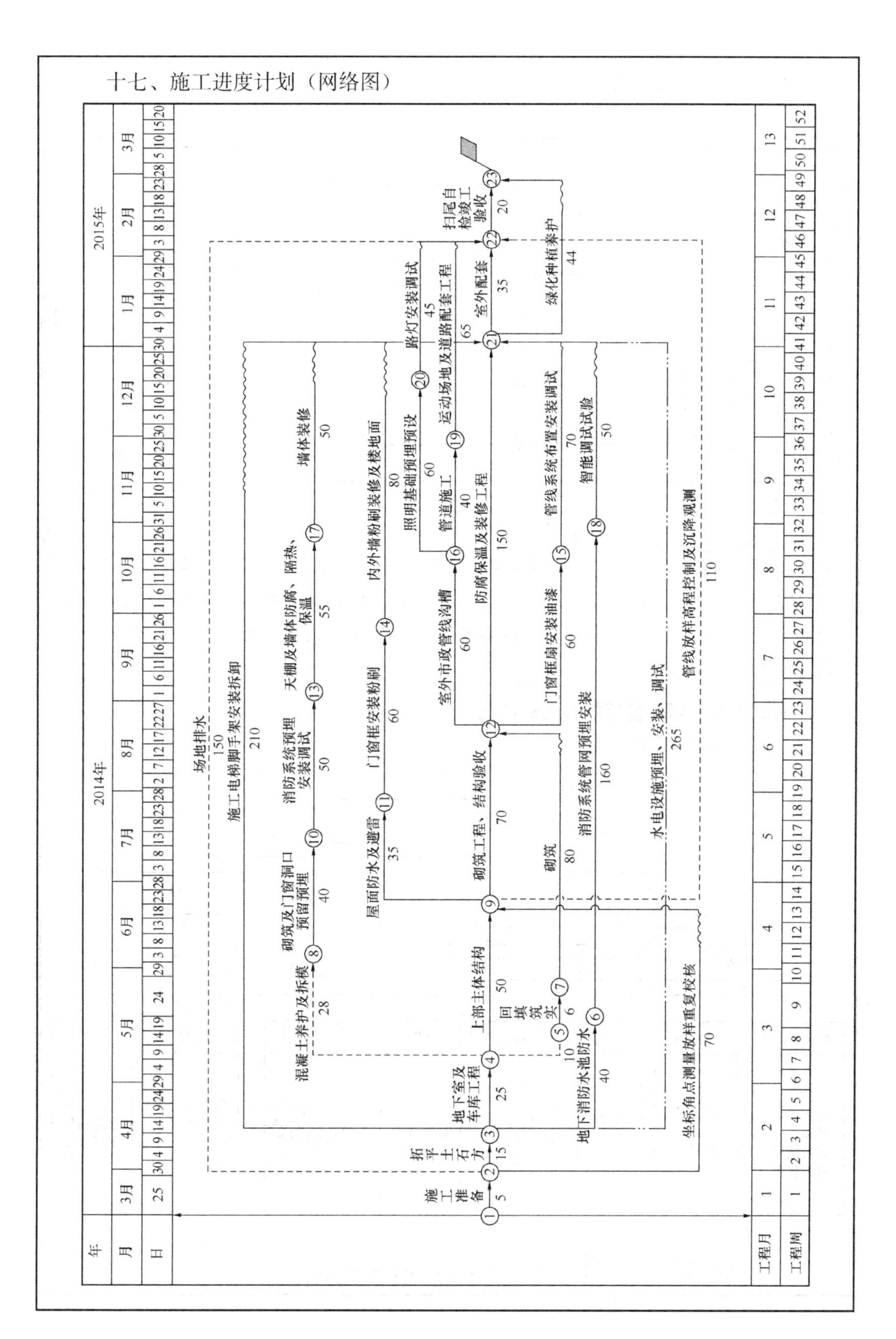

十八、施工总平面布置图

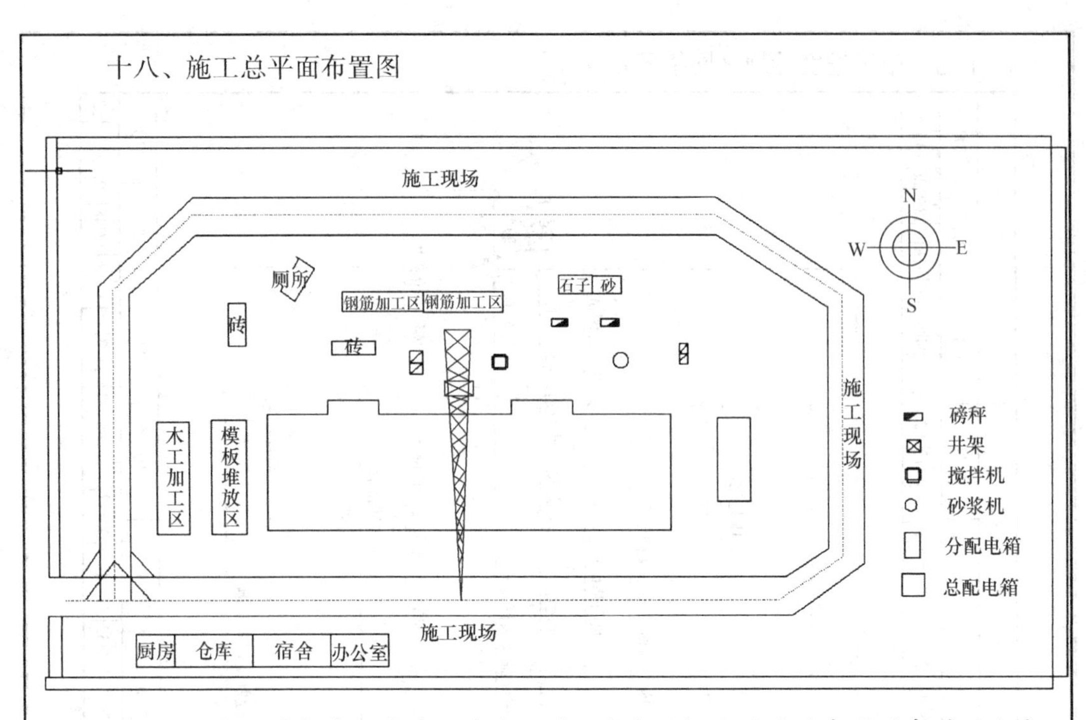

说明：投标人应提交一份施工总平面图，绘出现场临时设施布置图表并附文字说明，说明临时设施、现场办公、设备及仓储、供电、供水、卫生、生活等设施的情况和布置。

第二部分 项目管理机构配备情况

（一）项目部组织机构图

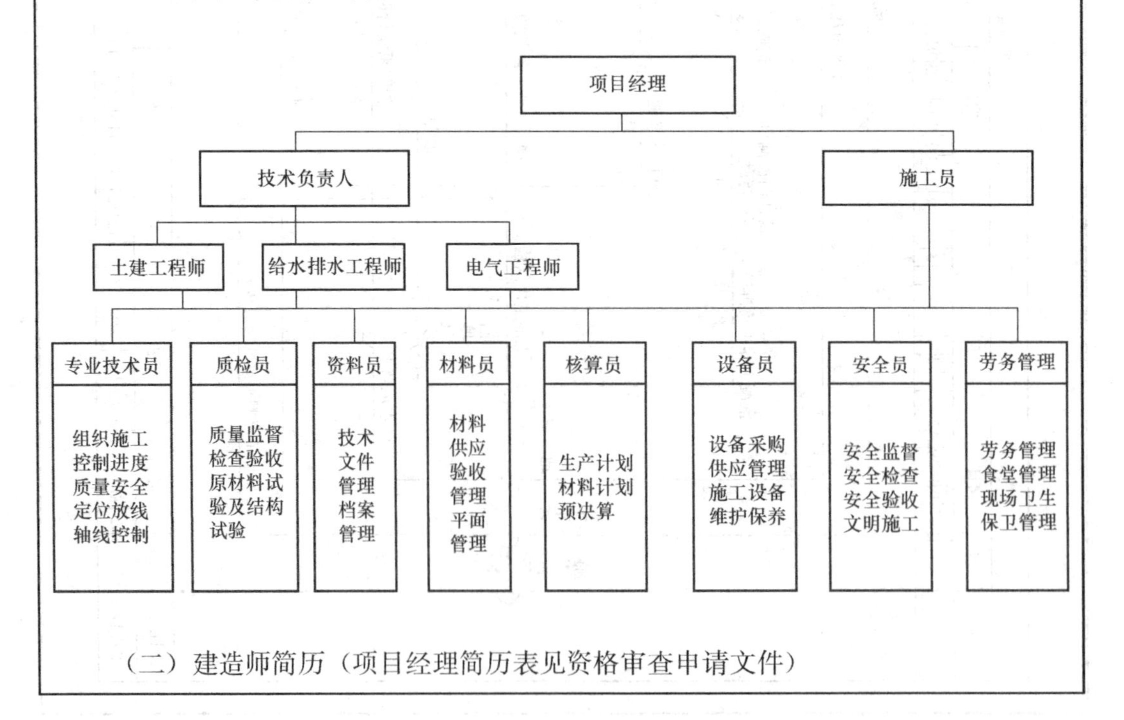

（二）建造师简历（项目经理简历表见资格审查申请文件）

（三）项目管理机构配备承诺

承诺书

我公司承诺按下表配备项目管理机构人员，一旦中标将在5个工作日内将所有项目管理机构人员的岗位证书、建造师和安全员的安全生产考核合格证送至××市建设工程招投标办公室查验及存押，如未按要求进行存押或证件查验不合格，视为我公司自动放弃中标权利。

特此承诺。

岗位	注册专业	最低职称	备注
建造师	建筑工程技术专业	高级工程师	
技术负责人	建筑工程技术专业	高级工程师	
工长	建筑工程技术专业	工程师	
安全员	建筑工程监理专业	助理工程师	
质检员	建筑工程技术专业	助理工程师	
造价员	工程造价专业	助理工程师	
……	……	……	……

××建设工程公司

投标人或联合体牵头人：________（盖章）

之钟印×

法定代表人或其委托代理人：________（签字或盖章）

第三部分 “措施费项目”的施工组织说明

说明：“措施费项目”按投标报价措施项目分别说明各项措施内容。

第四部分 招标文件要求投标人提交的其他技术资料

说明：“招标人要求投标人提交的其他技术资料”根据具体的招标文件要求填，如果投标人无特殊说明或无需提供其他资料则该部分可以写“无”。

3）投标文件目录编制及封面设计

① 封面设计

建筑工程施工项目投标文件封面设计原则是保证信息完整前提下，达到宣传投标人的企业方针，综合实例的效果，例如可以将投标项目的BIM模型以图片形式置于封面，封面力求简洁美观、色调庄重。如下是工程案例投标封面：

A. 封面

正本

××住宅 工程项目施工

投标文件

招标编号：SG××××××××××

标 段：四

××建设工程公司

2014 年 2 月 24 日

说明：投标文件封面插图为投标项目工程效果图。

B. 扉页

××住宅　工程项目施工

投标文件

招标编号：SG××××××××××

标　段：四

正本

××建设工程公司

2014年2月24日

说明：扉页需加盖投标人公章。

② 目录编制

投标文件的目录分为一级、二级目录，投标文件编制完成后，按招标文件的要求进行组合及排序后，最终决定目录。通常一级目录包括投标文件各组成部分名称，二级目录包括各组成部分的子目录。工程案例投标文件目录范例如下：

目　　录

第三章　技术部分

第一部分　施工组织设计

一、目标部署

二、工程概况

三、编制依据

四、施工方案

（一）建筑工程施工方案

（二）给水排水工程施工方案

（三）电气工程施工方案

五、确保安全生产技术组织措施

六、确保工程质量技术组织措施

七、确保工期技术组织措施

八、确保成本技术组织措施

九、确保文明施工技术组织措施

十、季节性施工措施（冬雨季施工、已有设施、管线的加固、保护等特殊情况下的施工措施等）

十一、关键施工技术、工艺及工程项目实施的重点、难点和解决方案

十二、成品保护措施

十三、应急预案

十四、拟投入主要施工机械

十五、拟投入主要物资计划

（一）主要材料计划

（二）周转材料计划

（三）设备装置采购计划

十六、劳动力安排计划

十七、施工进度计划（网络图）

十八、施工总平面布置图

第二部分　"措施费项目"的施工组织说明

第三部分　项目管理机构配备情况

第四部分　招标文件要求投标人提交的其他技术资料

说明："目录"需标注页码，通常投标文件的整体目录如上所示，但本教材工程案例招标文件要求投标文件技术标与商务标单独包封，则分册编目。

③ 内外包封封贴

范例如下：

××住宅　工程项目施工

投标文件

（正本）

标　段：四

投标人：××建设工程公司

地　址：××市××区××路999号

邮　编：1500××

招标人：×××××住房管理中心

地　址：××市××路

2014年2月25日9：00时前不得开封

说明：内包封贴严格按照招标文件关于内包封的标识要求不得做任何增加、修改或删除，按招标文件要求分为正本内包封贴和副本内包封贴。

××住宅　工程项目施工

投标文件

标　段：四

备案编号：SG××××××××××

标　　段：四

招标人：×××××住房管理中心

地　址：××市××路

2014年2月25日9：00时前不得开封

说明：外包封严格按照招标文件关于外包封的标识要求不得做任何增加、修改或删除。

3.3　审核与包封投标文件

投标文件是投标人应招标文件的要求编制的实质响应性文件，文件组成、内容、格式，以及应招标文件需提供的证明投标人资质、经验、业绩、财务状况、技术准备以及信誉必须真实有效，投标文件编制完成后，要依据招标文件对投标文件进行全面审核。

3.3.1　审核投标有关文件的符合性

投标有关文件主要是指资格审查申请文件和投标文件。资格审查申请文件符合性主要包括：

1）满足资格预审文件的强制性的标准。如：企业资质、经验、经营情况、项目经理资质等。

2）证明类的文件必须是真实、有效并具有时效性。

3）文件的格式必须与资格审查申请文件相一致，不得删改。

4）文件签署必须符合要求。

（1）投标文件的符合性。

所谓符合性鉴定是检查投标文件是否实质上响应招标文件的要求，实质上响应的含义是其投标文件应该与招标文件的所有条款、条件规定相符，无显著差异或保留。符合性鉴定一般包括投标文件响应性、投标文件完整性以及投标文件一致性。

（2）投标文件的响应性

1）投标人以及联合体形式投标的所有成员是否已通过资格预审，获得投标资格。

2）投标文件中是否提交了承包人的法人资格证书及投标负责人的授权委托证书；如果是联合体，是否提交了合格的联合体协议书以及投标负责人的授权委托证书。

3）投标保证的格式、内容、金额、有效期、开具单位是否符合招标文件要求。

4）投标文件是否按规定进行了有效地签署等。

（3）投标文件的完整性

投标文件中是否包括招标文件规定应递交的全部文件，如标价的工程量清单、报价汇总表、施工进度计划、施工方案、施工人员和施工机械设备的配备等，以及应该提供的必要的支持文件和资料。

（4）与招标文件的一致性

1）凡是招标文件中要求投标人填写的空白栏目是否全都填写，作出明确的回答，如投标书及其附录是否完全按要求填写。

2）对于招标文件的任何条款、数据或说明是否有任何修改、保留和附加条件。

通常符合性鉴定是评标的第一步，如果投标文件实质上不响应招标文件的要求，将被列为废标予以拒绝，并不允投标人通过修正或撤销其不符合要求的差异或保留，使之成为具有响应性投标。

3.3.2　审核投标有关文件的有效性

投标文件的有效性主要包括投标文件中所有的文件有效签署、投标文件分册有效包封和投标文件的有效标识。例如，案例中的标识要求如下：

18.2　投标文件的正本和副本均需打印或使用不褪色的墨水笔书写，字迹应清晰、易于辨认，并应在投标文件封面的右上角清楚地注明“正本”或“副本”。正本和副本如有不一致之处，以正本为准。投标报价电子光盘与文本文件正本不一致时，以文本文件为准。

18.3　投标文件封面（或扉页）、投标函均应加盖投标人印章并经法定代表人或其委托代理人签字或盖章。由委托代理人签字或盖章的在投标文件中须同时提交授权委托书。授权委托书格式、签字、盖章及内容均应符合要求，否则授权委托书无效。委托代理人必须是投标企业正式职工，投标文件中必须提供委托代理人在投标企业缴纳社会保险的证明（必须是社保局出具的社会保险的证明，企业自行出具的无效）。

18.4　除投标人对错误处须修改外，全套投标文件应无涂改或行间插字和增删。如有修改，修改处应由投标人加盖投标人的印章或由投标文件签字人签字或盖章。

3.3.3　投标文件包封与装订

如果投标文件要求以纸质形式文件提交，文件的装订与包封应严格按照招标文件进行。例如，工程案例中的对投标文件的要求如下：

19. 投标文件的装订、密封和标记

19.1　投标文件的装订要求一律用 A4 纸装订成册，商务标与投标函共同装订、技术标单独装订。每份投标文件的商务标和投标函可以装订成一册或多册，具体册数由投标人根据投标文件厚度自行决定，但技术标必须装订成一册。

19.2　投标文件是否设内层密封袋、如何设内层密封袋及如何密封标记均由投标人自行决定（开标时对内层密封袋不查验）。投标文件的商务标与投标函可以密封在一个或多个外层密封袋中（外层密封袋个数由投标人自行决定），投标文件的技术标必须密封在一个外层密封袋中，各外层投标文件的密封袋上应标明：招标人名称、地址、工程名称、项目编号、标段、商务标或技术标，并注明开标时间前不得开封的字样。外层密封袋的封口处应加盖密封章，外层密封袋上可以有投标单位的名称或标志。

19.3　对于投标文件没有按本投标须知第 19.1 款、第 19.2 款的规定装订和加写标记及密封，招标人将不承担投标文件提前开封的责任。

内外包封封贴范例如下：

① 内包封

××住宅　工程项目施工

投标文件

（正本）

标　段：四

投标人：××建设工程公司

地　址：××市××区××路 999 号

邮　编：1500××

招标人：×××××住房管理中心

地　址：××市××路

2014 年 2 月 25 日 9：00 时前不得开封

说明：内包封贴严格按照招标文件关于内包封的标识要求不得做任何增加、修改或删除，按招标文件要求分为正本内包封贴和副本内包封贴。

② 外包封

××住宅　工程项目施工

投标文件

标　段：四

备案编号：SG××××××××××

标　　段：　　　　四

招标人：×××××住房管理中心

地　址：××市××路

2014 年 2 月 25 日 9：00 时前不得开封

说明：外包封严格按照招标文件关于外包封的标识要求不得做任何增加、修改或删除。

图 3-3 所示为投标文件包封图片。

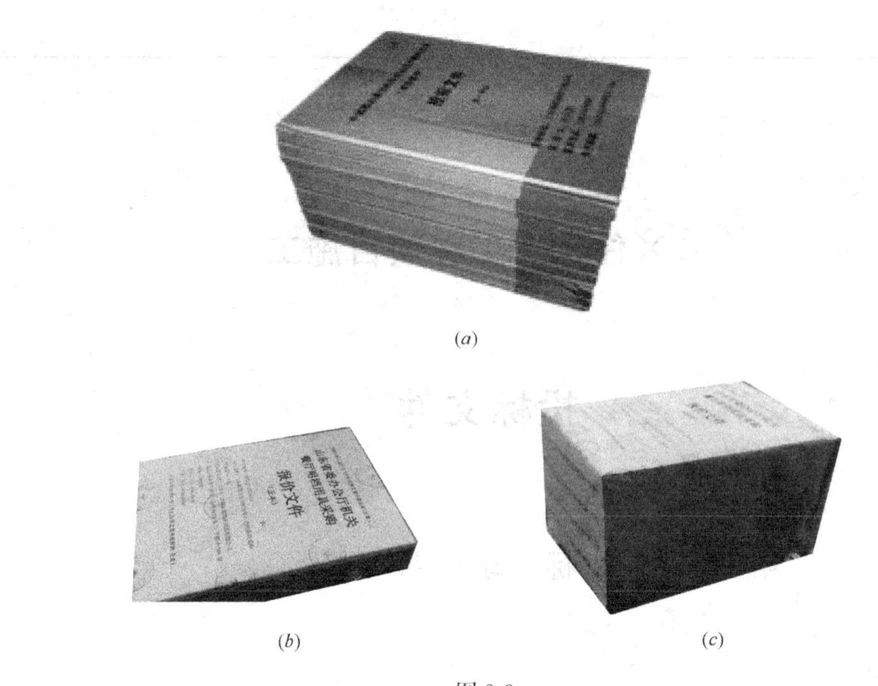

(a)

(b) (c)

图 3-3

(a) 未包封的投标文件；(b) 投标文件正本或副本内包封；(c) 投标文件外包封

3.3.4 投标文件递送

投标文件按招标文件包封（不包括网上投标）标识后，按招标文件指定的时间地点及须携带的证件，递送投标文件，案例中递送文件的相关规定见下文：

> **20. 投标文件的提交**
>
> 投标人应按本须知前附表第 17 项所规定的地点，于投标截止时间前提交投标文件。
>
> **21. 投标文件提交的截止时间**
>
> 21.1 投标文件的截止时间见本须知前附表第 17 项规定。
>
> 21.2 招标人可按本须知第 9 条规定以修改补充通知的方式，酌情延长提交投标文件的截止时间。在此情况下，投标人的所有权利和义务以及投标人受制约的截止时间，均以延长后新的投标截止时间为准。
>
> 21.3 到投标截止时间止，招标人收到的投标文件少于 3 个的，招标人将依法重新组织招标。
>
> **22. 迟交的投标文件**
>
> 招标人在本须知第 21 条规定的投标截止时间以后收到的投标文件，将被拒绝参加投标并退回给投标人。
>
> **23. 投标文件的补充、修改与撤回**
>
> 23.1 投标人在提交投标文件以后，在规定的投标截止时间之前，可以书面形式补充修改或撤回已提交的投标文件，并以书面形式通知招标人。补充、修改的内容为投标文件的组成部分。

23.2 投标人对投标文件的补充、修改，应按本须知第19条有关规定密封、标记和提交，并在内外层投标文件密封袋上清楚标明“补充、修改”或“撤回”字样。

23.3 在投标截止时间之后，投标人不得补充、修改投标文件。

23.4 在投标截止时间至投标有效期满之前，投标人不得撤回其投标文件，否则其投标保证金将被没收。

3.3.5 编制投标文件应注意的事项

（1）投标文件应按招标文件提供的投标文件格式进行编写，如有必要，表格可以按同样格式扩展或增加附页。

（2）投标函在满足招标文件实质性要求的基础上，可以提出比招标文件要求更有利于招标人的承诺。

（3）投标文件应对招标文件的有关招标范围、工期、投标有效期、质量要求、技术标准等实质性内容作出响应。

（4）投标文件中的每一空白都必须填写，如有空缺，则被视为放弃意见。实质性的项目或数字（如工期、质量等级、价格等）未填写的，将被作为无效或废标处理。

（5）计算数字要准确无误。无论单价、合价、分部合价、总标价及大写数字均应仔细核对。

（6）投标保证金、履约保证金的方式，可按招标文件的有关条款规定选择。

（7）投标文件应尽量避免涂改、行间插字或删除。若出现上述情况，改动之处应加盖单位章或由投标人的法定代表人或授权的代理人签字确认。

（8）投标文件必须由投标人的法定代表人或其委托代理人签字或盖单位章。委托代理人签字的，投标文件应附法定代表人签署的授权委托书。

（9）投标文件应字迹清楚、整洁、纸张统一、装帧美观大方。

（10）投标文件的正本为一份，副本份数按招标文件前附表规定执行。正本和副本的封面上应清楚地标记“正本”或“副本”的字样。当副本与正本不一致时，以正本为准。

（11）投标文件的正本与副本应分别装订成册，并编制目录，具体装订要求按招标文件前附表规定执行。

本 章 习 题

1. 投标资格预审申请文件包括哪些内容？
2. 阐述投标资格预审申请文件的编制要求。
3. 填报资格预审申请主要内容有哪些？
4. 投标文件包括哪些内容？
5. 阐述投标人编制投标文件的步骤。
6. 施工组织设计的编制原则有哪些？
7. 技术标包括哪些相应的基本内容？
8. 商务标的投标报价的编制依据有哪些？
9. 阐述报价决策的内容及步骤。
10. 编制投标文件应注意事项有哪些？

4 开　标

📖【学习概要】

了解开标组织工作；了解开标工作程序及各环节工作的主要内容；掌握重新开标的条件。

开标、评标是选择中标人、保证招标成功的重要环节。所谓开标，就是投标人提交投标截止时间后，招标人依据招标文件规定的时间和地点，在邀请所有投标人出席的情况下，当众公开拆开投标资料（包括投标函件），宣布投标人（或单位）的名称、投标价格以及投标价格的修改的过程。实质上开标就是把所有投标人递交的投标文件启封揭晓，所以亦称揭标。

4.1 开　标　概　述

4.1.1　确定开标工作机构

一般情况下，开标应以召开开标会议的形式进行；开标会议由招标人在有关管理部门的监督下主持进行。在招标人委托招标代理机构代理招标时，开标也可由该代理机构主持。主持人按照规定的程序负责开标的全过程，其他开标工作人员办理开标作业及制作记录等事项。

为了体现工程招标的平等竞争原则，使开标做到公开性，让投标人的投标为各投标及有关方面所共知，应当邀请所有投标人和相关单位的代表作为参加人出席开标。邀请所有的投标人或其代表出席开标，可以使投标人得以了解开标是否依法进行，使投标人相信招标人不会任意做出不适当的决定；同时，也可以使投标人了解其他投标人的投标情况，做到知己知彼，大体衡量一下自己中标的可能性，这对招标人的中标决定也将起到一定的监督作用；投标人还可以收集资料，积累经验，进一步了解竞争对手的情况，为以后的投标工作提供资料。此外，为了保证开标的公正性，一般还会邀请相关单位的代表参加，如招标项目主管部门的人员、评标委员会成员、监察部门代表、经办银行代表等。有些招标项目，招标人还可以委托公证部门的公证人员对整个开标过程依法进行公证。

4.1.2　开标的时间与开标的地点

我国《招标投标法》规定："开标应当在招标文件确定的提交投标文件截止时间的同一时间公开进行。"开标时间就是提交投标文件截止时间，如某年某月某日几时几分。之所以这样规定开标时间，是为了防止投标截止时间之后与开标之前仍有一段时间间隔。如有间隔，也许会给不端行为留有可乘之机。

为了防止投标人因不知地点变更而不能按要求准时提交投标文件，开标地点应当为招标文件中预先确定的地点。如招标机构鉴于某种原因变更开标日期和地点，必须以书面形式提前通知所有的投标人。已经建立建设工程交易中心（有形建设市场）的，开标地点应设在建设工程交易中心。

4.1.3 确定开标形式

开标的形式主要有公开开标、有限开标和秘密开标三种。

（1）公开开标。邀请所有的投标人参加开标仪式，其他愿意参加者也不受限制，当众公开开标。

（2）有限开标。只邀请投标人和有关人员参加开标仪式，其他无关人员不得参加，当众公开开标。

（3）秘密开标。开标只有负责招标的组织成员参加，不允许投标人参加开标，然后将开标的名次结果通知投标人，不公开报价，其目的是不暴露投标人的准确报价数字。这种方式多用于设备招标。

采用何种开标方式应由招标机构和评标小组决定。目前在我国主要采取公开开标。

4.1.4 确定开标程序

（1）投标人签到

签到记录是投标人是否出席开标会议的证明。

（2）招标人主持开标会议

主持人介绍参加开标会议的单位、人员及工程项目的有关情况；宣布开标人员名单、招标文件规定的评标定标办法和标底。开标主持人检查各投标单位法定代表人或其他指定代理人的证件、委托书、确认无误。

（3）组织开标

1）检验各标书的密封情况。由投标人或其推选的代表检查各标书的密封情况，也可以由公证人员检查并公证。

2）唱标。经检验确认各标书的密封无异常情况后，按投递标书的先后顺序，当众拆封投标文件，宣读投标人名称、投标价格和标书的其他主要内容。投标截止时间前收到的所有投标文件都应当众予以拆封和宣读。

3）开标过程记录。开标过程应当做好记录，并存档备查。投标人也应做好记录，以收集竞争对手的信息资料。

4）当众公布标底。招标项目如果设有标底的，招标人应当在开标时公布。标底只能作为评标的参考，不得以投标报价是否接近标底作为中标条件，也不得以投标报价超过标底上下浮动范围作为否决投标的条件。

4.1.5 开标记录

开标记录一般应记载下列事项，由主持人和专家签字确认（表 4-1）：

（1）有案号的其案号，如 SG××××××（招标编号）；

（2）招标项目的名称及数量摘要；

（3）投标人的名称；

（4）投标报价；

（5）开标日期；

（6）其他必要的事项。

招标工程开标汇总表　　表 4-1

投标单位	报价（万元）			工期			法定代表人签名
	总计	土建	安装	施工日历天	开工日期	竣工日期	
××建设工程公司	5874.32	4863.47	1010.85	370	2014.3.25	2015.3.30	程××
……	……	……	……	……	……	……	……

4.2 重 新 招 标

4.2.1 确定无效投标文件的条件

开标时，发现有下列情形之一的投标文件时，其为无效投标文件，不得进入评标，如发现无效标书，必须经有关人员当场确认，当场宣布，所有被宣布为废标的投标书，招标机构应退回投标文件。

（1）投标文件未按照招标文件的要求予以密封或逾期送达的。

（2）投标函未加盖投标人的公章及法定代表人印章或委托代理人印章的，或者法定代表人的委托代理人没有合法有效的委托书（原件）。

（3）投标文件的关键内容字迹模糊、无法辨认的。

（4）投标人递交两份或多份内容不同的投标文件，或在一份投标文件中对同一招标项目有两个或多个报价，而未声明哪一个有效（招标文件规定提交备选方案的除外）。

（5）投标人未按照招标文件的要求提供投标保证金或没有参加开标会议的。

（6）组成联合体投标，但投标文件未附联合体各方共同投标协议的。

（7）投标人名称或组织机构与资格预审时不一致的（无资格预审的除外）。

4.2.2 上报重新招标工作情况

《工程建设项目勘查设计招标投标办法》（八部委 2 号令）第四十八条规定：在下列情况下，招标人应当依照本办法重新招标：

（1）资格预审合格的潜在投标人不足三个的；

（2）在投标截止时间前提交投标文件的投标人少于三个的；

（3）所有投标均被作废标处理或被否决的；

（4）评标委员会否决不合格投标或者界定为废标后，因有效投标不足三个使得投标明显缺乏竞争，评标委员会决定否决全部投标的；

（5）根据第四十六条规定，同意延长投标有效期的投标人少于三个的。

投标截止期满后投标人少于三个时，不能保证必要的竞争程度，招标人应当依照《招标投标法》和《条例》重新招标。投标人对开标有异议的，应当在开标现场提出，招标人应当当场作出答复，并制作记录。

本 章 习 题

1. 何谓开标的组织?
2. 开标的形式有几种?
3. 描述开标程序?
4. 如何确认无效投标文件?
5. 如何处理无效投标文件?

5 评　标

📖【学习概要】

掌握评标程序、评标依据，了解评标办法，了解评标委员会成员组成。

所谓评标，就是依据招标文件的规定和要求，对投标文件所进行的审查、评审和比较。评标是审查确定中标人的必经程序，是保证招标成功的重要环节。根据评标内容的简繁、标段的多少等，可在开标后立即进行，也可以在随后进行，对各投标人进行综合评价，为择优确定中标人提供依据。

5.1 评标准备

5.1.1 确定评标的原则

1. 公平原则

所谓“公平”，主要是指评标委员会要严格按照招标文件规定的要求和条件，对投标文件进行评审时，不带任何主观意愿，不得以任何理由排斥和歧视任何一方，对所有投标人应一视同仁。保证投标人在平等的基础上竞争。

2. 公正原则

所谓“公正”，主要是指评标委员会成员具有公正之心，评标要客观全面，不倾向或排斥某一特定的投标。要做到评标客观公正，必须做到以下几点：

（1）要培养良好的职业道德，不为私利而违心地处理问题。

（2）要坚持实事求是的原则，不唯上级或某些方面的意见是从。

（3）要提高综合分析问题的能力，不为局部问题或表面现象而模糊自己的“观点”。

（4）要不断提高自己的专业技术能力，尤其是要尽快提高综合理解、熟练运用招标文件和投标文件中有关条款的能力，以便以招标文件和投标文件为依据，客观公正地综合评价标书。

3. 科学原则

所谓“科学”，是指评标工作要依据科学的方案，要运用科学的手段，要采取科学的方法。对于每个项目的评价要有可靠依据，要用数据说话。只有这样，才能做出科学合理的综合评价。

（1）科学的计划。就一个招标工程项目的评标工作而言，科学的方案主要是指评标细则。它包括：评标机构的组织计划；评标工作的程序；评标标准和方法。总之，在实施评标工作前，要尽可能地把各种问题都列出来，并拟定解决办法，使评标工作中的每一项活动都纳入计划管理的轨道。更重要的是，要集思广益，充分运用已有的经验和智慧，制订出切实可行、行之有效的评标细则，指导评标工作顺利地进行。

（2）科学的手段。单凭人的手工直接进行评标，是最原始的评标手段。科学技术发展到今天，必须借助于先进的科学仪器，才能快捷准确做好评标工作，如已普遍使用的计算机技术等。

（3）科学的方法。评标工作的科学方法主要体现评标标准的设立以及评价指标的设置；体现在综合评价时，要“用数据说话”；尤其体现在要开发、利用计算机软件，建立起先进的数据和评价体系。

4. 择优原则

所谓“择优”，就是用科学的方法、科学的手段，从众多投标文件中选择最佳的方案。评标时，评标委员会成员应全面分析、审查、澄清、评价和比较投标文件，防止重价格、轻技术和重技术、轻价格的现象，对商务和技术不可偏一，要综合考虑。

5.1.2 明确评标的特征

《招标投标法》第三十八条规定：“招标人应当采取必要的措施，保证评标在严格保密的情况下进行。任何单位和个人不得非法干预、影响评标的过程和结果。”本条规定指的就是评标具有保密性和不受外界干预性。

（1）评标的保密性

所谓评标的保密性，就是评标在封闭状态下进行，评标委员会成员不得与外界有任何接触，有关检查、评审和授标的建议等情况，均不得向投标人透露。一般情况下，评标委员会成员的名单，在中标结果确定前也属于保密内容。

由于招标文件中对评标的标准和方法进行了规定，列明了价格因素和价格因素之外的评标因素及其量化计算方法，因此，所谓评标保密，并不是在这些标准和方法之外另搞一套标准和方法进行评审和比较，而是这个评审过程是招标人及其评标委员会的独立活动，有权对整个过程保密，以免投标人及其他有关人员知晓其中的某些意见、看法或决定，而想方设法干扰评标活动的进行，也可以制止评标委员会成员对外泄露和沟通有关情况，造成评标不公。

（2）评标不受外界干预性

评标活动本是招标人及其评标委员会的独立活动，不应受到外界的干预和影响。这是我国项目法人责任制和企业经营自主权的必然要求。但在现实生活中，一些国家机关及其工作人员特别是领导干部，往往从地方保护主义甚至个人利益出发，通过批条子、打电话、找谈话等方式，向评标委员会施加种种压力，非法干预、影响评标过程和评标结果，有的甚至直接决定中标人，或者擅自否决、改变中标结果，严重侵犯招标人和投标人的合法权益，使工程招标丧失了平等竞争、公平竞争的原则。所以评标必须具备不受外界干预性。

5.1.3 确定评标委员会

1. 评标组织机构含义

为了保证评标的公正性，防止招标人左右评标结果，评标不能由招标人或其代理机构独自承担，而应组成一个由有关专家和人员参加的组织机构。这个在招标投标管理机构的监督下，由招标人设立的负责某一招标工程评标的临时组织就是评标组织机构。根据招标工程的规模情况、结构类型不同，评标组织机构又分为评标委员会和评标工作小组。

2. 评标组织机构职责

1）根据招标文件中规定的评标标准和评标方法，对所有有效投标文件进行综合评价。

2）写出评标报告，向招标人推荐中标候选人或者直接确定中标人。

3. 评标委员会的组成

评标由招标人依法组建的评标委员会负责。依法必须进行招标的项目，其评标委员会由招标人的代表和有关技术、经济等方面的专家组成，成员人数为五人以上单数，其中技术、经济等方面的专家不得少于成员总数的三分之二，招标单位的人员不应超过三分之一。评标委员会负责人由评标委员会成员推荐产生或者由招标人确定，评标委员会负责人与评标委员会的其他成员有同等的表决权。招标投标管理机构派人参加评标会议，对评标活动进行监督。

4. 评标委员会的组成方式

评标专家独立公正地履行职责，是确保招投标成功的关键环节之一。为规范和统一评标专家专业分类，切实提高评标活动的公正性，建立健全规范化、科学化的评标专家专业分类体系，推动实现全国范围内评标专家资源共享，国家发展改革委等十部委于 2010 年 7 月 15 日共同颁布了《评标专家专业分类标准（试行）》（发改法规［2010］1538）。省级人民政府和国务院有关部门应当组建综合评标专家库。

为了防止招标人在选定评标专家时的主观随意性，招标人应从国务院或省级人民政府有关部门组建的综合评标专家库中，确定评标专家。一般招标项目可以从评标专家库内相关专业的专家名单中以随机抽取方式确定；有些特殊的招标项目，如科研项目，技术特别复杂的项目等，由于采取随机抽取方式确定的专家可能不能胜任评标工作或者只有少数专家能够胜任，因此招标人可以直接确定专家人选。任何单位和个人不得以明示、暗示等任何方式指定或者变相指定参加评标委员会的专家成员。

依法必须进行招标的项目的招标人非因《招标投标法》和《条例》规定的事由，不得更换依法确定的评标委员会成员。更换评标委员会的专家成员应当依照规定进行。

有关行政监督部门应当按照规定的职责分工，对评标委员会成员的确定方式、评标专家的抽取和评标活动进行监督。行政监督部门的工作人员不得担任本部门负责监督项目的评标委员会成员。评标委员会成员的名单在中标结果确定前应当保密。

5. 评标委员会成员的职责

评标委员会成员的职责主要包括：

（1）评标委员会成员和参与评标的有关工作人员不得透露对投标文件的评审和比较、中标候选人的推荐情况以及与评标有关的其他情况；

（2）评标委员会成员应当客观、公正地履行职责，遵守职业道德，依法对投标文件进行独立评审，提出评审意见，对所提出的评审意见承担个人责任，不受任何单位和个人的非法干预或影响；

（3）评标委员会成员不得对其他评委的评审意见施加影响，不得将投标文件带离评标地点评审，不得无故中途退出评标，不得复印、带走与评标有关的资料；

（4）评标委员会成员不得与任何投标人或者与招标结果有利害关系人进行私下接触，不得收受投标人、中介人、其他利害关系人的财物或者其他好处；

（5）在评标过程中，除非根据评标委员会的要求，投标人不得主动与招标人和评标委员会成员接触，不得有任何游说、贿赂等影响评标委员会成员客观和公正地进行评标的行为。投标人对招标人或评标委员会成员施加影响的任何企图和行为，将导致其投标无效。

6. 评标委员会成员的回避更换制度与禁止性行为

(1) 回避更换制度

所谓回避更换制度，就是指与投标人有利害关系的人应当回避，不得进入评标委员会；已经进入评标委员会的，应予以更换。

根据《评标委员会和评标方法暂行规定》，有下列情形之一的，不得担任评标委员会成员：

① 投标人或者投标人主要负责人的近亲属；

② 项目主管部门或者行政监督部门的人员；

③ 与投标人有经济利益关系，可能影响对投标公正评审的；

④ 曾因在招标、投标以及其他与招标投标有关活动中从事违法行为而受过行政处罚或刑事处罚的。

评标委员会成员如有上述规定情形之一的，应当主动提出回避。

(2) 评标委员会成员的禁止性行为

评标委员会成员有下列行为之一的，由有关行政监督部门责令改正；情节严重的，禁止其在一定期限内参加依法必须进行招标的项目的评标；情节特别严重的，取消其评标委员会成员的资格：

① 应当回避而不回避；

② 擅离职守；

③ 不按照招标文件规定的评标标准和方法评标；

④ 私下接触投标人；

⑤ 向招标人征询确定中标人的意向或者接受任何单位或者个人明示或者暗示提出的倾向或者排斥特定投标人的要求；

⑥ 对依法应当否决的投标不提出否决意见；

⑦ 暗示或者诱导投标人作出澄清、说明或者接受投标人主动提出的澄清、说明；

⑧ 其他不客观、不公正履行职务的行为。

5.1.4 确定评标标准和办法

简单地讲，评标是对投标文件的评审和比较。根据什么样的标准和方法进行评审，是一个关键问题，也是评标的原则性问题。在招标文件中，招标人列明了评标的标准和方法，目的就是让各潜在投标人知道这些标准和方法，以便考虑如何进行投标，才能获得成功。那么，这些事先列明的标准和方法在评标时能否真正得到采用，是衡量评标是否公正、公平的标尺。为了保证评标的公正和公平性，评标必须按照招标文件规定的评标标准和方法，不得采用招标文件未列明的任何标准和方法，也不得改变招标确定的评标标准和方法。这一点，也是世界各国的通常做法。所以，作为评标委员在评标时，必须弄清评标的依据和标准，熟悉并掌握评标的方法。

1. 评标的标准

评标的标准，一般包括价格标准和价格标准以外的其他有关标准（又称“非价格标准”），及如何运用这些标准来确定中选的投标。

价值标准比较直观具体，都是以货币额表示的报价。非价格标准内容多而复杂，在评标时应可能使非价格标准客观和定量化，并用货币额表示，或规定相对的权重，使定性化的标准尽量定量化，这样才能使评标具有可比性。

通常来说，在货物评标时，非价格标准主要有运费、保险费、付款计划、交货期、运营成本、货物的有效性和配套性、零配件和服务的供给能力、相关的培训、安全性和环境效益等。在服务评标时，非价格标准主要有投标人及参与提供服务的人员的资格、经验、信誉、可靠性、专业和管理能力等。在工程项目评标时，非价格标准主要有工期、施工方案、施工组织、质量保证措施、主要材料用量、施工人员和管理人员的素质、以往的经验、企业的综合业绩等。

2. 评标的方法

评标的方法，是运用评标标准评审、比较投标的具体方法。评标的方法的科学性对于实施平等的竞争、公正合理地选择中标者是极端重要的。评标涉及的因素很多，应在分门别类，有主有次的基础上，结合工程的特点确定科学的评标方法。

《评标委员会和评标方法暂行规定》第二十九条规定，评标方法包括经评审的最低投标价法、综合评估法或者法律、行政法规允许的其他评标方法。

评标方法除了国家规定的以外，还有很多，如接近标底法、低标价法、费率费用评标法等。

1）经评审的最低投标价法

经评审的最低投标价法是指能够满足招标文件的实质性要求，并且经评审的投标价格最低（但投标价格低于成本的除外），按照投标价格最低确定中标人。该方法适用于招标人对工程的技术性能没有特殊要求，承包人采用通用技术施工即可达到性能标准的招标项目。

评审比较的程序如下：

① 投标文件作出实质性响应，满足招标文件规定的技术要求和标准；

② 根据招标文件中规定的评标价格调整方法，对所有投标人的投标报价以及投标文件的商务部分作必要的价格调整；

③ 不再对投标文件的技术部分进行价格折算，仅以商务部分折算的调整值作为比较基础；

④ 经评审的最低投标价的投标，应当推荐为中标候选人。

2）综合评估法

综合评估法包括综合评分法和评标价法。综合评分法是指将评审内容分类后分别赋予不同权重，评标委员依据评分标准对各类内容细分的小项进行相应的打分，最后计算的累计分值反映投标人的综合水平，以得分最高的投标书为最优。这种方法由于需要评分的涉及面较广，每一项都要经过评委打分，可以全面地衡量投标人实施招标工程的综合能力。

《施工招标文件范本》中规定的评标办法，能最大限度满足招标文件中规定的各项综合评价标准的投标人为中标人，可以参照下列方式：

① 得分最高者为中标候选人

$$N = A_1 + J + A_2 \times S + A_3 \times X \tag{5-1}$$

式中　N——评标总得分；

J——施工组织设计（技术标）评审得分；

S——投标报价（商务标）评审得分，以最低报价（但低于成本的除外）得满分，其余报价按比例折减计算得分；

X——投标人的工程质量、综合实力、工期得分；

A_1，A_2，A_3——分别为各项指标所占的权重。

② 得分最低的为中标候选人

$$N' = A_1 \times J' + A_2 \times S' + A_3 \times X' \tag{5-2}$$

式中 N'——评标总得分；

J'——施工组织设计（技术标）评审得分排序，从高至低排序，$J'=1$，2，3…；

S'——投标报价（商务标）评审得分排序，按报价从低至高排序（报价低于成本的除外），$S'=1$，2，3…；

X'——投标人的质量、综合实力、工期得分排序，按得分从高至低排序，$X'=1$，2，3…；

A_1，A_2，A_3——分别为各项指标所占的权重。

建议：一般 A_1 取 20%～70%，A_2 取 70%～30%，A_3 取 0～20%，且 $A_1+A_2+A_3=100\%$。

两种方法的主要区别在 J，S 和 X 记分的取值方法不同。第一种方法按与标准值的差取值；而第二种方法仅按投标书此项的排序取值。第二种方法计算相对简单，但当偏差较大时，最终得分值的计算不能反映具体的偏差度，可能导致报价最低但综合实力不够强或施工方案不是最优的投标人中标。

3）评标价法

评标价法是指仅以货币价格作为评审比较的标准，以投标报价为基数，将可以用一定的方法折算为价格的评审要素加减到投标价上去，而形成评审价格（或称评标价），以评标价最低的标书为最优。具体步骤如下：

① 首先按招标文件中的评审内容对各投标书进行审查，淘汰不满足要求的标书。

② 按预定的方法将某些要素折算为评审价格。内容一般可包括以下几方面：

A. 对实施过程中必然发生的，而标书又属明显漏项部分，给予相应的补项增加到报价上去；

B. 工期的提前给项目带来的超前收益，以月为单位，按预定的比例数乘以报价后，在投标价内扣减该值；

C. 技术建议可能带来的实际经济效益，也按预定的比例折算后，在投标价内减去该值；

D. 投标书内所提出的优惠可能给项目法人带来好处，以开标日为准，按一定的换算方法贴现折算后，作为评审价格因素之一；

E. 对于其他可折算为价格的要素，按对项目法人有利或不利的原则，增加或减少到投标价上去。

4）接近标底法

接近标底法，即投标报价与评标标底价格相比较，以最接近评标标底的报价为最高分。投标价得分与其他指标的得分合计最高分者中标。如果出现并列最高分时，则由评委在并列最高分者之间无记名投票表决，得票多者为中标单位。这种方法比较简单，但要以标底详尽、正确为前提。

下面以某地区规定为例说明该方法的操作过程。

① 评价指标和单项分值。评价指标及单项分值一般设置如下：

A. 报价 50 分；

B. 施工组织设计 30 分；

C. 投标人综合业绩 20 分。

以上各单项分值，均以满分为限。

② 投标报价打分。投标报价与评标标底价相等者得 50 分。在有效浮动范围内，高于评标标底者按每高于一定范围扣若干分，扣完为止；低于评标标底者，按每低于一定范围扣若干分，扣完为止。为了体现公正合理的原则，扣分方法还可以细化。如在合理标价范围内，合理标价范围一般为标底的±5%，报价比标底每增减 1%扣 2 分；超过合理标价范围的，不论上下浮动，每增加或减少 1%都扣 3 分。

例如，某工程标底价为 400 万元，现有甲，乙，丙三个投标人，投标价分别为 370 万元、415 万元、430 万元。根据上述规定对投标报价打分如下：

A. 确定合理标价范围为 380 万～420 万元。

B. 分别确定各方案分值：

甲标：370 万元比标底价低 7.5%，超出 5%合理标价范围，在合理标价范围−5%扣 2×5=10 分，在−7.5%～−5%内扣 3×2.5=7.5 分，合计扣分 17.5 分，报价得分为 50−17.5=32.5 分。

乙标：415 万元比标底价高 3.75%，在 5%合理标价范围内，扣分为 2×3.75=7.5 分，报价得分为 50−7.5=42.5 分。

丙标：430 万元比标底价高 7.5%，合计扣分为 2×5+3×2.5=17.5 分，报价得分为 32.5 分。

③ 施工组织设计。施工组织设计包括下列内容，最高得分为 30 分。

A. 全面性。施工组织设计内容要全面，包括：施工方法、采用的施工设备、劳动力计划安排；确定工程质量、工期、安全和文明施工的措施；施工总进度计划；施工平面布置；采用经专家鉴定的新技术、新工艺；施工管理和专业技术人员配备。

B. 可行性。各项主要内容的措施、计划，流水段的划分，流水步距、节拍，各项交叉作业等是否切合实际，合理可行。

C. 针对性。优良工程的质量保证体系是否健全有效，创优的硬性措施是否切实可行；工程的赶工措施和施工方法是否有效；闹市区内的工程安全、文明施工和防止扰民的措施是否可靠。

④ 投标单位综合业绩。投标单位综合业绩最高得分 20 分。具体评分规定如下：

A. 投标人在投标的上两年度内获国家、省建设行政主管部门颁发的荣誉证书，最高得分 15 分。证书范围仅限工程质量、文明工地及新技术推广示范工程荣誉证书等三种。

工程质量获国家级“鲁班奖”得 5 分，获省级奖得 3 分；文明工地获“省文明工地样板”得 5 分；获“省文明工地”得 3 分；新技术推广示范工程获“国家级示范工程”得 5 分；获“省级示范工程”得 3 分。

以上三种证书每一种均按获得的最高荣誉证书计分，计分时不重复、不累计。

B. 投标人拟承担招标工程的项目经理，上两年度内承担过的工程（已竣工）情况核评，最高得 5 分。

承担过与招标工程类似的工程；工程履约情况；工程质量优良水平及有关工程的获奖情况；出现质量安全事故的应减分。

以上证明材料应当真实、有效，遇有弄虚作假者，将被拒绝参加评标。开标时，投标人携带原件备查。

在使用此方法时应注意，若某标书的总分不低，但某一项得分低于该项预定及格分时，也应充分考虑授标给该投标人后，实施过程中可能的风险。

5）低标价法

低标价法是在通过严格地资格预审和其他评标内容的要求都合格的条件下，评标只按投标报价来定标的一种方法。世界银行贷款项目多采用此种评标方法。低标价法主要有以下两种方式：

① 将所有投标人的报价依次排列，从中取出 3～4 个最低报价，然后对这 3～4 个最低报价的投标人进行其他方面的综合比较，择优定标。实质上就是低中取优。

②“A+B 值”评标法，即以低于标底一定百分数以内的报价的算术平均值为 A，以标底或评标小组确定的更合理的标价为 B，然后以“A+B”的平均值为评标标准价，选出低于或高于这个标准价的某个百分数的报价的投标者进行综合分析，择优定标。

6）费率费用评标法

费率费用评标法适用于施工图未出齐或者仅有扩大初步设计图纸，工程量难以确定又急于开工的工程或技术复杂的工程。投标单位的费率、费用报价，作为投标报价部分得分，经过对投标标书的技术部分评标计分后，两部分得分合计最高者为中标单位。

此法中费率是指国家费用定额规定费率的利润、企业管理费等。费用是指国家费用定额规定的“有关费用”及由于施工方案不同产生造价差异较大、定额项目无法确定、受市场价格影响变化较大的项目费用等。

费率、费用标底应当经招标投标管理机构审定，并在招标文件中明确费率、费用的计算原则和范围。

5.1.5 整理评标依据

评标委员会成员评标的依据主要有下列几项：

（1）招标文件；

（2）开标前会议纪要；

（3）评标定标办法及细则；

（4）标底；

（5）投标文件；

（6）其他有关资料。

5.1.6 确定评标程序

评标程序主要包括：

（1）组成评标委员会；

（2）评标准备；

（3）初步评审；

（4）详细评审；

（5）提出评标报告；

（6）推荐中标候选人。

5.2 评　　标

5.2.1 初步评审

初步评审，又称投标文件的符合性鉴定。通过初评，将投标文件分为响应性投标和非响应性投标两大类。响应性投标是指投标文件的内容与招标文件所规定的要求、条件、合同协议条款和规范等相符，无显著差别或保留，并且按照招标文件的规定提交了投标担保的投标；非响应性投标是指投标文件的内容与招标文件的规定有重大偏差，或者是未按招标文件的规定提交担保的投标。通过初步评审，响应性投标可以进入详细评标，而非响应性投标则淘汰出局。

初步评审的主要内容有：投标文件排序；审查投标文件；确定废标。

（1）初步评审前的工作

1）评标委员会成员应当编制供评标使用的相应表格，认真研究招标文件，至少应了解和熟悉以下内容：

① 招标的目标；

② 招标项目的范围和性质；

③ 招标文件中规定的主要技术要求、标准和商务条款；

④ 招标文件规定的评标标准、评标方法和在评标过程中考虑的相关因素。

2）招标人或者其委托的招标代理机构应当向评标委员会提供评标所需的重要信息和数据。招标人设有标底的，标底应当保密，并在评标时作为参考。

3）评标委员会应当根据招标文件规定的评标标准和方法，对投标文件进行系统地评审和比较。招标文件中没有规定的标准和方法不得作为评标的依据。

招标文件中规定的评标标准和评标方法应当合理，不得含有倾向或者排斥潜在投标人的内容，不得妨碍或者限制投标人之间的竞争。

（2）投标文件排序

评标委员会应当按照投标报价的高低或者招标文件规定的其他方法对投标文件排序。以多种货币报价的，应当按照中国银行在开标日公布的汇率中间价换算成人民币。

招标文件应当对汇率标准和汇率风险作出规定。未作规定的，汇率风险由招标人承担。

（3）审查投标文件

评标委员会应当审查每一投标文件是否对招标文件提出的所有实质性要求和条件作出响应。未能在实质上响应的投标，应作为废标处理。

评标委员会应当根据招标文件，审查并逐项列出投标文件的全部投标偏差。

投标偏差分为重大偏差和细微偏差。

1）投标文件重大偏差及处理

① 没有按照招标文件要求提供投标担保或者所提供的投标担保有瑕疵；

② 投标文件没有投标人授权代表签字和加盖公章；

③ 投标文件载明的招标项目完成期限超过招标文件规定的期限；

④ 明显不符合技术规格、技术标准的要求；

⑤ 投标文件载明的货物包装方式、检验标准和方法等不符合招标文件的要求；

⑥ 投标文件附有招标人不能接受的条件；

⑦ 不符合招标文件中规定的其他实质性要求。

投标文件有上述情形之一的，为未能对招标文件作出实质性响应，作废标处理。招标文件对重大偏差另有规定的，从其规定。

2）细微偏差及处理

细微偏差是指投标文件在实质上响应招标文件要求，但在个别地方存在漏项或者提供了不完整的技术信息和数据等情况，并且补正这些遗漏或者不完整不会对其他投标人造成不公平的结果。

细微偏差不影响投标文件的有效性。属于存在细微偏差的投标书，评标委员会可以书面方式要求投标人在评标结束前，对投标文件中含义不明确、对同类问题表述不一致或者有明显文字和计算错误的内容作必要的澄清、说明或者纠正。澄清、说明或者补正应以书面方式进行，并不得超出投标文件的范围或者改变投标文件的实质性内容。

投标文件中的大写金额和小写金额不一致的，以大写金额为准。总价金额与单价金额不一致的，以单价金额为准，但单价金额小数点有明显错误的除外。对不同文字文本投标文件的解释发生异议的，以主导语言文本为准。

评标委员会应当书面要求存在细微偏差的投标人在评标结束前予以补正。拒不补正的，评标委员会在详细评审时可以对细微偏差作不利于该投标人的量化，量化标准应当在招标文件中规定。

（4）确定废标

在评标过程中，评标委员会发现下列情况时应作废标处理。

1）投标人以他人的名义投标、串通投标、以行贿手段谋取中标或者以其他弄虚作假方式投标的，该投标人的投标应作废标处理。

2）投标人以低于成本报价竞标的。投标人的报价明显低于其他投标报价或者在设有标底时明显低于标底，使得其投标报价可能低于其个别成本的，应当要求该投标人作出书面说明并提供相关证明材料。投标人不能合理说明或者不能提供相关证明材料的，由评标委员会认定该投标人以低于成本报价竞标，其投标应作废标处理。

3）投标人资格条件不符合国家有关规定和招标文件要求的，或者拒不按照要求对投标文件进行澄清、说明或者补正的，评标委员会可以否决其投标。

4）未在实质上响应招标文件的投标。非响应性投标将被拒绝，并且不允许修改或补充。

评标委员会根据规定否决不合格投标或者界定为废标后，因有效投标不足三个使得投标明显缺乏竞争的，评标委员会可以否决全部投标。投标人少于三个或者所有投标被否决的，招标人应当依法重新招标。

5.2.2 详细评标

经初步评审合格的投标文件，评标委员会应当根据招标文件确定的评标标准和方法，对其技术部分和商务部分作进一步评审、比较。

（1）评标方法包括经评审的合理最低投标价法、综合评估法或者法律、行政法规允许的其他评标方法。

1）经评审的合理最低投标价法

① 经评审的合理最低投标价法一般适用于具有通用技术、性能标准或者招标人对其技术、性能没有特殊要求的招标项目。

② 根据经评审的合理最低投标价法，能够满足招标文件的实质性要求，并且经评审的最低投标价（但应高于企业的个别成本）的投标，应当推荐为中标候选人。

③ 采用经评审的合理最低投标价法的，评标委员会应当根据招标文件中规定评标价格调整方法，对所有投标人的投标报价以及投标文件的商务部分作必要的价格调整。

采用经评审的最低投标价法的，中标人的投标应当符合招标文件规定的技术要求和标准，但评标委员会无需对投标文件的技术部分进行价格折算。

④ 根据评审的合理最低投标价法完成详细评审后，评标委员会应当拟定一份“标价比较表”，连同书面评标报告提交招标人。“标价比较表”应当载明投标人的投标报价、对商务偏差的价格调整和说明以及经评审的最终投标价。

2）综合评估法

① 不宜采用经评审的最低投标价法的招标项目，一般应当采取综合评估法进行评审。

② 根据综合评估法，最大限度地满足招标文件中规定的各项综合评价标准的投标，应当推荐为中标候选人。衡量投标文件是否最大限度地满足招标文件中规定的各项评价标准，可以采取折算为货币的方法、打分的方法或者其他方法。需量化的因素及其权重应当在招标文件中明确规定。

③ 评标委员会对各个评审因素进行量化时，应当将量化指标建立在同一基础或者同一标准上，使各投标文件具有可比性。

对技术部分和商务部分进行量化后，评标委员会应当对这两部分的量化结果进行加权，计算出每一投标的综合评估价或者综合评估分。

④ 根据综合评估法完成评标后，评标委员会应当拟定一份“综合评估比较表”，连同书面评标报告提交招标人。“综合评估比较表”应当载明投标人的投标报价、所作的任何修正、对商务偏差的调整、对技术偏差的调整、对各评审因素的评估以及对每一投标的最终评审结果。

（2）评标的具体工作

评标阶段的主要工作有投标文件的符合性鉴定、技术标评审、商务标评审、综合评审、投标文件的澄清、答辩、资格后审等。

1）投标文件的符合性鉴定

所谓符合性鉴定是检查投标文件是否实质上响应招标文件的要求，实质上响应的含义是其投标文件应该与招标文件的所有条款、条件规定相符，无显著差异或保留。符合性鉴定一般包括下列内容。

① 投标文件的有效性

A. 投标人以及联合体形式投标的所有成员是否已通过资格预审，获得投标资格；

B. 投标文件中是否提交了承包人的法人资格证书及投标负责人的授权委托证书；如

果是联合体，是否提交了合格的联合体协议书以及投标负责人的授权委托证书。

C. 投标保证的格式、内容、金额、有效期、开具单位是否符合招标文件要求。

D. 投标文件是否按规定进行了有效地签署等。

② 投标文件的完整性

投标文件中是否包括招标文件规定应递交的全部文件，如标价的工程量清单、报价汇总表、施工进度计划、施工方案、施工人员和施工机械设备的配备等，以及应该提供的必要的支持文件和资料。

③ 与招标文件的一致性

A. 凡是招标文件中要求投标人填写的空白栏目是否全都填写，作出明确的回答，如投标书及其附录是否完全按要求填写。

B. 对于招标文件的任何条款、数据或说明是否有任何修改、保留和附加条件。

通常符合性鉴定是评标的第一步，如果投标文件实质上不响应招标文件的要求，将被列为废标予以拒绝，并不允许投标人通过修正或撤销其不符合要求的差异或保留，使之成为具有响应性投标。

2）技术标评审

技术标评审的目的是确认和比较投标人完成本工程的技术能力，以及他们的施工方案的可靠性。技术标评审的主要内容如下。

① 施工方案的可行性。对各类分部分项工程的施工方法，施工人员和施工机械设备的配备、施工现场的布置和临时设施的安排、施工顺序及其相互衔接等方面的评审，特别是对该项目的关键工序的施工方法进行可行性论证，应审查其技术的最难点或先进性和可靠性。

② 施工进度计划的可靠性。审查施工进度计划是否满足对竣工时间的要求，并且是否科学合理，切实可行。同时还要审查保证施工进度计划的措施，例如施工机具、劳务的安排是否合理和可能等。

③ 施工质量保证。审查投标文件中提出的质量控制和管理措施，包括质量管理人员的配备、质量检验仪器的配置和质量管理制度。

④ 工程材料和机器设备供应的技术性能符合设计技术要求。审查投标文件中关于主要材料和设备的样本、型号、规格和制造厂家名称、地址等，判断其技术性能是否达到设计标准。

⑤ 分包商的技术能力和施工经验。如果投标人拟在中标后将中标项目的部分工作分包给他人完成，应当在投标文件中载明。应审查拟分包的工作必须是非主体，非关键性工作；审查分包人应当具备的资格条件，完成相应工作的能力和经验。

⑥ 对于投标文件中按照招标文件规定提交的建议方案作出技术评审。如果招标文件中规定可以提交建议方案，则应对投标文件中的建议方案的技术可靠性与优缺点进行评估，并与原招标方案进行对比分析。

3）商务标评审

商务标评审的目的是从工程成本、财务和经验分析等方面评审投标报价的准确性、合理性、经济效益和风险等，比较投标给不同的投标人产生的不同后果。商务标评审在整个评标工作中通常占有重要地位。商务标评审的主要内容如下：

① 审查全部报价数据计算的正确性。通过对投标报价数据全面审核，看其是否有计算上或累计上的算术错误，如果有按“投标者须知”中的规定改正和处理。

② 分析报价构成的合理性。通过分析工程报价中分部分项工程费、措施项目费、其他项目费、规费和税金的比例关系；主体工程各专业工程价格的比例关系等，判断报价是否合理。用标底与投标书中的各项工作内容的报价进行对比分析，对差异较大之处找出原因，并评定是否合理。

③ 分析前期工程价格提高的幅度。虽然投标人为了解决前期施工中资金流通的困难，可以采用不平衡报价法投标，但不允许有严重的不平衡报价。过大地提高前期工程的支付要求，会影响项目的资金筹措计划。

④ 分析标书中所附资金流量表的合理性。它包括审查各阶段的资金需求计划是否与施工进度计划相一致，对预付款的要求是否合理，调价时取用的基价和调价系数的合理性等内容。

4）综合评审

综合评审是在以上工作的基础上，根据事先拟定好的评标原则、评价指标和评标办法，对筛选出来的若干个具有实质性响应的招标文件综合评价与比较，最后选定中标人。

评标委员会汇总评审结果的程序是：

① 评标委员会各成员进行评分汇总并计算各有效投标的加权得分；再将评标委员会成员的加权得分，进行最终汇总并计算各有效投标加权得分的平均值；并按照加权得分平均分值由高至低的次序，对各有效投标进行排序；如果出现加权得分平均分值相同的情况，则按照优先排名次序的确定标准进行排序。

② 评标委员会各成员对本人的评审意见写出说明并签字；

③ 评标委员会各成员对本人评审意见的真实性和准确性负责，不得随意涂改所填内容。

5.2.3 与投标人澄清的有关事宜

(1) 投标人对投标文件的澄清

提交投标截止时间以后，投标文件就不得被补充、修改，这是招标投标的基本规则。但评标时，若发现投标文件的内容有含义不明确、不一致或明显打字（书写）错误或纯属计算上的错误的情形，评标委员会则应通知投标人作出澄清或说明，以确认其正确的内容。对明显打字（书写）错误或纯属计算上错误，评标委员会应允许投标人补正。澄清的要求和投标人的答复均应采取书面的形式。投标人的答复必须经法定代表人或授权代理人签字，作为投标文件的组成部分。

但是，投标人的澄清或说明，仅仅是对上述情形的解释和补正，不得有下列行为：

1）超出投标文件的范围。如投标文件没有规定的内容，澄清时候加以补充；投标文件规定的是某一特定条件作为某一承诺的前提，但解释为另一条件等。

2）改变或谋求、提议改变投标文件中的实质性内容。所谓改变实质性内容，是指改变投标文件中的报价、技术规格（参数）、主要合同条款等内容。这种实质性内容的改变，目的就是为了使不符合要求的投标成为符合要求的投标，或者使竞争力较差的投标变成竞争力较强的投标。例如，在挖掘机招标中，招标文件规定发动机冷却方式为水冷，某一投标人用风冷发动机投标，但在澄清时，该投标人坚持说是水冷发动机，这就改变了实质性内容。

如果需要澄清的投标文件较多，则可以召开澄清会。澄清会应当在招标投标管理机构监督下进行。在澄清会上由评标委员会分别单独对投标人进行质询，先以口头形式询问并解答，随后在规定的时间内投标人以书面形式予以确认，做出正式书面答复。

另外，投标人借澄清的机会提出的任何修正声明或者附加优惠条件不得作为评标定标的依据。投标人也不得借澄清机会提出招标文件内容之外的附加要求。

(2) 禁止招标人与投标人进行实质性内容的谈判

《招标投标法》规定："在确定中标人前，招标人不得与投标人就投标价格、投标方案等实质性内容进行谈判。"其目的是为了防止出现所谓的"拍卖"方式，即招标人利用一个投标人提交的投标对另一个投标人施加压力，迫其降低报价或使其他方面变为更有利的投标。许多投标人都避免参加采用这种方法的投标，即使参加，他们也会在谈判过程中提高其投标价或把不利合同条款变为有利合同条款等。

虽然相关法律、法规禁止招标人与投标人进行实质性谈判，但是，在招标人确定中标人前，往往需要就某些非实质性问题，如具体交付工具的安排，调试、安装人员的确定，某一技术措施的细微调整等，与投标人交换看法并进行澄清，则不在禁止之列。另外，即使是在中标人确定后，招标人与中标人也不得进行实质性内容的谈判，以改变招标文件和投标文件中规定的有关实质性内容。

5.2.4 废除所有投标的条件

(1) 评标无效

评标过程有下列情况之一的，评标无效，应当依法重新进行评标或者重新进行招标，有关行政监督部门可处三万元以下的罚款：

1) 使用招标文件没有确定的评标标准和方法的；

2) 评标标准和方法含有倾向或者排斥投标人的内容，妨碍或者限制投标人之间竞争，且影响评标结果的；

3) 应当回避担任评标委员会成员的人参与评标的；

4) 评标委员会的组建及人员组成不符合法定要求的；

5) 评标委员会及其成员在评标过程中有违法行为，且影响评标结果的。

(2) 废除所有投标及重新招标

通常情况下，招标文件中规定招标人可以废除所有的投标，但必须经评标委员会评审。评标委员会经评审，认为所有投标都不符合招标文件要求的，可以否决所有投标。

废除所有的投标一般有两种情况：一是缺乏有效的竞争，如投标不满三家；二是大部分或全部投标文件不被接受。

《条例》第五十一条规定有下列情形之一的，评标委员会应当否决其投标：

1) 投标文件未经投标单位盖章和单位负责人签字；

2) 投标联合体没有提交共同投标协议；

3) 投标人不符合国家或者招标文件规定的资格条件；

4) 同一投标人提交两个以上不同的投标文件或者投标报价，但招标文件要求提交备选投标的除外；

5) 投标报价低于成本或者高于招标文件设定的最高投标限价；

6）投标文件没有对招标文件的实质性要求和条件作出响应；

7）投标人有串通投标、弄虚作假、行贿等违法行为。

判断投标是否符合招标文件的要求，有两个标准：①只有符合招标文件中全部条款、条件和规定的投标才是符合要求的投标；②投标文件有些小偏离，但并没有根本上或实质上偏离招标文件载明的特点、条款、条件和规定，即对招标文件提出的实质性要求和条件作出了响应，仍可被看作是符合要求的投标。这两个标准，招标人在招标文件中应事先列明采用哪一个，并且对偏离尽量数量化，以便评标时加以考虑。

依法必须进行招标的项目的所有投标被否决的，招标人应当依照《招标投标法》重新进行招标。如果废标是因为缺乏竞争性，应考虑扩大招标公告的范围。如果废标是因为大部分或全部投标不符合招标文件的要求，则可以邀请原来通过资格预审的投标人提交新的投标文件。这里需要注意的是，招标人不得单纯为了获得最低价而废标。

5.3 评标工作报告

5.3.1 出具评标报告

（1）评标报告

评标报告是评标委员会评标结束后提交给招标人的一件重要文件。在评标报告中，评标委员会不仅要推荐中标候选人，而且要说明这种推荐的具体理由。评标报告作为招标人决标的重要依据，一般应包括以下内容：

1）基本情况和数据表；

2）评标委员会成员名单；

3）开标记录；

4）符合要求的投标一览表；

5）废标情况说明；

6）评标标准、评标方法或者评标因素一览表；

7）经评审的价格或者评分比较一览表；

8）经评审的投标人排序；

9）推荐的中标候选人名单与签订合同前要处理的事宜；

10）澄清、说明、补正事项纪要。

评标报告由评标委员会全体成员签字。对评标结论持有异议的评标委员会成员可以书面方式阐述其不同意见和理由。评标委员会成员拒绝在评标报告上签字且不陈述其不同意见和理由的，视为同意评标结论。评标委员会应当对此作出书面说明并记录在案。

向招标人提交书面评标报告后，评标委员会即告解散。评标过程中使用的文件、表格以及其他资料应当及时归还招标人。

评标报告的参考格式见表5-1。

××工程评标报告 **表 5-1**

建设单位：					建设地址：				
建筑面积： m²					开标日期： 年 月 日				
序号	投标单位	总造价（元）	总工期（日历天）	计划开工日期	计划竣工日期	工程质量标准	三材用量及单价		
							钢材（t/元）	水泥（t/元）	木材（m³/元）
1									
2									
3									
…									
n									
核定标底									
评定中标单位：					评标日期： 年 月 日				

评标情况及评定中标理由：

依据招标文件中规定的评标标准和办法，按照公开公平公正原则，得分最高为中标单位。

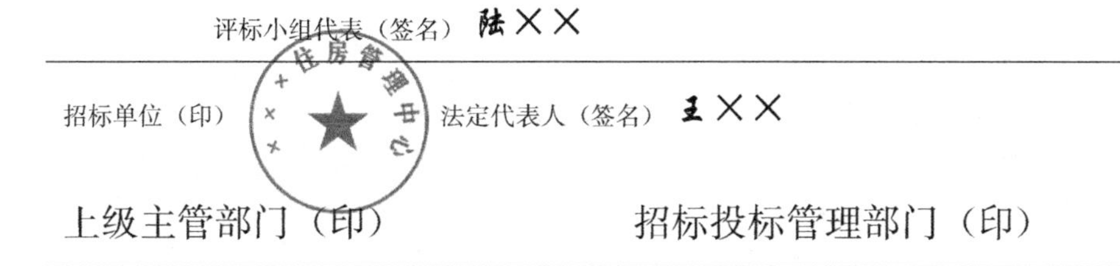

评标小组代表（签名）陆××

招标单位（印） 法定代表人（签名）王××

上级主管部门（印） 招标投标管理部门（印）

5.3.2 监管机构工作

县级以上（含县级）人民政府建设行政主管部门是建设工程招标评标与定标管理的主管部门，所属招标投标管理机构为具体管理机构。各级招标投标管理机构在招标评标、定标管理工作中的主要职责是：

1）审定招标评标、定标组织机构，审定招标文件、评标定标办法及细则；

2）审定标底；

3）监督开标、评标、定标过程；

4）裁决评标、定标分歧；

5）鉴证中标通知；

6）处罚违反评标、定标规定的行为。

本 章 习 题

简答题：

1. 何谓评标？

2. 评标的原则有哪些？

3. 何谓评标组织机构？

4. 评标委员会成员的职责有哪些？

5. 标委员会成员评标的依据主要有哪几项？

6. 评标的标准有哪些？

7. 评标过程中招标人和投标人进行谈判、协商的内容有何限制？

8. 评标的方法有哪些？

实训题：

根据指导教师提供的投标文件，组成评标委员会对投标文件进行评标，写出评标报告。

6 定　　标

📖【学习概要】

掌握中标条件，中标通知书法律效力，了解中标通知书格式及中标通知书签发单位；了解中标无效的法律规定以及中标无效的法律后果。

所谓中标亦称决标、定标，是指招标人根据评标委员会的评标报告，在推荐的中标候选人（一般为1～3个）中最后确定中标人；在某些情况下，招标人也可以直接授权评标委员会直接确定中标人。

评标中标期限亦称投标有效期，是指从投标截止之日起到公布中标之日为止的一段时间。有效期的长短根据工程的大小、繁简而定。按照国际惯例，一般为90～120天。

我国在施工招标管理办法中规定为30天，特殊情况可适当延长。投标有效期应当在招标文件中载明。投标有效期是要保证评标委员会和招标人有足够的时间对全部投标进行比较和评价。如世界银行贷款项目需考虑报世界银行审查和报送上级部门批准的时间。

投标有效期一般不应该延长，但在某些特殊情况下，招标人要求延长投标有效期是可以的，但必须经招标投标管理机构批准和征得全体投标人的同意。投标人有权拒绝延长有效期，业主不能因此而没收其投标保证金。同意延长投标有效期的投标人不得要求在此期间修改其投标书，而且招标人必须同时相应延长投标保证金的有效期，对于投标保证金的各有关规定在延长期内同样有效。

6.1 中标通知书

6.1.1 确定中标条件

《招标投标法》规定："中标人的投标应当符合下列条件之一：（一）能够最大限度地满足招标文件中规定的各项综合评价标准；（二）能够满足招标文件的实质性要求，并且经评审的投标价格最低；但是投标价格低于成本的除外。"由此规定可以看出中标的条件有两种，即获得最佳综合评价的投标中标，最低投标价格中标。

（1）获得最佳综合评价的投标中标

所谓综合评价，就是按照价格标准和非价格标准对投标文件进行总体评估和比较。采用这种综合评标法时，一般将价格以外的有关因素折成货币或给予相应的加权计算，以确定最低评标价（也称估值最低的投标）或最佳的投标。被评为最低评标价或最佳的投标，即可认定为该投标获得最佳综合评价。所以，投标价格最低的不一定中标。采用这种评标方法时，应尽量避免在招标文件中只笼统地列出价格以外的其他有关标准。例如，对如何折成货币或给予相应的加权计算没有规定下来，而在评标时才制订出来具体的评标计算因素及其量化计算方法，这样做会使评标带有明显有利于某一投标的倾向性，违背了公平、公正的原则。

（2）最低投标价格中标

所谓最低投标价格中标，就是投标报价最低的中标，但前提条件是该投标符合招标文件的实质性要求。如果投标文件不符合招标文件的要求而被招标人所拒绝，则投标价格再低，也不在考虑之列。

在采用这种条件选择中标人时，必须注意的是，投标价不得低于成本。这里所指的成本，是招标人和投标人自己的个别成本，而不是社会平均成本。由于投标人技术和管理等方面的原因，其个别成本有可能低于社会平均成本。投标人以低于社会平均成本，但不低于其个别成本的价格投标，应该受到保护和鼓励。如果投标人的价格低于招标人的个别成本或自己的个别成本，则意味着投标人取得合同后，可能为了节省开支而想方设法偷工减料、粗制滥造，给招标人造成不可挽回的损失。如果投标人以排挤其他竞争对手为目的，而以低于个别成本的价格投标，则构成低价倾销的不正当竞争行为，违反我国《价格法》和《反不正当竞争法》的有关规定。因此，投标人投标价格低于个别成本的，不得中标。

一般情况下，招标人采购简单商品、半成品、设备、原材料以及其他性能、质量相同或容易进行比较的货物时，价格可以作为评标时考虑的唯一因素，这种情况下，最低投标价中标的评标方法就可以作为选择中标人的尺度。因此，在这种情况下，合同一般授予投标价格最低的投标人。但是，如果是较复杂的项目，或者招标人招标主要考虑的不是价格而是投标人的个人技术和专门知识及能力，那么，最低投标价中标的原则就难以适用，而必须采用综合评价方法，评选出最佳的投标，这样招标人的目的才能实现。

6.1.2 明确中标通知书的性质及法律效力

（1）中标通知书的性质

中标人确定后，招标人应迅速将中标结果通知中标人及所有未中标的投标人。我国《招标投标管理办法》规定为 7 日内发出通知，有的国家和地区规定为 10 日。中标通知书就是向中标的投标人发出的告知其中标的书面通知文件。

我国《合同法》规定，订立合同采取要约和承诺的方式。要约是希望和他人订立合同的意思表示，该意思表示内容具体，且表明经受要约人承诺，要约人即受该意思表示的约束；承诺是受要约人同意要约的意思表示，应当以通知的方式作出，但根据交易习惯或者要约表明可以通过行为作出承诺的除外。据此可以认为，投标人提交的投标属于一种要约，招标人的中标通知书则为对投标人要约的承诺。

（2）中标通知书的法律效力

中标通知书作为招标投标法规定的承诺行为，与合同法规定的一般性的承诺不同，它的生效不能采用“到达主义”，而应采取“发信主义”，即中标通知书发出时生效，对中标人和招标人产生约束力。理由是，按照“到达主义”的要求，即使中标通知书及时发出，也可能在传递过程中并非因招标人的过错而出现延误、丢失或错投，致使中标人未能在有效期内收到该通知，招标人则丧失了对中标人的约束权。而按照“发信主义”的要求，招标人的上述权利可以得到保护。

《招标投标法》规定，中标通知书发出后，招标人改变中标结果的，或者中标人放弃中标项目的，应当依法承担法律责任。《合同法》规定，承诺生效时合同成立。因此，中标通知书发出时，即发生承诺生效、合同成立的法律效力。投标人改变中标结果，变更中标人，实质上是一种单方面撕毁合同的行为；投标人放弃中标项目的，则是一种不履行合同的行为。两种行为都属于违约行为，所以应当承担违约责任。

6.1.3 确定中标人并签发中标通知书

(1) 确定中标人

评标委员会按评标办法对投标书进行评审后，提出评标报告，推荐中标候选人（一般为1～3个），并标明排列顺序。招标人应当接受评标委员会推荐的中标候选人，最后由招标人确定中标人，不得在评标委员会推荐的中标候选人之外确定中标人；在某些情况下，招标人也可以授权评标委员会直接确定中标人。

依法必须进行招标的项目，招标人应当自收到评标报告之日起3日内公示中标候选人，公示期不得少于3日。招标人一般应当在15日内确定中标人，但最迟应当在投标有效期结束日30个工作日前确定。

(2) 签发中标通知书

中标人确定后，由招标人向中标人发出中标通知书，并同时将中标结果通知所有未中标的投标人（即发出中标结果通知书）；中标通知书和中标结果通知书参考格式如下：

中 标 通 知 书

××建设工程公司 （中标人名称）：

你方于 2014年2月25日 （投标日期）所递交 ××住宅工程项目施工 （项目名称） 四 标段施工投标文件已被我方接受，被确定为中标人。

中 标 价： 58743216.90 元。

工　　期： 370 日历天。

工程质量：符合 合格 标准。

项目经理： 李×× （姓名）。

请你方在接到本通知书后的 30 日内到 ××市×街×号（指定地点）与我方签订施工承包合同，在此之前按招标文件第二章“投标人须知”第37款规定向我方提交履约担保。

特此通知。

招标人： ××住房管理中心 （盖单位章）

法定代表人： 王×× （签字）

2014 年 3 月 6 日

说明：中标通知书由招标人签发。

中标结果通知书

××建设工程公司 （未中标人名称）：

我方已接受 ××建设工程公司 （中标人名称）于 2014 年 2 月 25 日 （投标日期）所递交的 ××住宅工程项目施工 （项目名称） 四 标段施工投标文件，确定 ××建设工程公司 （中标人名称）为中标人。

感谢你单位对我方工作的大力支持！

招标人： ×× 住房管理中心 （盖单位章）

法定代表人： 王×× （签字）

2014 年 3 月 6 日

说明：中标结果通知书由招标人签发。

招标人与中标人应当自中标通知书发出之日起30天内，依照《招标投标法》和《条例》的规定签订书面合同，合同的标的、价款、质量、履行期限等主要条款应当与招标文件和中标人的投标文件的内容一致，招标人和中标人不得再行订立背离合同实质性内容的其他协议，招标文件要求中标人提交履约保证金的，中标人应当按照招标文件的要求提交。履约保证金不得超过中标合同金额的10%。

招标人与中标人签订书面合同后5个工作日内，应向中标人和未中标的投标人退还投标保证金及银行同期存款利息。另外招标人还要在发出中标通知书之日起15日内向招标投标管理机构提交书面报告备案，至此招标即告圆满成功。

6.1.4 投标人投诉与处理

招标人全部或部分使用非中标单位投标文件中的技术成果和技术方案时，需征得其书面同意，并给予一定的经济补偿。

如果投标人或者其他利害关系人对依法必须进行招标的项目的评标结果有异议的，应当在中标候选人公示期间提出。招标人应当自收到异议之日起3日内作出答复；作出答复前，应当暂停招标投标活动。

投标人或者其他利害关系人认为招标投标活动不符合法律、行政法规规定的，可以自知道或者应当知道之日起10日内向有关行政监督部门投诉。投诉应当有明确的请求和必要的证明材料。

投标人针对《条例》规定的对招标文件有异议的、对开标有异议的、对评标结果有异议的事项投诉的，应当先向招标人提出异议，异议答复期间不计算在规定的期限内。

投诉人就同一事项向两个以上有权受理的行政监督部门投诉的，由最先收到投诉的行政监督部门负责处理。

行政监督部门应当自收到投诉之日起3个工作日内决定是否受理投诉，并自受理投诉之日起30个工作日内作出书面处理决定；需要检验、检测、鉴定、专家评审的，所需时间不计算在内。

投诉人捏造事实、伪造材料或者以非法手段取得证明材料进行投诉的，行政监督部门应当予以驳回。

行政监督部门处理投诉，有权查阅、复制有关文件、资料，调查有关情况，相关单位和人员应当予以配合。必要时，行政监督部门可以责令暂停招标投标活动。

行政监督部门的工作人员对监督检查过程中知悉的国家秘密、商业秘密，应当依法予以保密。

6.1.5 中标备案

招标投标结果的备案制度，是指依法必须进行招标的项目，招标人应当自确定中标人之日起15日内，向有关行政监督部门提交招标投标情况的书面报告。

书面报告至少应包括下列内容：

(1) 招标范围；

(2) 招标方式和发布招标公告的媒介；

(3) 招标文件中投标人须知、技术条款、评标标准和方法、合同主要条款等内容；

(4) 评标委员会的组成和评标报告；

(5) 中标结果。

由招标人向国家有关行政监督部门提交招标投标情况的书面报告，是为了有效监督这些项目的招标投标情况，及时发现其中可能存在的问题。值得注意的是，招标人向行政监督部门提交书面报告备案，并不是说合法的中标结果和合同必须经行政部门审查批准后才能生产，但是法律另有规定的除外。也就是说，中标结果上报只是备案，而不是去经审查批准。

6.2 中标无效处理

6.2.1 认知中标无效的情形

所谓中标无效，就是招标人确定的中标失去了法律约束力。也就是说依照违法行为获得中标的投标人丧失了与招标人签订合同的资格，招标人不再负有与中标人签订合同的义务；在已经与招标人签订了合同的情况下，所签合同无效。中标无效为自始无效。

《招标投标法》规定中标无效主要有以下六种情况：

(1) 招标代理机构违反本法规定，泄露应当保密的与招标投标活动有关的情况和资料，或者与招标人、投标人串通损害国家利益、社会公共利益或者他人合法权益的行为影响中标结果的，中标无效。

(2) 标人向他人透露已获取招标文件的潜在投标人的名称、数量或者可能影响公平竞争的有关招标投标的其他情况，或者泄露标底的行为影响中标结果的，中标无效。

(3) 投标人相互串通投标，投标人与招标人串通投标的，投标人以向招标人或者评标委员会行贿的手段谋取中标的，中标无效。

①《工程建设项目施工招标投标办法》规定，下列行为均属投标人串通投标报价：

A. 投标人之间相互约定抬高或压低投标报价；

B. 投标人之间相互约定，在招标项目中分别以高、中、低价位报价；

C. 投标人之间先进行内部竞价，内定中标人，然后再参加投标；

D. 投标人之间其他串通投标报价的行为。

②下列行为均属招标人与投标人串通投标：

A. 招标人在开标前开启招标文件，并将投标情况告知其他投标人，或者协助投标人撤换投标文件，更改报价；

B. 招标人向投标人泄露标底；

C. 招标人与投标人商定，投标时压低或抬高标价，中标后再给投标人或招标人额外补偿；

D. 招标人预先内定中标人；

E. 其他串通投标行为。

（4）投标人以他人名义投标或者以其他方式弄虚作假，骗取中标的，中标无效。以他人名义投标，指投标人挂靠其他施工单位，或从其他单位通过转让或租借的方式获取资格或资质证书，或者由其他单位及其法定代表人在自己编制的投标文件上加盖印章和签字等行为。

（5）依法必须进行招标的项目，招标人违反本法规定，与投标人就投标价格、投标方案等实质性内容进行谈判的行为影响中标结果的，中标无效。

（6）招标人在评标委员会依法推荐的中标候选人以外确定中标人的，依法必须进行招标的项目在所有投标被评标委员会否决后自行确定中标人的，中标无效。

从以上六种情况看，导致中标无效的情况可分为两大类：一类为违法行为直接导致中标无效，如（3）、（4）、（6）条的规定；另一类为只有在违法行为影响了中标结果时，中标才无效，如（1）、（2）、（5）条的规定。

6.2.2 认知中标无效的法律规定

（1）串通投标的处罚规定

投标人相互串通投标或者与招标人串通投标的，投标人向招标人或者评标委员会成员行贿谋取中标的，中标无效；构成犯罪的，依法追究刑事责任；尚不构成犯罪的，依照《招标投标法》第五十三条的规定处罚。投标人未中标的，对单位的罚款金额按照招标项目合同金额依照招标投标法规定的比例计算。

投标人有下列行为之一的，属于《招标投标法》第五十三条规定的情节严重行为，由有关行政监督部门取消其1年至2年内参加依法必须进行招标的项目的投标资格：

①以行贿谋取中标；

②3年内2次以上串通投标；

③串通投标行为损害招标人、其他投标人或者国家、集体、公民的合法利益，造成直接经济损失30万元以上；

④其他串通投标情节严重的行为。

投标人自本条第二款规定的处罚执行期限届满之日起3年内又有该款所列违法行为之一的，或者串通投标、以行贿谋取中标情节特别严重的，由工商行政管理机关吊销营业执照。

法律、行政法规对串通投标报价行为的处罚另有规定的，从其规定。

（2）弄虚作假投标的处罚规定

投标人以他人名义投标或者以其他方式弄虚作假骗取中标的，中标无效；构成犯罪的，依法追究刑事责任；尚不构成犯罪的，依照《招标投标法》第五十四条的规定处罚。依法必须进行招标的项目的投标人未中标的，对单位的罚款金额按照招标项目合同金额依照《招标投标法》规定的比例计算。

投标人有下列行为之一的，属于《招标投标法》第五十四条规定的情节严重行为，由有关行政监督部门取消其1年至3年内参加依法必须进行招标的项目的投标资格：

①伪造、变造资格、资质证书或者其他许可证件骗取中标；

②3年内2次以上使用他人名义投标；

③弄虚作假骗取中标给招标人造成直接经济损失30万元以上；

④其他弄虚作假骗取中标情节严重的行为。

投标人自本条第二款规定的处罚执行期限届满之日起3年内又有该款所列违法行为之一的，或者弄虚作假骗取中标情节特别严重的，由工商行政管理机关吊销营业执照。

6.2.3 认知中标无效的法律后果

中标无效的法律后果主要分两种情况，即没有签订合同时中标无效的法律后果和签订合同中标无效的法律后果。

（1）尚未签订合同中标无效的法律后果

在招标人尚未与中标人签订书面合同的情况下，招标人发出的中标通知书失去了法律约束力，招标人没有与中标人签订合同的义务，中标人失去了与招标人签订合同的权利。其中标无效的法律后果有以下两种：

1）招标人依照法律规定的中标条件从其余投标人中重新确定中标人；

2）没有符合规定条件的中标人的，招标人应依法重新进行招标。

（2）签订合同中标无效的法律后果

招标人与投标人之间已经签订合同的，所签合同无效。根据《民法通则》和《合同法》的规定，合同无效产生以下后果：

1）恢复原状。根据《合同法》的规定，无效的合同自始没有法律约束力。因该合同取得的财产，应当予以返还；不能返还或者没有必要返还的，应当折价补偿。

2）赔偿损失。有过错的一方应当赔偿对方因此所受的损失。如果招标人、投标人双方都有过错的，应当各自承担相应的责任。另外根据《民法通则》的规定，招标人知道招标代理机构从事违法行为而不作反对表示的，招标人应当与招标代理机构一起对第三人负连带责任。

3）重新确定中标人或重新招标。

本 章 习 题

简答题：

1. 确定中标人应满足哪些条件？

2. 如何起算投标有效期？

3. 依法必须进行招标的项目，中标候选人公示期如何规定？

4. 什么是中标无效？导致中标无效的原因有哪些？

5. 中标无效的法律后果有哪些？

项目实训：

模拟工程项目施工开标、评标与中标组织工作过程。

1. 活动目的

开标、评标与中标组织工作过程是工程项目施工招标过程中的重要过程，了解施工开标、评标与中标组织工作过程是学习本门课程需要掌握的基本技能之一。国家对施工开标、评标与中标组织工作过程有特殊要求，通过本实训活动，进一步提高学生对开标、评标与中标组织工作过程的基本认识，提高学生编制招标文件的能力。

2. 实训准备

（1）实际在建工程或已完工程完整施工图及全套项目批准文件。

（2）施工图预算书。

（3）有条件的可提供实训室和可利用的软件。

3. 实训内容

（1）招标公告（资格预审公告）编写训练。

（2）根据招标文件的要求开展开标、评标与中标组织工作。

4. 步骤

（1）学生分成若干招标组织机构，明确各自分工，团队协作完成实训任务。

（2）按照公开招标程序要求，进行开标、评标与中标组织工作过程模拟。

（3）填写开标、评标与中标工作的专用表格。

××住宅工程项目施工

招标文件

备案编号：SG××××××

第四标段

招　标　人：×××住房管理中心

招标代理机构：××招标公司

日　　　期：二〇一四年二月

目　录

投标邀请书

备案编号：SG××××××

×××招标公司受××住房管理中心的委托对“××住宅工程项目施工”进行国内公开招标。欢迎资格预审合格的投标人，就该工程的施工提交密封投标。

1. 招标内容：本项目一期总建筑面积约50万平方米，地上商服、地下车库、地下人防等多种用途建筑。共划分10个标段：

标段一：A1楼、A3楼。

标段二：A2楼、A4楼。

标段三：A5楼、A6楼。

标段四：A7楼。

标段五：A8楼、A9楼、A11楼、A12楼。

标段六：A13楼、A14楼、A15楼。

标段七：C1楼、C3楼、C5楼。

标段八：C2楼、C4楼、C6楼。

标段九：C7楼、C9楼。

2. 工程地点：××市××区。

3. 本工程对投标人的资格审查采用资格预审方式，只有资格预审合格的投标人才能购买招标文件。招标文件发售时间、地点：2014年2月5日起至2014年2月9日止每日9：00—16：00在×××招标公司401室（××路10号）。

4. 招标文件售价：2000元人民币/标段，招标文件售后不退。

5. 投标截止时间及开标时间：2014年2月25日9：00。

6. 投标文件递交及开标地点：××市建设工程交易中心（××街122号）。

招 标 人：××住房管理中心

地　　址：××街××号

联 系 人：×××　　　　电　话：0451—××××××

招标代理：×××招标公司

地　　址：××路10号

联 系 人：　　　　电子信箱：××××5@126.com

电　　话：　　　　传　　真：

开户名称：×××招标公司

开户银行：×××支行　　　　账　号：

第一章　投标须知前附表及投标人须知

一、投标须知前附表

项号	条款号	内　容	说明与要求
1	1.1	工程名称	××住宅项目施工
2	1.1	建设地点	××区
3	1.1	建设规模	本标段建筑面积约 36540.24m^2
4	1.1	承包方式	施工总承包
5	1.1	质量目标	合格
6	2.1	招标范围	标段 4：A7 楼本标段土建、采暖、给水排水、电气、消防工程（工程量清单和招标图纸中包含的全部内容）
7	2.2	工期要求	计划开工日期：2014 年 3 月 25 日 计划竣工日期：2015 年 4 月 30 日 从接到甲方进场通知后开始施工
8	3.1	资金来源	非政府投资
9	4.1	资质等级要求	房屋建筑工程施工总承包壹级以上（含壹级）资质
10	4.3	资格审查方式	资格预审
11	13.1	工程报价方式	工程量清单报价
12	15.1	投标有效期	为：60 日历天（从投标人提交投标文件截止之日算起）
13	16.1	投标保证金的递交	投标保证金金额：80 万元 提交保证金时间：2014 年 2 月 10 日 11：00 前 提交保证金地点：××路 10 号 401 室 ×××招标公司 招标代理机构开户行：××革新支行 账　　　号：231000662010××000000 开　户　名　称：×××招标公司 投标保证金形式：支票、电汇或银行汇票 投标保证金必须从投标人基本账户拨付，否则视为未交投标保证金
14	5	踏勘现场	时　间：2014 年 2 月 10 日 9：00 集合地点：×××公司门前
	6	问题的提交	投标人提出的问题在 2014 年 2 月 10 日 11：00 时前以电子邮件形式向招标代理机构提交
		投标预备会（答疑会）	时　间：2014 年 2 月 10 日 14：00 地　点：××路 10 号

续表

项号	条款号	内　容	说明与要求
15	17	投标人的替代方案	不接受
16	18.1	投标文件份数	投标人应分标段制作投标文件，各标段份数如下： 正本1份，副本5份，电子版文件1套（包括商务标电子标书2张专用光盘、1张普通光盘或U盘）
17	21.1	投标文件提交地点及截止时间	收　件　人：×××招标公司 地　点：××街122号，××市建设工程交易中心 开始接收时间：2014年2月25日8：00 投标截止时间：2014年2月25日9：00
18	25.1	开　标	开标时间：2014年2月25日9：00 开标地点：××街122号，××市建设工程交易中心
19	32.4	评标方法及标准	综合评估法，详见招标文件第九章评标标准和办法
20	37	履约担保金额	投标人提供的履约担保金额为合同总价的5%，形式为银行保函、电汇、银行汇票
21		投标限价	本次招标设最高限价，投标人的报价必须低于或等于此限价，否则废标。投标限价的金额将在投标截止日3天前公布并书面通知所有招标文件收受人

二、投 标 人 须 知

（一）总　　则

1. 工程说明

1.1　本次招标工程项目的总体概况：见投标须知前附表第 1 至第 3 项。

1.2　本招标工程项目说明：

1.2.1　承包方式：施工总承包

1.2.2　质量标准：合格

1.3　本招标工程项目按照《中华人民共和国招标投标法》等有关法律、法规和规章，通过公开招标方式选定承包人。

1.4　本招标工程，投标人须承诺按照国家和省的有关规定创建安全质量标准化工地。

2. 招标范围及工期

2.1　招标范围：见投标须知前附表第 6 项。

2.2　工期要求：见投标须知前附表第 7 项。

3. 资金来源

3.1　本招标工程项目资金来源见投标须知前附表第 8 项。其中部分资金用于本工程项目施工合同项下的合格支付。

4. 合格的投标人

4.1　投标人的资质等级要求见投标须知前附表第 9 项。

4.2　投标人合格条件：

4.2.1　一级建造师资格且已注册到投标企业（证企相符），建造师注册专业是建筑工程。建造师同时应持有安全生产考核合格证书。

4.2.2　投标人 2011 年 1 月 1 日以来作为总承包单位至少承担过 2 项已竣工的下列业绩：地上 16 层及以上、并至少含 1 层地下的办公楼、综合楼或住宅；或单项合同建筑面积 3 万平方米及以上、并至少含 1 层地下的办公楼、综合楼或住宅（以中标通知书或合同备案的时间为准）。

4.2.3　拟派建造师 2011 年 1 月 1 日以来作为项目经理至少有 1 项已竣工的下列业绩：地上 16 层及以上、并至少含 1 层地下的办公楼、综合楼或住宅；或单项合同建筑面积 3 万平方米及以上、并至少含 1 层地下的办公楼、综合楼或住宅（以中标通知书或合同备案的时间为准）。

4.2.4　投标人具备有效的安全生产许可证。

4.2.5　没有被列入最新的“限制在××市建筑施工投标企业名单”或经整改后重新取得投标资格。

4.2.6　投标人应有××市建设领域清理拖欠工程款和农民工工资领导小组办公室出具的针对本项目投标的“无拖欠工程款和农民工工资”证明。

4.2.7　投标人拟用于本项目的流动资金应不少于 1000 万元。

4.2.8　投标人如果是非本省注册企业，应到××省住房和城乡建设厅办理备案手续，开具针对本项目投标的“外省建筑业企业投标备案介绍信”。

4.2.9　投标人必须承诺中标后，按照招标人要求及工程需要配备现场其他管理人员，不予承诺的按照不实质性响应招标文件要求处理；投标人配备的现场其他管理人员（包括技术负责人、工长、安全员、质检员、造价员）应持岗位证上岗，并要证企相符，安全员应同时持有安全生产考核合格证书。中标人必须在中标公示后5个工作日内，将其为本工程配备的符合招标人要求及工程需要的现场其他管理人员资格证件报招标监管机构查验，招标监管机构查验合格后予以备案，如招标监管机构查验不合格，将取消其中标资格；如在规定时限内中标人未提供相应的有效证件视为自愿放弃中标资格，中标结果无效。

4.3　本招标工程项目采用资格预审的方式确定合格投标人。

4.4　本次招标不接受联合体投标。

4.5　分包

4.5.1　承包人不得将其承包的全部建设工程转给他人或者将其承包的全部建设工程肢解以后以分包的名义分别转给其他单位。

4.5.2　承包人不得将工程主体结构的施工分包给其他单位。除专用合同条款中另有约定外，未经发包人同意，承包人不得将其承包的部分建设工程分包给其他单位。

4.5.3　分包工程承包人必须具有相应的资质，并在其资质等级许可的范围内承揽业务。

4.5.4　承包人应与分包人就分包工程向发包人承担连带责任。

4.5.5　承包人如违反4.5.1至4.5.4的规定，发包人将立即终止合同，没收承包人的履约保证金，并按有关规定进行处罚。

5. 踏勘现场

详见本须知前附表第14项。

6. 投标预备会

6.1　招标人按投标须知前附表规定的时间和地点召开投标预备会，澄清投标人所提出的问题。

6.2　投标人应在投标须知前附表第14项规定的时间前，以书面形式将提出的问题送达招标代理机构，以便招标人在会议期间澄清。

6.3　投标预备会后，招标代理机构在1天内，将对投标人所提出问题的澄清，以书面方式通知所有购买招标文件的投标人。该澄清内容为招标文件的组成部分。

6.4　投标人应承担其参加本招标活动自身所发生的一切费用。

（二）招　标　文　件

7. 招标文件的组成

7.1　招标文件包括下列内容：

第一章　投标须知前附表及投标须知

第二章　合同条款

第三章　合同文件格式

第四章　技术要求

第五章　图纸

第六章　投标文件投标函格式

第七章　投标文件商务部分格式

第八章　投标文件技术部分格式

第九章　评标标准和办法

第十章　工程量清单

7.2　根据本须知的第8款、第9款和6.3款对招标文件所作的澄清、修改，构成招标文件的组成部分。

8. 招标文件的澄清

8.1　投标人应仔细阅读和检查招标文件的全部内容。如发现缺页或附件不全，应及时向招标人提出，以便补齐。如有疑问，应在投标须知前附表规定的时间前以书面形式（包括信函、传真等书面形式）要求招标人对招标文件予以澄清。

8.2　招标文件的澄清将在投标须知前附表规定的投标截止时间15天前以书面形式发给所有购买招标文件的投标人，但不指明澄清问题的来源。

8.3　投标人在收到澄清后，应在1天内以书面形式通知招标人，确认已收到该澄清。

9. 招标文件的修改

9.1　在投标截止时间15天前，招标人可以书面形式修改招标文件，并通知所有已购买招标文件的投标人。

9.2　投标人收到修改内容后，应在1天内以书面形式告知招标人，确认已收到该修改。

（三）投标文件的编制

10. 投标文件的语言及度量衡单位

10.1　投标文件和与投标有关的所有文件均应使用中文。

10.2　除工程规范另有规定外，投标文件使用的度量衡单位，均采用中华人民共和国法定计量单位。

11. 投标文件的组成

11.1　投标文件由投标函部分、商务标部分、技术标部分三部分组成。

11.2　投标函部分主要包括下列内容：

11.2.1　营业执照、资质证书、安全生产许可证（复印件）

11.2.2　法定代表人身份证明书

11.2.3　投标文件签署授权委托书

11.2.4　投标函

11.2.5　投标文件对招标文件的商务和技术偏离

11.2.6　招标文件要求投标人提交的其他投标资料

11.3　商务部分主要包括下列内容：

11.3.1　投标报价说明

11.3.2　总说明

11.3.3　工程项目投标报价汇总表

11.3.4　单项工程投标报价汇总表

11.3.5　单位工程投标报价汇总表

11.3.6　分部分项工程量清单与计价表

11.3.7　工程量清单综合单价分析表

11.3.8　措施项目清单与计价表（一）

11.3.9　措施项目清单与计价表（二）

11.3.10　其他项目清单与计价汇总表

11.3.10.1　暂列金额明细表

11.3.10.2　材料暂估单价表

11.3.10.3　专业工程暂估价表

11.3.10.4　计日工表

11.3.10.5　总承包服务费计价表

11.3.11　规费、税金项目清单与计价表

11.3.12　投标报价需要的其他资料

11.4　技术方案主要编写下列内容：

11.4.1　施工组织设计主要内容

1）主要施工方法

2）拟投入的主要物资计划

3）拟投入的主要施工机械计划

4）劳动力安排计划

5）确保工程质量的技术组织措施

6）确保安全生产的技术组织措施

7）确保工期的技术组织措施

8）确保文明施工的技术组织措施

9）施工总进度表或施工网络图

10）施工总平面布置图

11）关键施工技术、工艺及工程项目实施的重点、难点和解决方案

12）冬雨季施工、已有设施、管线的加固、保护等特殊情况下的施工措施

13）需要说明的其他内容

11.4.2　建造师简历表及业绩证明材料

11.4.3　项目管理机构配备承诺

11.4.4　“报价中措施费项目”的施工组织说明

11.4.5　招标文件要求投标人提交的其他技术资料

11.5　招标文件要求投标人提交的其他投标资料

12. 投标文件格式

12.1　投标文件包括本须知第11条中规定的内容，除另有规定外，投标人提交的投标文件应当使用招标文件所提供的投标文件全部格式，未使用或未按要求可能被拒绝（表格可以按同样格式扩展）。

13. 投标报价

13.1　总体规定

13.1.1　报价范围：见投标须知前附表第6项。

13.1.2　报价方式：本工程报价采取工程量清单报价方式，标准执行《建设工程工程量清单计价规范》GB 50500—2013。

13.1.3　除招标人组织的现场踏勘及答疑外，投标人亦应自行了解工程所在地相关气

候、水文地质、工程位置及周边道路、存储空间、运输条件及任何其他足以影响投标人报价的情况，任何因忽视或误解而导致的索赔或工期延长申请将不被批准。

13.1.4　投标人的投标价，应是完成本招标工程范围内的全部内容，不得以任何理由予以重复和保留。

13.1.5　投标报价要求

13.1.5.1　投标人应认真填写工程量清单中所列的本工程各工程子目的单价、合价和总额价，且只允许有一个报价。

13.1.5.2　投标人只列出清单子目但没有填入单价、合价和总额价的清单子目，业主将不予支付，并认为该子目的价款已包括在工程量清单其他子目的单价或总额价中。

13.1.5.3　投标人在工程量清单计价表中多报了子目（即清单多项）将被视为重大偏差，其投标将被拒绝。

13.1.5.4　承包人负责为自有人员、施工机械、设备办理保险，保险费由承包人承担并支付，并包含在所报的单价或总额价中，不单独报价。

13.1.5.5　承包人因承包本合同工程需缴纳的一切税费均由承包人承担，并包含在所报的单价或总额价中。

13.1.5.6　如发现工程量清单中的项目特征或数量与图纸不一致时，应立即通知招标人核查。除非招标人以补遗书予以更正，投标人应以工程量清单中列出的项目特征和数量为准，否则将被视为没有实质响应招标文件要求而导致废标。

13.1.6　除非合同中另有规定，投标人在报价中具有标价的工程量清单中所报的单价和合价，以及投标报价汇总表中的价格包括完成该工程项目的直接费、企业管理费、利润、工程风险费、措施费、安全生产措施费、规费、税金等所有费用。在合同实施期间，投标人填写的单价和总额价以投标人投标文件为准。

13.1.7　投标人应将不可竞争费用足额列入投标报价，否则评标委员会应认定其投标报价低于成本价。不可竞争费用是指：

（1）经国家或省政府批准，按规定须足额计取并上缴的规费；

（2）足额计取安全生产措施费；

（3）按国家规定计取的营业税、城市建设维护税、教育费附加等。

13.1.8　中标后，招标人如发现投标报价中有不平衡综合单价，招标人有权在总价不变的情况下对此单价进行调整。

13.1.9　投标人不得采用总价优惠或百分比优惠的方式进行投标报价。

13.1.10　本工程投标报价采用的币种为人民币。

13.2　分部分项工程报价

13.2.1　报价依据：

（1）招标文件及其补充文件、工程量清单、施工设计图纸及相关技术文件

（2）《建设工程工程量清单计价规范》GB 50500—2013

（3）《××省建筑安装工程费用定额》HLJD-FY-2010

（4）《××省建筑工程消耗量定额》HLJD-TJ-2010

（5）《××省装饰装修工程消耗量定额》HLJD-ZS-2010

（6）《××省建设工程预算定额土建问题解释及补充定额》（2010 年）

（7）执行××省建造价［2013］9号文件《关于发布二〇一三年建筑安装等工程结算办法的通知》（人工费调差不得超过中限）

（8）参考《××市工程造价信息》及相关市场材料造价信息

（9）其他××省、××市现行的有关规定。

13.2.2　关于材料及机械报价

13.2.2.1　材料、机械价格均由投标人自行考察市场确定（招标人暂定价格的材料除外），投标人应充分考虑施工全周期可能的价格浮动并承担因此带来的风险。

13.2.2.2　招标人给出暂定价和品牌、规格型号、档次、技术要求的材料设备（详见"工程量清单"），投标人必须按招标文件中的品牌或价格及要求作为材料设备价格进入报价，不得调整，发生任何一项不符合要求者，该投标文件将可能被视为不实质响应招标文件而导致废标。

招标人给出的材料价格为该项材料运输至施工现场的"落地价格"，即包括此类材料本身价格、材料采购保管费及材料运输费。不含材料安装费、现场保管、根据工程需要的加工费等，上述费用如发生由投标人自行报价计入综合单价中，否则将被视为上述费用已包含在其他有价款的单价或合价内。

13.2.2.3　混凝土报价应执行《××市建设委员会关于印发加强应用预拌混凝土管理的若干规定的通知》（××市建发［2010］167号文件）全部采用商品混凝土，若投标人未按商品混凝土价格（含水平运输、垂直运输、泵送）计入，将被视为该部分报价已包含在综合单价中。

13.2.2.4　投标人须将投标报价中所使用的主要材料和设备单独提取，列出"投标主要材料设备表"（格式见第七章 投标文件商务部分格式中）。投标主要材料设备表中材料单价要与综合单价中的价格保持一致。

13.2.2.5　投标人所采购的设备、材料进场前必须就规格、型号、质量、价格、供货期限等经招标人及监理单位检验审批同意后方可使用。

13.2.2.6　投标人应结合所投标段对现场实地踏勘土方情况后，自行考虑土方调配平衡，按招标人给定的工程量清单中的数量进行自主报价，工程量清单中的土方工程量在结算时不予调整，由施工单位在投标报价中综合考虑在内。

13.2.2.7　试验桩的试验检测费由投标人根据市场情况综合考虑计入桩的综合单价中，结算时招标人不单独支付此项费用。

13.3　措施费报价

13.3.1　报价依据

（1）招标文件及其补遗、图纸、标前会议纪要、工程量清单及相关技术文件。

（2）投标人的施工组织设计方案。定额措施费、一般措施费、其他措施费的报价内容，应与施工组织设计方案相关内容一致。

（3）施工降水费用由投标人根据地质报告在报价中自行考虑。

（4）报价中暂不考虑冬季施工费。施工中如发生此项费用，经招标人同意并签证后，按实计取。

（5）关于发布建筑安装工程有关费用项目调整及合同、结算规定的通知（××省建造价［2009］5号）

(6) 其他与之相关资料。

13.4 其他项目清单报价

13.4.1 暂列金额：详见工程量清单。

13.4.2 暂估价：详见工程量清单。

13.4.3 “暂列金额”和“暂估价”的内容和金额为本项目报价的组成部分，任何遗漏、丢项或局部改动均被视为无效报价。

13.4.4 总承包服务费考虑在报价中。

13.5 安全生产措施费

13.5.1 报价依据：

(1)《××省建筑工程安全生产措施费使用管理办法》(××省建发［2007］3号)

(2)《××市建设工程安全文明施工措施专项费用提取和使用管理办法补充规定》(××市建发［2012］164号)

(3)《关于发布二〇一〇年建筑物（构筑物）垂直防护架、垂直封闭防护、水平防护架费用计取标准的通知》(××市造价字［2010］1号)

(4)《××省建筑安装工程费用定额》HLJD-FY-2010及问题解释（第1号）

(5)《关于发布二〇一三年建筑安装等工程结算办法的通知》(××省建造价［2010］9号文件)

13.5.2 投标人须自行了解国家、××省及××市关于工程安全生产、文明施工管理等方面的相关规定，按照规定执行并按相应的要求报价。

13.5.3 投标人应逐项计算并汇总出安全生产措施费总额，且将总额进行单列，计入总投标报价。

13.5.4 安全生产措施费不得列入投标竞价项目，不得作为投标竞价的优惠条件，否则将被视为未实质响应招标文件而导致废标。

13.6 规费及税金报价

13.6.1 报价依据

(1)《关于发布二〇一三年建筑安装等工程结算办法的通知》(××省建造价［2008］9号文件)

(2)《××省建筑安装工程费用定额》HLJD-FY-2010及问题解释（第1号）

(3)《关于转发××省建设厅关于印发××省施工企业规费计取管理办法的通知》(××市建发［2010］27号)

(4)《关于发布建筑安装工程有关费用项目调整及合同、结算规定的通知》(××省建造价［2009］5号)

(5) 其他相关规定

13.6.2 规费及税金不得列入投标竞价项目，投标报价中必须足额计取，不得作为投标竞价的优惠条件，否则将被视为未实质响应招标文件而导致废标。

14. 工程结算方式

14.1 总的原则

14.1.1 本工程采用固定总价合同方式，如未发生设计变更，按招标图纸总价包干使用，结算时合同总价固定不变。如有设计变更，仅对图纸中有设计变更的清单项目，按变更后的图纸重新计算工程量，综合单价执行合同中确认的单价，如投标单价中没有相同项目则执行14.3项的规定。

14.1.2 如发生计价依据、结算文件等政策性调整时，对已结算的工程不再找补。

14.1.3 本工程结算执行总包负责制，总包单位对发包人负责，建设期间发生的各类代扣代缴费用（主要包括：劳保统筹费、农民工保证金、职工意外伤害险、安全生产措施费等）均由总包单位负责，分包单位对总包单位结算时，对各自应承担部分对总包单位缴纳。

14.2 分部分项工程结算

14.2.1 工程量按照《建设工程工程量清单计价规范》GB 50500—2013规则规定的计算方法，按实际发生并由承包人、监理单位和发包人共同确认。

14.2.2 清单单价调整

14.2.2.1 在投标报价时，承包人应充分考虑风险因素增加的风险费用。除14.2.2.2、14.2.2.3、14.2.2.4规定的情况外，投标的综合单价不予调整。

14.2.2.2 工程量清单中招标人给定暂定价格的材料设备，按建设过程中二次招标后确定的价格（或甲乙双方认定的价格）与清单给定暂定价之差进行调整。

14.2.2.3 投标时主要材料价格表中的材料单价和机械设备中的台班单价要与综合单价中的价格保持一致。如不一致，在结算时甲方有权按低价调整综合单价。

14.2.2.4 对招标文件给出品牌的材料设备，如施工中使用的品牌或档次低于招标时的标准，招标人有权决定按实际使用的材料设备与招标文件中的品牌档次之间的价格差调减综合单价或由承包人免费更换满足招标人要求的材料设备。

14.3 工程量清单漏项或设计变更或签证引起新的工程量清单项目

工程量清单漏项或设计变更或签证引起新的工程量清单项目，工程量（此工程量指的是：按照《建设工程工程量清单计价规范》GB 50500—2013计算规则计算的工程量）按照实际发生进行结算，其综合单价如投标报价中有相同项目的，按中标的综合单价结算；如投标报价中有类似项目的（按照下列注释14.3.1），以中标的综合单价为基础，由中标人提出变更报价，经业主审定后作为结算依据；如投标报价中没有相同和类似项目的，由中标人（按照下列注释14.3.2）提出综合单价，经业主、审计单位和相关财政部门审定后作为结算依据，签证部分按照注释14.3.3执行。

注释14.3.1分部分项工程量清单中某项工作内容，发生诸如下列所述变化之一者视为类似项目，结算时仅对主材价格差额进行调整，其余不变：

（1）原有工艺不变，仅主材种类变化；

（2）原有工艺有局部变化，主材种类发生变化；

（3）其他与之类似情况。

注释14.3.2投标报价中没有相同或类似项目的，新的清单单价组价依据：《建设工程工程量清单计价规范》GB 50500—2013、《××省建筑安装工程费用定额》HLJD-FY-2010、《××省建筑工程消耗量定额》HLJD-TJ-2010、《××省装饰装修工程消耗量定额》HLJD-ZS-2010、《××省建设工程预算定额及消耗量定额××市单价表》（2010年）、《××省建设工程预算定额土建问题解释及补充定额》（××省建造价［2010］10号）、《××省建筑安装工程费用定额》问题解释（第1号）、××省建造价［2010］9号文件，并按照投标报价中的材料价格、人工费调差标准、企业管理费和利润水平确定综合单价。清单中没有的材料，按施工当月《××市工程造价信息》执行。

注释 14.3.3 现场签证取费仅计取安全生产措施费、规费和税金。

14.3.4 材料差价执行第 14.2.2.2 条规定。

14.3.5 对残土（渣）等废余材料外运距离按 10km 计算不予调整。同时对招标时工程量清单中的土方工程量不予调整。

14.3.6 清单中已给出，但实际未发生的项目，结算时扣回。

14.4 措施费及安全生产措施费结算

14.4.1 措施费结算

14.4.1.1 措施费包干使用，在结算时不再调整。投标人应对技术措施方案审慎研究，如中标，在施工期间，建设单位等管理部门在检查中发现中标单位采取的措施不当，不能满足工程质量、进度、安全、文明施工要求时，建设单位有权要求中标单位改正，直到达到标准为止，但修正措施发生的费用也不予调整。

14.4.1.2 因施工期地下水位的变化产生的措施费调整：本措施费视为投标人已详细了解施工现场相关水文地质资料、地下水位变化等相关情况下所报出的涵盖全部施工期的费用，该费用不再随地下水位变化等外界条件的变化而调整。

14.4.1.3 因出现设计变更或工程量变化或工程量清单漏项或施工中出现施工图与工程量清单项目特征描述不符中的一项或几项原因，而产生的措施费变化不予调整。

14.4.2 安全生产措施费结算

执行《××省建筑工程安全生产措施费使用管理办法》（××省建发［2013］3 号）、《××市建设工程安全文明施工措施专项费用提取和使用管理办法补充规定》（××市建发［2010］164 号、《关于发布二〇一〇年建筑物（构筑物）垂直防护架、垂直封闭防护、水平防护架费用计取标准的通知》（××市造价字［2010］1 号）、《××省建筑安装工程费用定额》问题解释（第 1 号）及××省建造价［2010］9 号文件。

14.4.3 规费结算

执行××市建设委员会关于转发省建设厅关于印发《××省施工企业规费计取管理办法》的通知（××市建发［2010］27 号）文件规定及省定额站公布的最新“施工企业规费计取标准”。

14.4.4 总承包服务费计取。

15. 投标有效期

15.1 投标有效期为 60 日历天，在此期限内，凡符合本招标文件要求的投标文件均保持有效。

15.2 在特殊情况下，招标人在原定投标有效期内，可以根据需要以书面形式向投标人提出延长投标有效期的要求，对此要求投标人须以书面形式予以答复。投标人可以拒绝招标人这种要求，而不被没收投标保证金。同意延长投标有效期的投标人既不能要求也不允许修改其投标文件，但需要相应地延长投标保证金的有效期，在延长的投标有效期内本须知第 16 条关于投标保证金的退还与没收的规定仍然适用。

16. 投标保证金

16.1 投标人应在提交投标文件的同时，按有关规定投标时单独提交本须知前附表第

13项所规定数额的投标保证金，并作为其投标文件的一部分。

16.2　投标人应按要求提交投标保证金，并可以采用下列任何一种形式：支票、电汇或银行汇票。

16.3　对于未能按要求提交投标保证金的投标人，招标人将视为不响应招标文件而予以拒绝其参加投标。

16.4　未中标的投标人的投标保证金将按照本须知第15条招标人规定的投标有效期或经投标人同意延长的投标有效期期满后二十八（28）日内予以退还（不计利息）。

16.5　中标人的投标保证金，在中标人按本须知第36条规定签订合同并按本须知第37条规定提交履约担保后10日内予以退还（不计利息）。

16.6　如投标人发生下列情况之一时，投标保证金将被没收：

16.6.1　投标人在投标有效期内撤回其投标文件；

16.6.2　中标人未能在规定期限内提交履约担保或签订合同协议。

17. 投标人的替代方案

本项目不接受投标人的替代方案。

18. 投标文件的份数和签署

18.1　投标人应提交的投标文件为正本1份，副本份数见投标须知前附表第16项，电子版文件1套（包括商务标电子标书2张专用光盘、1张普通光盘或U盘）。其中商务标电子标书必须采用随工程量清单发放的专用光盘中进行填报，商务标电子标书光盘必须保证数据可以自由读取，实质性内容必须与投标文件商务标书文本内容完全一致。

投标单位还需将投标文件全部内容存在U盘或普通光盘中（备用）。U盘或普通光盘中的内容应为：

①商务标、技术标与投标函的内容；

②投标人使用的清单计价软件的Excel版本。

投标人计价表中的序号与项目编号必须与招标人提供的清单一致。

18.2　投标文件的正本和副本均需打印或使用不褪色的墨水笔书写，字迹应清晰易于辨认，并应在投标文件封面的右上角清楚地注明“正本”或“副本”。正本和副本如有不一致之处，以正本为准。投标报价电子光盘与文本文件正本不一致时，以文本文件为准。

18.3　投标文件封面（或扉页）、投标函均应加盖投标人印章并经法定代表人或其委托代理人签字或盖章。由委托代理人签字或盖章的在投标文件中须同时提交授权委托书。授权委托书格式、签字、盖章及内容均应符合要求，否则授权委托书无效。委托代理人必须是投标企业正式职工，投标文件中必须提供委托代理人在投标企业缴纳社会保险的证明（必须是社保局出具的社会保险的证明，企业自行出具的无效）。

18.4　除投标人对错误处须修改外，全套投标文件应无涂改或行间插字和增删。如有修改，修改处应由投标人加盖投标人的印章或由投标文件签字人签字或盖章。

（四）投标文件的提交

19. 投标文件的装订、密封和标记

19.1　投标文件的装订要求一律用A4纸装订成册，商务标与投标函共同装订、技术标单独装订。每份投标文件的商务标和投标函可以装订成一册或多册，具体册数由投标人根据投标文件厚度自行决定，但技术标必须装订成一册。

19.2　投标文件是否设内层密封袋、如何设内层密封袋及密封标记均由投标人自行决定（开标时对内层密封袋不查验）。投标文件的商务标与投标函可以密封在一个或多个外层密封袋中（外层密封袋个数由投标人自行决定），投标文件的技术标必须密封在一个外层密封袋中，各外层投标文件的密封袋上应标明：招标人名称、地址、工程名称、项目编号、标段、商务标或技术标，并注明“开标时间前不得开封”的字样。外层密封袋的封口处应加盖密封章，外层密封袋上可以有投标单位的名称或标志。

19.3　对于投标文件没有按本投标须知第19.1款、第19.2款的规定装订和加写标记及密封，招标人将不承担投标文件提前开封的责任。

20. 投标文件的提交

投标人应按本须知前附表第17项所规定的地点，于投标截止时间前提交投标文件。

21. 投标文件提交的截止时间

21.1　投标文件的截止时间见本须知前附表第17项规定。

21.2　招标人可按本须知第9条规定以修改补充通知的方式，酌情延长提交投标文件的截止时间。在此情况下，投标人的所有权利和义务以及投标人受制约的截止时间，均以延长后新的投标截止时间为准。

21.3　到投标截止时间止，招标人收到的投标文件少于3个的，招标人将依法重新组织招标。

22. 迟交的投标文件

招标人在本须知第21条规定的投标截止时间以后收到的投标文件，将被拒绝参加投标并退回给投标人。

23. 投标文件的补充、修改与撤回

23.1　投标人在提交投标文件以后，在规定的投标截止时间之前，可以书面形式补充修改或撤回已提交的投标文件，并以书面形式通知招标人。补充、修改的内容为投标文件的组成部分。

23.2　投标人对投标文件的补充、修改，应按本须知第19条有关规定密封、标记和提交，并在内外层投标文件密封袋上清楚标明“补充、修改”或“撤回”字样。

23.3　在投标截止时间之后，投标人不得补充、修改投标文件。

23.4　在投标截止时间至投标有效期满之前，投标人不得撤回其投标文件，否则其投标保证金将被没收。

24. 资格预审申请书材料的更新

24.1　投标人在提交投标文件时，如资格预审申请书中的内容发生重大变化，投标人须对其重新更新，以证明其仍能满足资格预审评审标准，并且所提供的材料是经过确认的。如果在评标时投标人已经不能达到资格评审标准，其投标将被拒绝。

（五）开　　标

25. 开标

25.1　招标人按本须知前附表18规定的时间和地点公开开标，参加人员有建设单位代表、项目监督、管理机构代表，并邀请所有投标人参加。投标人的法定代表人或其授权代理人必须按时参加开标会议，并携带本人身份证件，委托代理人还应携带授权委托书原件以证明其身份，开标会议上有关部门查验身份时投标人法定代表人或其委托代理人不能出示以上证件、资料的视为投标人代表未参加开标会议。

25.2 按规定提交合格的撤回通知的投标文件不予开封，并退回给投标人；按本须知第26条规定确定为无效的投标文件，不予送交评审。

25.3 开标程序及相应规定

25.3.1 开标程序。本次招标实行两阶段开标，具体程序如下：

25.3.1.1 开标由招标人或其委托的代理机构主持，宣读开标纪律及开标人、唱标人、记录人、监标人及各有关部门名单；

25.3.1.2 由投标人或其推选的代表检查商务和技术标投标文件的密封情况；

25.3.1.3 招标人当众宣布核查结果；

25.3.1.4 开启全部技术标后，暂时休会，投标人退场；

25.3.1.5 在技术标评审结束后，投标人按规定时间返回开标现场；

25.3.1.6 宣布技术标评审结果，技术标评审合格的开启其经济标；技术标评审不合格的投标，其商务标不再开启。

25.3.1.7 宣读技术标合格的投标人名称、投标报价、工期、质量承诺以及招标人认为适当的其他内容。

25.3.1.8 复制报价光盘；

25.3.1.9 招标人对开标过程进行记录，并存档备查。

26. 投标文件的有效性

26.1 开标时，投标人的投标文件有下列情况之一的，应当作为无效投标文件，不得进入评标（亦即废标）：

26.1.1 逾期送达的或者未送达指定地点的；

26.1.2 未按照须知19条规定要求密封的；

26.1.3 投标函及投标报价未按本招标文件规定加盖投标人印章或未经法定代表人或其委托代理人签字或盖章的，由委托代理人签字或盖章的，但未提交有效的“授权委托书”原件；

26.1.4 投标人代表未参加开标会议的；

26.1.5 报价专用光盘中商务标电子标书不能当众复制的；

26.1.6 投标标段与抽取的标段不一致的。

26.2 招标人将有效投标文件，送评标委员会进行评审、比较。

（六）评　　标

27. 评标委员会与评标

27.1 评标委员会由招标人依法组建，负责评标活动。

27.2 开标结束后，开始评标，评标采用保密方式进行。

28. 评标过程的保密

28.1 开标后，直至授予中标人合同为止，凡属于对投标文件的审查、澄清、评价和比较的有关资料以及中标候选人的推荐情况，与评标有关的其他任何情况均严格保密。

28.2 在投标文件的评审和比较、中标候选人推荐以及授予合同的过程中，投标人向招标人和评标委员会施加影响的任何行为，都将会导致其投标被拒绝。

28.3 中标人确定后，招标人不对未中标人就评标过程以及未能中标原因作出任何解释。未中标人不得向评标委员会组成人员或其他有关人员索问评标过程的情况和材料。

29. 投标文件的澄清

29.1　为有助于投标文件的审查、评价和比较，评标委员会可以书面形式要求投标人对投标文件含义不明确的内容作必要的澄清或说明，投标人应采用书面形式进行澄清或说明，但不得超出投标文件的范围或改变投标文件的实质性内容。根据本须知第 31 条规定，凡属于评标委员会在评标中发现的计算错误进行核实的修改不在此列。

30. 投标文件的初步评审

30.1　开标后，经招标人审查符合本须知第 26 条有关规定的投标文件，才能提交评标委员会进行评审。

30.2　评标时，评标委员会将首先评定每份投标文件是否在实质上响应了招标文件的要求。所谓实质上响应，是指投标文件应与招标文件的所有实质性条款、条件和要求相符，无显著差异或保留，或者对合同中约定的招标人的权利和投标人的义务方面造成重大的限制，纠正这些显著差异或保留将会对其他实质上响应招标文件要求的投标文件的投标人的竞争地位产生不公正的影响。

30.3　如果投标文件实质上不响应招标文件的各项要求，评标委员会将予以拒绝，并且不允许投标人通过修改或撤销其不符合要求的差异或保留，使之成为具有响应性的投标。

31. 投标文件计算错误的修正

31.1　评标委员会将对确定为实质上响应招标文件要求的投标文件进行校核，看其是否有计算或表达上的错误，修正错误的原则如下：

31.1.1　如果小写表示的金额和用大写表示的金额不一致时，应以大写表示的金额为准；

31.1.2　当单价与数量的乘积与合价不一致时，以单价为准调整合价。除非评标委员会认为单价有明显的小数点错误，此时应以标出的合价为准，并修改单价。

31.2　按上述修正错误的原则及方法调整或修正投标文件的投标报价，投标人同意后，调整后的投标报价对投标人起约束作用。如果投标人不接受修正后的报价，则其投标将被拒绝。

32. 投标文件的评审、比较和否决

32.1　评标委员会将按照本须知第 30 条规定，仅对在实质上响应招标文件要求的投标文件进行评估和比较。

32.2　在评审过程中，评标委员会可以书面形式要求投标人就投标文件中含义不明确的内容进行书面说明并提供相关材料。

32.3　评标委员会依据本须知前附表第 19 项规定的评标标准和方法，对投标文件进行评审和比较，向招标人提出书面评标报告，并推荐合格的中标候选人。招标人根据评标委员会提出的书面评标报告和推荐的中标候选人确定中标人，也可以授权评标委员会直接确定中标人。

32.4　评标方法和标准

综合评估法：即最大限度地满足招标文件中规定的各项综合评价标准，用量化综合排序的方法，评出中标人。

32.5　评标委员会经评审，认为所有投标都不符合招标文件要求的，可以否决所有投标。所有投标被否决后，招标人应当依法重新招标。

（七）合同的授予

33. 合同授予标准

本招标工程的施工合同将授予按本须知第32.3款所确定的中标人。

34. 招标人拒绝投标的权利

招标人不承诺将合同授予报价最低的投标人。招标人在发出中标通知书前，有权依据评标委员会的评标报告拒绝不合格的投标。

35. 中标通知书

35.1　中标人确定后，招标人将于15日内向工程所在地的县级以上地方人民政府建设行政主管部门提交施工招标情况的书面报告。

35.2　招标人将在发出中标通知书的同时，将中标结果以书面形式通知所有未中标的投标人。

36. 合同协议书的签订

36.1　招标人与中标人将于中标通知书发出之日起30日内，按照招标文件和中标人的投标文件订立书面工程施工合同，招标人和中标人不得再行订立背离合同实质性内容的其他协议。

36.2　中标人如不按本投标须知第36.1款的规定与招标人订立合同，则招标人将废除授标，投标保证金不予退还。由此给招标人造成的损失超过投标保证金数额的，中标人还应当对超过部分予以赔偿，同时依法承担相应法律责任。

36.3　中标人应当按照合同约定履行义务，完成中标项目施工，不得将中标项目施工转让（或转包）给他人。

37. 履约担保

37.1　合同协议书签署后7天内，中标人应按本须知前附表第20项规定的金额向招标人提交履约担保，履约担保应为银行保函或招标人认可的其他形式（银行保函有效时限要求从开工之日起至竣工验收之日止，否则视为无效）。

37.2　若中标人不能按本须知第37.1款的规定执行，招标人将有充分的理由与中标人解除合同，并没收其投标保证金，由此给招标人造成的损失超过投标保证金数额的，中标人还应当对超过部分予以赔偿。

38. 投标文件的返还

全部投标文件的正、副本及光盘、U盘不予返还。

39. 招标人其他要求

投标人中标后现场项目部人员必须同投标文件中所列的项目施工组织人员相符，不得随意更换，除招标管理部门要求所押证件外，其他项目管理人员证件在签订合同前必须押到甲方。

40. 招标代理服务费

招标代理服务费由中标人支付，投标人做投标报价时应综合考虑此项费用。

40.1　招标代理服务费收取标准：《国家发展改革委关于进一步放开建设项目专业服务价格的通知》（发改价格［2015］299号）。

40.2　中标人与招标人签订合同后15天内，招标代理机构将向中标人收取招标代理服务费。

40.3　招标代理服务费只收取现金、支票、电汇或银行汇票。

40.4　中标人如未按40.1、40.2、40.3条规定办理，招标代理机构将没收其投标保证金。

41. 建设工程交易服务费

建设工程交易服务费由招标人与中标人各支付50%。

中标人根据中标价格按下列收费标准的50%向建设工程交易中心支付服务费：

招标工程中标价（万元）	服务费金额（元）
300以下（含300）	3000
300以上～500以下（含500）	6000
500以上～1000以下（含1000）	8000
1000以上～3000以下（含3000）	15000
3000以上～5000以下（含5000）	26000
5000以上～10000以下（含10000）	43000
10000以上	58000

第二章 合 同 条 款

第一部分 通 用 条 款

一、总则

1. 词语定义

下列词语除专用条款另有约定外，应具有本条所赋予的定义：

1.1 合同：指发包人与承包人之间为实施、完成并保修工程所订立的合同。合同由通用条款第2.1款所列的文件组成。

1.2 通用条款：指根据法律、法规、规章、相关文件规定及建设工程施工的需要订立，通用于建设工程施工的条款。如果双方在专用条款中没有具体约定，均按通用条款执行。

1.3 专用条款：指发包人与承包人根据法律、法规、规章及相关文件规定，结合具体工程实际，经协商达成一致意见的条款，是对通用条款的具体化、补充或修改。

1.4 发包人：指具有工程发包主体资格和支付工程价款能力的当事人以及取得该当事人资格的合法继承人。

1.5 发包人代表：指发包人指定的履行本合同的代表，其具体人选和职权在专用条款中约定。

1.6 承包人：指被发包人接受的具有工程施工承包主体资格的当事人以及取得该当事人资格的合法继承人。

1.7 承包人代表：指承包人在专用条款中指定的负责施工管理和合同履行的代表。

1.8 设计单位：指发包人委托的负责本工程设计并取得相应工程设计资质等级证书的当事人以及取得该当事人资格的合法继承人。

1.9 监理单位：指发包人委托的负责本工程监理并取得相应工程监理资质等级证书的当事人以及取得该当事人资格的合法继承人。

1.10 监理工程师：指发包人委托的负责本工程监理的单位委派的监理工程师，其具体人选和职权在专用条款中约定。

1.11 造价咨询企业：指发包人委托的负责本工程造价咨询且具有相应工程造价咨询资质的当事人，以及取得该当事人资格的合法继承人。

1.12 造价工程师（或造价员）：指发包人委托的负责本工程造价咨询的单位委派的造价工程师（或造价员），或者发包人委托的负责工程监理的单位委派的造价工程师（或造价员），或者发包人自己委派的造价工程师（或造价员）。

1.13 工程造价管理部门：指国务院有关部门、县级以上人民政府建设行政主管部门或其委托的工程造价管理机构。

1.14 县级以上建设行政主管部门：指各省（自治区、直辖市）建设厅、各地、市、县建设局（建委）。

1.15　工程：指发包人承包人在协议书中约定的承包范围内的工程。

1.16　合同价款：指发包人承包人在协议书中约定，发包人用以支付承包人按照合同约定完成承包范围内全部工程并承担质量保修责任的款项。

1.17　追加（或减少）合同价款：指在合同履行中发生需要增加（或减少）合同价款的情况，经发包人确认后按计算合同价款的方法增加（或减少）的合同价款。

1.18　费用：指不包含在合同价款之内的应当由发包人或承包人承担的经济支出。

1.19　工程量清单：指建设工程的分部分项工程项目、措施项目、其他项目、规费项目和税金项目的名称和相应数量等的明细清单。

1.20　综合单价：指完成一个规定计量单位的分部分项工程量清单项目或措施清单项目所需的人工费、材料费、机械使用费和企业管理费与利润，以及一定范围内的风险费用。

1.21　计价依据：指工程估算指标、概算定额（概算指标）、预算定额、费用定额、工期定额、补充定额、建设工程工程量清单计价规范、消耗量定额、施工机械台班费用定额、施工机械台班费用编制规则、概算定额单位估价表、预算定额单位估价表、人工单价、材料和设备价格以及有关工程造价调整规定等。

1.22　工期：指发包人承包人在协议书中约定，按总日历天数（包括法定节假日）计算的承包天数。

1.23　开工日期：指发包人承包人在协议书中约定，承包人开始施工的绝对或相对的日期。

1.24　竣工日期：指发包人承包人在协议书中约定，承包人完成承包范围内工程的绝对或相对的日期。

1.25　分包人：指被发包人接受且具有相应资格，并与承包人签订了分包合同，分包一部分工程的当事人，以及取得该当事人资格的合法继承人。

1.26　分包工程：指工程中由分包人实施的非主体结构的专业工程。

1.27　单项工程：指具有独立的设计文件，竣工后可以独立发挥生产能力或工程效益的工程。组成工程的单项工程名称、内容和范围等应在专用条款中明确。

1.28　工程内容：指反映工程状况的一些指标内容，主要包括工程的建设规模、结构特征等，如建筑面积、结构类型、层数、长度、跨度、容量、生产能力等。

1.29　图纸：指由发包人提供或承包人提供并经发包人批准，满足承包人施工需要的所有图纸（包括配套说明和有关资料）。

1.30　施工场地：指由发包人提供的用于工程施工的场所以及发包人在图纸中具体指定的供施工使用的任何其他场所。

1.31　施工机械：指承包人临时带入现场用于工程施工的仪器、机械、运输工具和其他物品，但不包括用于或安装在工程中的材料设备。

1.32　书面形式：指合同书、信件和数据电文（包括电报、电传、传真、电子数据交换和电子邮件）等可以有形地表现所载内容的形式。

1.33　违约责任：指合同一方不履行合同义务或履行合同义务不符合约定所应承担的责任。

1.34　索赔：指在合同履行过程中，对于并非自己的过错而应由对方承担责任的情况造成的实际损失，向对方提出补偿的要求。

1.35　不可抗力：指不能预见、不能避免并不能克服的客观情况。

1.36　小时或天：本合同中规定按小时计算时间的，从事件有效开始时计算（不扣除休息时间）；规定按天计算时间的，开始当天不计入，从次日开始计算。时限的最后一天是休息日或者其他法定节假日的，以节假日次日为时限的最后一天，但竣工日期除外。时限的最后一天的截止时间为当日 24 时。

1.37　第三方：除发包人承包人双方（含双方雇员及代表其工作的人员）以外的任何其他人或组织。

2. 合同文件及解释顺序

2.1　下列组成本合同的文件是一个合同整体，彼此应能相互解释，互为说明。除专用条款另有约定外，组成本合同的文件及优先解释顺序如下：

（1）本合同协议书；

（2）履行本合同的相关补充协议、会议纪要、工程变更、签证等文件；

（3）本合同专用条款；

（4）中标通知书；

（5）投标书（报价书）及其附件；

（6）本合同通用条款；

（7）标准、规范及有关技术文件；

（8）图纸；

（9）工程量清单；

（10）专用条款约定的其他文件。

2.2　当合同文件内容含糊不清或不相一致时，在不影响工程正常进行的情况下，由发包人承包人协商解决。双方也可以提请负责监理的工程师做出解释。双方协商不成或不同意负责监理的工程师的解释时，按本通用条款第 67 条关于争议的约定处理。

3. 语言文字和适用法律、标准及规范

3.1　语言文字

本合同文件使用汉语语言文字书写、解释和说明。如专用条款约定使用两种以上（含两种）语言文字时，汉语应为解释和说明本合同的标准语言文字。

在少数民族地区，双方可以约定使用少数民族语言文字书写和解释、说明本合同。

3.2　适用法律、法规和规章

履行合同期间，双方均应遵守国家现行的法律、法规、规章及有关文件。

3.3　适用工程建设标准

发包人提供工程建设标准或双方在专用条款中约定适用国家工程建设标准；没有国家工程建设标准但有行业工程建设标准的，约定适用行业工程建设标准的名称；没有国家和行业工程建设标准的，约定适用××省地方工程建设标准的名称。

国内没有相应工程建设标准的，由发包人按专用条款约定的时间向承包人提出施工技术要求，承包人按约定的时间和要求提出施工工艺，经发包人认可后执行。发包人要求使用国外工程建设标准的，应负责提供中文译本，有异议时，以中文译本为准。

本条所发生的购买、翻译工程建设标准或制定施工工艺的费用，由发包人承担。

4. 图纸

4.1 发包人应根据工程需要向承包人提供图纸，并按专用条款约定的日期和套数（不少于6套）及时向承包人提供图纸。承包人需要增加图纸套数的，发包人应代为复制，复制费用由承包人承担。发包人对工程有保密要求的，应在专用条款中提出保密要求，保密措施费用由发包人承担，承包人在约定保密期限内履行保密义务。

4.2 承包人未经发包人同意，不得将本工程图纸转给第三人。工程质量保修期满后，除承包人存档需要的图纸外，应将全部图纸退还给发包人。

4.3 承包人应在施工现场保留一套完整图纸，供承包人代表、监理工程师及有关人员进行工程检查时使用。

5. 通信联络

5.1 本合同中无论何处所涉及各方之间的申请、批准、确认、同意、决定、核实、通知、任命、指令或表示同意、否定的通信（包括派人面交、邮寄、电子传输等），均应采用书面形式，且只有在对方收到后生效。

5.2 合同中无论何处所涉及各方之间的通信都不应无理扣压或拖延。发包人承包人应在专用条款中约定各方通信地址和收件人，并按约定发送通信。收件人应在通信回执上签署姓名和时间。一方拒绝签收另一方通信，另一方以特快专递、挂号信等专用条款约定的通信方式将通信送至通信地址的，视为送达。

6. 工程分包

6.1 承包人可以依法分包工程。承包人分包工程应取得发包人的同意，但下列情况除外：

（1）施工劳务作业分包；

（2）按照合同约定的标准购买材料设备；

（3）合同专用条款中约定的分包工程。

6.2 承包人分包工程应与分包人签订分包合同，并按规定将分包合同送工程所在地建设行政主管部门备案，将备案的分包合同分别送发包人代表和监理工程师。

分包人不得转包或再行分包（劳务作业除外）。

6.3 工程分包不能免除承包人任何责任与义务。承包人应在分包场地派驻相应管理人员，保证本合同的履行。分包人的任何违约行为或疏忽导致工程损害或给发包人造成其他损失，承包人应承担连带责任。

6.4 分包工程价款由承包人与分包人结算。除合同另有规定或取得承包人同意外，发包人不得以任何形式向分包人支付各种工程价款。

如果发包人有要求时，承包人应提供已向分包人支付其应得的任何款项的证明材料，否则，发包人有权直接向分包人支付承包人未支付的应得款项。

6.5 无论何种原因，当本合同终止时，承包人与分包人签订的分包合同随即终止，承包人应向分包人支付其应得的所有款项。

7. 文物和地下障碍物

7.1 在施工中发现古墓、古建筑遗址等文物及化石或其他有考古、地质研究等价值的物品时，承包人应立即保护好现场并于4小时内以书面形式通知监理工程师和发包人代表，监理工程师应于收到书面通知后24小时内报告当地文物管理部门，发包人承包人按文物管理部门的要求采取妥善保护措施。发包人承担由此发生的费用，顺延延误的工期。

如发现后隐瞒不报或报告不及时，致使上述文物遭受破坏，责任者依法承担相应责任。

7.2 本合同专用条款中已明确指出的地下障碍物，应视为承包人在报价时已预见到其对施工的影响，并已在合同价款中予以考虑。

本合同未明确指出的地下障碍物，在施工中受到影响时，承包人应于8小时内以书面形式通知监理工程师和发包人代表，同时提出处置方案，监理工程师收到处置方案后24小时内予以认可或提出修正方案，并发出施工指令，承包人应按监理工程师指令进行施工。发包人承担由此发生的费用，并支付承包人合理利润，顺延延误的工期。

8. 事故处理

8.1 发生重大伤亡及其他安全事故，承包人应按有关规定立即上报有关部门并通知监理工程师和发包人代表，同时按政府有关部门要求处理，由事故责任方承担发生的费用。

8.2 发包人承包人对事故责任有争议时，应按政府有关部门的认定处理。

9. 专利权和特殊工艺

9.1 发包人要求使用专利技术或特殊工艺，应负责办理相应的申报手续，承担申报、试验、使用等费用；承包人提出使用专利技术或特殊工艺，应取得监理工程师认可，承包人负责办理申报手续并承担有关费用。

9.2 擅自使用专利技术侵犯他人专利权的，责任者依法承担相应责任。

9.3 发包人承包人各自对属于自己的设计图纸及其他文件保留版权和知识产权。双方签订本合同后，视为分别授权对方为实施工程而复制、使用、传送上述图纸和文件。但未经对方同意，另一方不得将其另作他用或转给第三方。

10. 联合体

10.1 如果承包人是联合体经营，则联合体各方应在工程开工前签订联合体施工协议书，作为本合同的附件。该联合体的成员都应在合同履行期间对发包人负有共同的和各自的责任。

10.2 联合体应有一个被授权的、对联合体成员单位有约束力的主办单位，并由该主办单位指派专职代表负责，有关文件应由该专职代表签署。未经发包人事先书面同意，联合体的组成与结构不得随意变动。

11. 保障

11.1 合同一方应负责和保障另一方不负责因其自身的行为或疏忽所引起的一切损害、损失和索赔。但受保障的一方应积极采取合理措施减少可能发生的损失或损害。因受保障的一方未采取合理措施而导致损失扩大，则损失扩大部分由自己承担。

11.2 承包人应保障发包人不负担因承包人移动或使用施工场地外的施工机械和临时设施所造成的损害而引起的索赔。

12. 财产

12.1 合同工程所需的材料设备和承包人的施工机械一经运至现场，均应视为专门用于实施工程。没有经监理工程师同意并取得发包人批准，承包人不得将它们移出现场，但用于运送材料设备、施工机械和雇员的运输工具除外。

12.2　如果发包人依据第68.3款规定的情形解除合同，则现场的所有材料设备（周转性材料除外）和工程，均应认为是发包人的财产，而且发包人有权留下承包人的任何施工机械、周转性材料，直到工程完工为止。

12.3　如果承包人依据第68.4款规定的情形解除合同，则承包人有权要求发包人支付已完工程价款，并赔偿因而造成的损失。发包人应为承包人撤出现场提供便利和协助。如发包人未付完相关款项，承包人有权留置施工现场，直到发包人付完款项为止。

二、合同主体

13. 发包人

13.1　发包人应按合同约定完成下列工作：

（1）办理土地征用、拆迁工作、平整施工场地、施工合同备案等工作，使施工场地具备施工条件，在开工后继续负责解决以上事项遗留问题；

（2）将施工所需水、电、通信线路从施工场地外部接至专用条款约定地点，保证施工期间的需要；

（3）开通施工场地与城乡公共道路的通道，满足施工运输的需要；

（4）向承包人提供施工场地的工程地质勘察资料，以及施工现场及毗邻区域内供水、排水、供电、供气、供热、通信、广播电视等地下管线资料，气象和水文观测资料，相邻建筑物和构筑物、地下工程的有关资料，并对资料的真实性、准确性负责；

（5）办理施工许可证及其他施工所需证件、批准文件和临时用地、停水、停电、中断道路交通、爆破作业等的申请批准手续（承包人自身施工资质的证件除外）；

（6）确定水准点与坐标控制点，组织现场交验并以书面形式移交给承包人；

（7）组织承包人和设计单位进行图纸会审和设计交底；

（8）协调处理施工场地周围地下管线和邻近建筑物、构筑物（包括文物保护建筑）、古树名木等的保护工作；

（9）双方在专用条款内约定的发包人应做的其他工作。

发包人可以将其中部分工作委托承包人办理，具体委托内容由双方在专用条款中约定。

上述工作所需要的费用，除合同价款中已包括的以外，均由发包人承担。

13.2　发包人应按合同约定的期限和方式向承包人支付工程价款及其他应支付的款项。

13.3　发包人应按专用条款约定的日期和份数向承包人提供标准与规范、技术要求等有关资料。如承包人需要增加有关资料数量，发包人可代为复制，复制费用由承包人承担。

13.4　发包人应按专用条款约定的时间提供施工场地。如果未注明时间，发包人应在能使承包人可以按进度计划顺利开工的时间内给予承包人进入和使用施工场地的权利。但发包人保留其工作人员、雇员和相关执法人员进入和使用施工场地的权利。

13.5　发包人供应材料设备的，发包人应按附件2“发包人供应材料设备一览表”的要求及时向承包人提供材料设备。

13.6　发包人未能正确完成本合同约定的全部义务，导致拖延了工期和（或）增加了费用，其增加的费用由发包人承担，工期相应顺延；给承包人造成损失的，发包人应予以赔偿。

13.7 发包人不得将工程的任何部分及附属设施（如：上水、下水、化粪池、各种管道、道路、围墙、绿化等工程）直接发包给第三方。

14. 承包人

14.1 承包人应按合同约定完成以下工作：

（1）按合同规定和监理工程师的指令实施、完成并保修工程；

（2）按合同规定和监理工程师的要求提交工程进度计划和进度报告；

（3）承担施工场地安全保卫工作，提供和维修非夜间施工使用的照明、围栏设施及要求的标志；

（4）按专用条款约定的数量和要求，向发包人提供施工场地办公和生活的房屋及设施，发包人承担由此发生的费用；

（5）遵守政府有关部门对施工场地交通、施工噪音、环境保护、文明施工、安全生产等的管理规定，办理有关手续，并以书面形式通知发包人；

（6）已竣工工程未交付发包人之前，承包人负责已完工程的保护工作，保护期间发生损坏，承包人应予以修复并承担费用；发包人要求采取特殊措施保护的，由发包人承担相应费用；

（7）做好施工场地地下管线和邻近建筑物、构筑物（包括文物保护建筑）、古树名木的保护工作；

（8）遵守政府部门有关环境卫生的管理规定，保证施工场地的清洁和交工前施工现场的清理，并承担因自身责任造成的损失和罚款；

（9）双方在专用条款内约定的承包人应做的其他工作。

14.2 承包人不按合同约定或监理工程师依据合同发出的指令组织施工，且在监理工程师书面要求改正后的 7 天内仍未采取补救措施的，则发包人可自行或者指派第三方进行补救，因此发生的费用和损失由承包人承担。

14.3 承包人对所有现场作业和施工方法的完备性、稳定性和安全性负责，并应向监理工程师提交为实施工程拟采取的施工组织设计和工作安排。如果承包人对施工组织设计和工作安排做出重大改动，应事先征得监理工程师同意。

14.4 施工期间，承包人应在施工现场保留一份合同、一套完整图纸、适用的标准与规范、变更资料等，供监理工程师、发包人及有关人员进行工程检查、检验时使用。

14.5 在承包人设计资质的允许范围内，如果合同约定由承包人设计，或为了配合施工，经发包人批准并由监理工程师指令承包人完成设计，则承包人应按专用条款约定的时间将设计图纸提交监理工程师审批。即使监理工程师批准，承包人仍应对其设计图纸负责。

14.6 承包人应按合同规定或监理工程师的指令，为下列人员从事其工作提供必要的配合和协助：

（1）发包人的工作人员；

（2）发包人的雇员；

（3）监督管理机构的执法人员。

如果承包人由于提供配合和协助而增加了承包人的工作或支出，包括使用承包人的设备、临时工程或通行道路等，发包人应承担由此增加的费用；构成工程变更的，按合同第57条的规定调整合同价款。

14.7　承包人未能正确完成本合同约定的全部义务，导致拖延了工期和（或）增加了费用，其增加的费用由承包人承担，工期不予顺延；给发包人造成损失的，承包人应予以赔偿。

15. 现场管理人员的任命和更换

15.1　发包人应任命代表发包人工作的现场管理人员，包括发包人代表、监理工程师、造价工程师（造价员）等。

发包人如需更换任何管理人员，应至少提前7天以书面形式通知承包人。在未将有关文件送交承包人之前，该项更换无效。后任管理人员应继续行使合同规定的发包人现场管理人员的职权和履行相应的义务。

15.2　承包人应任命代表承包人工作的承包人代表，该代表的人选由承包人依法提出，经发包人同意，在专用条款中写明；建设行政主管部门有规定的，应遵守其规定。招标工程的承包人代表，应为投标文件所载明的人选。

承包人代表如需更换，应取得发包人的同意和遵守建设行政主管部门的规定，否则更换无效。承包人更换承包人代表的，应至少提前7天以书面形式通知发包人，发包人应在收到通知后7天内予以答复，否则视为同意。后任承包人代表应继续行使合同约定的承包人代表的职权和履行相应的义务。

15.3　除合同约定或依法应由监理工程师履行的职权外，监理工程师可将其职权以书面形式授予其任命的监理工程师代表，亦可将其授权撤回。任何此类任命和撤回，均应至少提前7天以书面形式通知承包人。未将有关文件送交承包人之前，任何此类任命和撤回均为无效。

15.4　除合同约定或依法应由承包人代表履行的职权外，承包人代表可将其职权以书面形式授予其临时任命的一名合适人选，亦可将其授权撤回。任何此类任命和撤回，均应至少提前7天以书面形式通知发包人和监理工程师。未将有关文件送交发包人和监理工程师之前，任何此类任命和撤回均为无效。

16. 发包人代表

16.1　发包人代表的具体人选应在专用条款中约定，并授予其代表发包人履行合同规定职责所需的一切权力。除专用条款另有约定或经承包人同意外，发包人不应对发包人代表的权力另有限制。

16.2　发包人代表应代表发包人履行合同规定的职责、行使合同明文规定或必然隐含的权力，对发包人负责。发包人代表在发包人授予职权范围内的工作，发包人应予认可。

17. 监理工程师

17.1　监理单位和监理工程师的具体人选以及监理内容和监理权限应在专用条款中约定。

17.2　监理工程师行使合同明文规定或必然隐含的职权，代表发包人负责监督和检查工程的质量、进度，试验和检验承包人使用的与合同工程有关的材料、设备和工艺，及时向承包人提供工作所需的指令、批准和通知等。监理工程师无权免除合同任何一方在合同履行期间应负的任何责任和义务。

17.3 除属于第 67 条规定的争议外，监理工程师在职权范围内的工作，发包人应予认可，但下列事项应事先取得发包人的专项批准：

（1）根据第 6.1 款规定同意承包人分包工程；

（2）根据第 12.1 款规定批准承包人将材料设备、施工机械移出施工场地；

（3）根据第 14.5 款规定批准承包人的设计；

（4）根据第 27 条规定批准承包人的施工组织设计和工程进度计划；

（5）根据第 31.2 款规定发出加快进度的变更指令；

（6）根据第 41.5 款规定使用替换材料；

（7）根据第 53 条规定发出使用暂列金额的工作指令；

（8）根据第 54 条规定发出使用计日工的工作指令；

（9）根据第 56 条规定指令或批准工程变更；

（10）专用条款约定需要发包人批准的其他事项。

17.4 监理工程师应按合同约定时间及时向承包人提供工作所需的指令、批准和通知等。

监理工程师提供的指令、批准和通知等，均应采用书面形式。如有必要，监理工程师也可发出口头指令，但应在 48 小时内给予书面确认。对监理工程师的口头指令，承包人应予执行。如果承包人在监理工程师发出的口头指令 48 小时后未收到书面确认，则应在接到口头指令后 7 天内提出书面确认要求。监理工程师应在承包人提出书面确认要求后 48 小时内给予答复，逾期不予答复的，视为承包人的书面要求已被确认。

17.5 如果承包人认为监理工程师的指令不合理，应在收到指令后 24 小时内向监理工程师提出书面报告，监理工程师应在收到承包人报告后 24 小时内做出修改指令或继续执行原指令的决定，并书面通知承包人。逾期不作出决定的，承包人可不执行监理工程师的指令。

17.6 监理工程师可按第 15.3 款规定授权给其任命的监理工程师代表，亦可将其授权撤回。监理工程师代表行使监理工程师授予的职权，对监理工程师负责。监理工程师代表在监理工程师授予职权范围内的工作，监理工程师应予认可，但监理工程师保留因监理工程师代表未曾对任何工作、材料设备错误加以反对的失误而否定该工作、材料设备，并发出纠正指令的权力。未按第 15.3 款规定，任何此类任命和撤回均为无效。

17.7 监理工程师（含其代表）未能正确完成本合同约定的全部义务，或工作出现失误，导致拖延了工期和（或）增加了费用，其增加的费用由发包人承担，工期相应顺延；给承包人造成损失的，发包人应予以赔偿。

18. 造价工程师（或造价员）

18.1 造价咨询企业和造价工程师（或造价员）的具体人选以及权限应在专用条款中约定。

18.2 造价工程师（或造价员）行使合同明文规定或必然隐含的职权，代表发包人负责工程计量和计价、工程款的调整和核实、工程款的支付、结算价款的调整和复核，及时向承包人提供合同价款的核实、调整和通知等指令。

18.3　除属于第 67 条规定的争议外，造价工程师（或造价员）在职权范围内的工作，发包人应予认可，但下列事项应事先取得发包人的专项批准：

（1）根据第 53 条规定使用暂列金额；

（2）根据第 54 条规定使用计日工的费用；

（3）根据第 57.1 款规定调整合同价款；

（4）专用条款约定需要发包人批准的其他事项。

18.4　造价工程师（或造价员）应按合同约定时间及时向承包人提供合同价款的核实、调整和通知等指令。

造价工程师（或造价员）提供的指令，均应采用书面形式。如有必要，造价工程师也可发出口头指令，但应在 48 小时内给予书面确认。对造价工程师的口头指令，承包人应予执行。如果承包人在造价工程师发出的口头指令 48 小时后未收到书面确认，则应在接到口头指令后 7 天内提出书面确认要求。造价工程师应在承包人提出书面确认要求后 48 小时内给予答复，逾期不予答复的，视为承包人的书面要求已被确认。

18.5　如果承包人认为造价工程师（或造价员）的指令不合理，应在收到指令后 24 小时内向造价工程师提出书面报告，造价工程师应在收到承包人报告后 24 小时内做出修改指令或继续执行原指令的决定，并书面通知承包人。逾期不作出决定的，承包人可不执行造价工程师的指令。

18.6　造价工程师未能正确完成本合同约定的全部义务，或工作出现失误，导致拖延了工期和（或）增加了费用，其增加的费用由发包人承担，工期相应顺延；给承包人造成损失的，发包人应予以赔偿。

19. 承包人代表和技术负责人

19.1　承包人代表的具体人选应按照 15.2 款的规定在专用条款中约定，并授予其代表承包人履行合同规定职责所需的一切权力；承包人任命的工程技术负责人应在专用条款中约定。

19.2　承包人代表应代表承包人履行合同规定的职责、行使合同明文规定或必然隐含的权力，对承包人负责。承包人代表在承包人授予职权范围内的工作，承包人应予认可。

19.3　如果承包人代表在合同履行期间确需暂离现场，则应在监理工程师同意下，可按第 15.4 款规定授权给其临时任命的一名合适人选，亦可将其授权撤回。临时任命人行使承包人代表授予的职权，对承包人代表负责。临时任命人在承包人代表授予职权范围内的工作，承包人代表应予认可。未按第 15.4 款规定，任何此类任命和撤回均为无效。

19.4　承包人代表按经发包人认可的施工组织设计和监理工程师发出的指令组织施工。在情况紧急且无法与监理工程师取得联系时，承包人代表应立即采取保证人员生命和工程、财产安全的有效措施，并在采取措施后 48 小时内向监理工程师送交书面报告，抄送发包人。属于发包人或第三方责任的，其发生的费用由发包人承担，工期相应顺延；属于承包人责任的，其发生的费用由承包人承担，工期不予顺延。

20. 指定分包人

20.1　指定分包人是指根据专用条款的约定，发包人依法事先指定的实施、完成任何工程的分包人。

20.2 发包人指定分包人应当取得承包人的同意，指定分包人是承包人的分包人，指定分包人应与承包人签订分包合同。

20.3 由于指定分包人责任造成的工程质量缺陷，由指定分包人和发包人承担过错责任。

21. 承包人劳务

21.1 承包人应雇佣投标文件中确定的人员，不得从发包人或为发包人服务的人员中招聘雇员。

21.2 承包人应完善雇佣员工劳务手续，并与其订立劳动合同，办理各种社会保险，为其缴纳相应的保险费用，明确双方的权利和义务。雇佣期间，承包人应做好下列工作：

（1）负责为雇员提供和保持必要的食宿及各种生活设施，采取合理的卫生和安全防护措施，保护雇员的健康和安全；

（2）保证雇员的合法权利和人身安全；

（3）充分考虑和尊重法定节假日，尊重宗教信仰和风俗习惯；

（4）雇员和发包人现场人员应佩戴工作证（或标牌、胸卡等）上岗。工作证（或标牌、胸卡等）应由承包人发包人共同签发。

21.3 承包人如需在法定节假日施工，应经监理工程师批准；如需在夜间施工，除应经监理工程师批准外，还应经有关部门批准。如无特殊原因，只要不影响工程质量、施工安全、周围环境，监理工程师应予同意。但为抢救生命或保护财产，或为工程安全、质量而不可避免的作业，则不必事先经监理工程师批准。

21.4 承包人应按时足额向雇员支付劳务工资，并不低于当地最低工资标准。因承包人拖欠其雇员工资而造成群体性示威、游行等一切责任，由承包人承担。对发包人造成损失或导致工期延误的，应赔偿发包人的损失，工期不予顺延。因发包人拖欠承包人工程款而引起承包人拖欠其雇员工资的一切责任，由发包人承担。

21.5 承包人雇员应是在行业或职业内具有相应资格、技能和经验的人员。对有下列行为的任何承包人雇员，监理工程师和发包人可要求承包人撤换：

（1）经常行为不当，或工作漫不经心；

（2）无能力履行义务或玩忽职守；

（3）不遵守合同的约定；

（4）有损安全、健康和环境保护的行为。

21.6 承包人应自始至终采取各种合理的预防措施，防止雇员内部发生任何无序、非法和打斗等不良行为，以确保现场安定和保护现场及邻近人员的生命、财产安全。

21.7 如果监理工程师提出要求，承包人应按要求向监理工程师提交一份详细的统计表，该表内容包括承包人在施工场地的各类职员和各个工种、各等级的雇员人数等。

三、担保、保险与风险

22. 工程担保

22.1 为正确履行本合同，发包人应在招标文件中或在签订合同前明确履约担保的有关要求，承包人应在签订本合同时按要求向发包人提供履约担保。履约担保采用银行保函的形式，提供履约担保所发生的费用由承包人承担。

22.2　履约担保的有效期，是从提供履约担保之日起至工程竣工验收合格之日止。发包人应在担保有效期满后的14天内将此担保退还给承包人。

22.3　发包人在对履约担保提出索赔要求之前，应书面通知承包人，说明导致此项索赔的原因，并及时向担保人提出索赔文件。担保人根据担保合同的约定在担保范围内承担担保责任，并无须征得承包人的同意。

22.4　承包人按第22.1款的要求提交了履约担保，发包人应在签订本合同时向承包人提交与履约担保等值的支付担保。支付担保采用银行保函的形式，提供支付保函所发生的费用由发包人承担。

22.5　支付担保的有效期，是从提供支付担保之日起至发包人根据本合同约定支付完除质量保证金以外的全部款项之日止。承包人应在担保有效期满后的14天内将此担保退还给发包人。

22.6　承包人在对支付担保提出索赔要求之前，应书面通知发包人和造价工程师（或造价员），说明导致此项索赔的原因，并及时向担保人提出索赔文件。担保人根据担保合同的约定在担保范围内向承包人支付索赔款额，并无须征得发包人的同意。

22.7　发包人承包人均应确保工程担保有效期符合工期合理顺延的要求。若合同一方未能保证延长担保有效期，另一方可向其索赔担保的全部金额。

22.8　发包人承包人在专用条款中约定担保内容、方式和责任等事项，并签订担保合同，作为本合同附件。

23. 发包人风险

发包人应承担本合同中规定应由发包人承担的风险。

自开工之日起至颁发工程竣工验收证书之日止，发包人风险为：

（1）由于工程本身或施工而不可避免造成的财产（除工程本身、材料设备和施工机械外）损失或损坏；

（2）由于发包人工作人员及其相关人员（除承包人外）疏忽或违规造成的人员伤亡、财产损失或损坏；

（3）由于发包人提前使用或占用工程或其部分造成的损失或损坏；

（4）由于发包人提供或发包人负责的设计造成的对工程、材料设备和施工机械的损失或损害。

24. 承包人风险

承包人应承担本合同中规定应由承包人承担的风险。

自开工之日起直到颁发工程竣工验收证书之日止，承包人风险为：

除第23条和第25条以外的人员伤亡以及财产（包括工程、材料设备和施工机械，但不限于此）的损失或损坏。

25. 不可抗力

25.1　不可抗力包括因战争、敌对行动（无论是否宣战）、入侵、外敌行为、军事政变、恐怖主义、动乱、空中飞行物坠落或其他非发包人承包人责任或原因造成的罢工、停工、爆炸、火灾，当地卫生部门的规定，以及专用条款约定的风、雨、雪、洪、震等自然灾害。

25.2　不可抗力事件发生后，承包人应立即通知发包人和监理工程师，并在力所能及的条件下迅速采取措施，尽力减少损失，发包人应协助承包人采取措施。监理工程师认为应当暂停施工的，承包人应暂停施工。不可抗力事件结束后48小时内，承包人向监理工程师通报受害情况和损失情况，并预计清理和修复的费用，抄送造价工程师。不可抗力事件持续发生，承包人应每隔7天向监理工程师和造价工程师（或造价员）报告一次受害情况。不可抗力事件结束后14天内，承包人应分别按第30条规定索赔工期、按第63条规定索赔费用。

25.3 因不可抗力事件导致费用增加和工期顺延，由双方按以下规定分别处理：

（1）工程本身的损害、因工程损害导致第三方人员伤亡和财产损失以及运至施工场地用于施工的材料和待安装在工程上的设备的损害，由发包人承担；

（2）发包人承包人施工场地内的人员伤亡由其所在单位负责，并承担相应费用；

（3）承包人带入现场的施工机械和用于本工程的周转材料损坏及停工损失，由承包人承担；发包人提供的施工机械、设备损坏，由发包人承担；

（4）停工期间，承包人按监理工程师要求留在施工场地的必要的管理人员及保卫人员的费用，由发包人承担；

（5）工程所需的清理、修复费用，由发包人承担；

（6）延误的工期相应顺延。

25.4 因合同一方迟延履行合同后发生不可抗力的，不能免除迟延履行方的相应责任。

26. 保险

26.1 发包人应为下列事项办理保险，并支付保险费：

（1）工程开工前，为工程办理保险；

（2）工程开工前，为施工场地内从事危险作业的自有人员办理意外伤害保险；

（3）为第三方生命财产办理保险；

（4）为运至施工场地内用于工程的材料和待安装设备办理保险。

保险期从办理保险之日起至工程竣工验收合格之日止。发包人可以将其中部分事项委托承包人办理。

26.2 承包人应为下列事项办理保险：

（1）工程开工前，为施工场地内从事危险作业的自有人员办理意外伤害保险；

（2）为施工场地内的自有施工机械、设备办理保险。

但发包人支付本款第（1）保险费，承包人支付本款第（2）保险费。

保险期从开工之日起至工程竣工验收合格之日止。

26.3 合同一方应按本合同要求向另一方提供有效的投保保险单和保险证明。如果发包人未投保，承包人可代为办理，保险费由发包人承担；如果承包人未投保，发包人可代为办理，并从支付或将要支付给承包人的款项中扣回代办费。

26.4 发包人承包人应遵守本合同保险条款的规定。如果任何一方未遵守，责任一方应赔偿另一方由此引起的损失。

26.5 当工程发生保险事故时，被保险人应及时通知保险公司，并提供有关资料。发包人承包人有责任采取合理有效措施防止或减少损失，并应相互协助做好向保险公司的报告和索赔工作。

26.6　当工程施工的性质、规模或计划发生变更时，被保险人应及时通知保险公司，并在合同履行期间按本合同保险条款的规定保证足够的保险额，因而造成的费用由责任人承担。

26.7　从保险公司收到的因工程本身损失或损坏的保险赔偿金，应专项用于修复合同工程这些损失或损坏，或作为对未能修复工程这些损失或损坏的补偿。

26.8　具体投保内容和相关责任，发包人承包人应在专用条款中约定。

四、工期

27. 进度计划和报告

27.1　承包人应在签订本合同后的7天内，向发包人和监理工程师提交施工组织设计和工程进度计划。发包人和监理工程师应在收到该设计和计划后的7天内予以确认或提出修改意见，逾期不确认也不提出书面意见的，视为同意。工程进度计划，应对工程的全部施工作业提出总体上的施工方法、施工安排、作业顺序和时间表。合同约定有多个单项工程的，承包人还应编制各单项工程进度计划。

27.2　承包人应按经监理工程师确认并取得发包人批准的进度计划组织施工，接受监理工程师对工程进度的监督和检查。

27.3　除专用条款另有约定外，承包人应编制月施工进度报告和每季对进度计划修订一次，并在每月或季结束后的7天内一式两份提交给监理工程师。月施工进度报告的内容至少应包括：

（1）施工、安装、试验以及承包人工作等进展情况的图表和说明；

（2）材料、设备、货物的采购和制造商名称、地点以及进入现场情况；

（3）索赔情况和安全统计；

（4）实际进度与计划进度的对比，以及为消除延误正在或准备采取的措施。

27.4　如果监理工程师指出承包人的实际进度和经确认的进度计划不符时，承包人应按监理工程师的要求提出改进措施，经监理工程师确认后执行。因承包人原因导致实际进度与计划进度不符，承包人无权就改进措施要求支付任何附加的费用。工程进度计划即使经监理工程师确认，也不能免除承包人根据合同约定应负的任何责任和义务。

28. 开工

28.1　工程开工必须具备法律、法规规章及有关文件规定的开工条件，并已经领取了施工许可证。

28.2　承包人应当按照协议书约定的开工日期开工。承包人不能按时开工，应当不迟于协议书约定的开工日期前7天，以书面形式向监理工程师提出延期开工的理由和要求。监理工程师应当在接到延期开工申请后的48小时内以书面形式答复承包人。监理工程师在接到延期开工申请后48小时内不答复，视为同意承包人要求，工期相应顺延。监理工程师不同意延期要求或承包人未在规定时间内提出延期开工要求，工期不予顺延，造成损失的由承包人承担。

28.3　因发包人原因不能按照协议书约定的开工日期开工，监理工程师应至少提前7天以书面形式通知承包人推迟开工，给承包人造成损失的，由发包人承担，工期相应顺延。

29. 暂停施工和复工

29.1　监理工程师认为确有必要暂停施工时，应向承包人发出暂停施工指令，并在48小时内提出处理意见。承包人应按监理工程师的指令停止施工，并妥善保护已完工程。承包人实施监理工程师的处理意见后，可向监理工程师提交复工报审表要求复工；监理工程师应当在收到复工报审表后的48小时内予以答复。如果监理工程师未在规定时间内提出处理意见或未予答复的，承包人可自行复工，监理工程师应予认可。

29.2　如果非承包人原因造成暂停施工持续70天以上，承包人可向监理工程师发出书面通知，要求自收到该通知后14天内准许复工。如果在上述期限内监理工程师未予准许，则承包人可以作如下选择：

（1）如果此项停工仅影响工程的一部分时，则根据第56.2款规定及时提出工程变更，取消该部分工程，并书面通知发包人，抄送监理工程师和造价工程师（或造价员）；

（2）如果此项停工影响整个工程时，则根据第68.4款规定解除合同。

29.3　因发包人原因造成暂停施工的，由发包人承担所发生的费用，工期相应顺延，并赔偿承包人因此造成的损失。但下列情形造成暂停施工的，发包人不予补偿：

（1）承包人某种失误或违约造成，或应由承包人负责的必要暂停施工；

（2）承包人为工程的施工调整部署，或为工程安全而采取必要的技术措施所需要的暂停施工；

（3）因现场气候条件（除不可抗力停工外）导致的必要暂停施工。

因承包人原因造成暂停施工的，由承包人承担发生的费用，工期不予顺延。

因不可抗力因素造成暂停施工的，按照第25条规定处理。

29.4　如果发包人未按合同约定支付工程进度款，经催告后在28天内仍未支付的，承包人可以暂停施工，直至收到包括第59.2款规定的应付利息在内的所欠全部款项。由此造成的暂停施工，视为是因发包人原因造成的。

29.5　暂停施工结束后，承包人和监理工程师应对受暂停施工影响的工程、材料设备进行检查。承包人负责修复在暂停期间发生的任何变质、缺陷或损坏，因而发生的费用和造成的损失按第29.3款规定处理。

30. 工期延误

30.1　合同履行期间，因下列原因造成工期延误的，承包人有权要求工期相应顺延：

（1）发包人未能按专用条款的约定提供图纸及开工条件；

（2）发包人未能按约定日期支付工程预付款、进度款；

（3）发包人代表或施工现场发包人雇用的其他人的人为因素；

（4）监理工程师未按合同约定及时提供所需指令、批准等；

（5）工程变更；

（6）工程量增加；

（7）一周内非承包人原因停水、停电、停气造成停工累计超过8小时；

（8）不可抗力；

（9）发包人风险事件；

（10）非承包人失误、违约，以及监理工程师同意工期顺延的其他情况。

顺延工期的天数，由承包人提出，经监理工程师核实后与发包人承包人协商确定；协商不能达成一致的，由监理工程师暂定，通知承包人并抄报发包人。

30.2　当第30.1款所述情况首次发生后，承包人应在14天内向监理工程师发出要求延期的通知，并抄送发包人。承包人应在发出通知后的7天内向监理工程师提交要求延期的详细情况，以备监理工程师查核。

30.3　如果延期的事件持续发生时，承包人应按第30.2款规定的14天之内发出要求延期的通知，然后每隔7天向监理工程师提交事件发生的详细资料，并在该事件终结后的14天内提交最终详细资料。

30.4　如果承包人未能在第30.2款和第30.3款（发生时）规定的时间内发出要求延期的通知和提交（最终）详细资料，则视为该事件不影响施工进度或承包人放弃索赔工期的权利，监理工程师可拒绝做出任何延期的决定。

31. 加快进度

31.1　在承包人无任何理由取得顺延工期的情况下，如果监理工程师认为工程或其任何部分的进度过慢，与进度计划不符或不能按期竣工，则监理工程师应书面通知承包人加快进度。承包人应按第27.4款规定采取必要措施，加快工程进度。如果承包人在接到监理工程师通知后的14天内，未能采取加快工程进度的措施，致使实际工程进度进一步滞后；或承包人虽然采取了一些措施，仍无法按期竣工，监理工程师应立即报告发包人，并抄送承包人。发包人可按第68.3款的规定解除合同，也可将合同工程中的一部分工作交由第三方完成。承包人既应承担由此增加的一切费用，也不能免除其根据合同约定应负的任何责任和义务。

31.2　如果发包人希望承包人在计划竣工日期之前完成工程，应事先征得承包人同意。如果承包人同意，那么发包人可要求承包人提交为加快进度而编制的建议书。承包人应在7天内作出书面回应，该建议书的内容至少应包括：

（1）加快进度拟采取的措施；

（2）加快进度后的进度计划，以及与原计划的对比；

（3）加快进度所需的合同价款增加额。该增加额按第57、73条规定计算。

发包人应在接到建议书后的7天内予以答复。如果发包人接受了该建议书，则监理工程师应以书面形式发出变更指令，相应调整工期，并由造价工程师（或造价员）核实和调整合同价款。

32. 竣工日期

32.1　承包人必须按照协议书约定的竣工日期或监理工程师同意顺延的工期竣工。

32.2　因承包人原因不能按照协议书约定的竣工日期或工程师同意顺延的工期竣工的，承包人承担相应责任。

32.3　实际竣工日期按下列情况分别确定：

（1）工程经竣工验收合格的，以承包人提请发包人进行竣工验收的日期为实际竣工日期；

（2）工程竣工验收不合格的，承包人应按要求修改后再次提请发包人验收，以承包人再次提请发包人进行竣工验收的日期为实际竣工日期。

（3）承包人已经提交竣工验收报告，发包人在收到承包人送交的竣工验收报告后28天内未能组织验收，或验收后14天内不提出修改意见的，以承包人提请发包人进行竣工验收日期为实际竣工日期；

（4）工程未经竣工验收，发包人擅自使用的，以转移占有工程之日为实际竣工日期。

33. 误期赔偿

33.1　如果承包人未能按照协议书约定的竣工日期或工程师同意顺延的工期竣工，承包人应按第55.2款规定向发包人支付误期赔偿费，但误期赔偿费的支付不能免除承包人根据合同约定应负的任何责任和义务。

33.2　误期（实际延误竣工天数）按第32.3款规定的实际竣工日期减去协议书约定的竣工日期或工程师同意顺延的日期，即按照下述公式计算：

实际延误竣工天数＝实际竣工日期 — 协议书约定的竣工日期或工程师同意顺延的日期。

上述各相关日期，依据本合同相关条款确定。

五、质量和安全

34. 质量管理

34.1　发包人在领取施工许可证或者开工报告之前，应当按照有关规定办理工程质量监督手续。

34.2　发包人不得以任何理由，要求承包人在施工作业中违反法律、法规和建筑工程质量与安全标准，降低工程质量。

34.3　承包人应对工程施工质量负责，并按照工程的设计图纸、标准与规范和有关技术要求施工，不得偷工减料。

35. 质量目标

35.1　工程质量必须达到国家规定的工程质量验收评定标准。双方约定参加某项工程质量评比的（如：龙江杯、鲁班奖等），应当在专用条款中约定具体的评比项目、因此而增加的费用或奖惩办法。

35.2　发包人承包人对工程质量有争议的，按第67.4款规定调解或认定，或者由双方共同选定的工程质量检测机构鉴定，所需的费用及因而造成的损失，由责任方承担。双方均有责任的，由双方根据其责任划分分别承担。

35.3　承包人对工程的质量向发包人负责，其职责包括但不限于下列内容：

（1）编制施工技术方案，确定施工技术措施；

（2）提供和组织足够的工程技术人员，检查和控制工程施工质量；

（3）控制施工所用的材料设备，使其符合标准与规范、设计要求及合同约定的标准；

（4）组织并参加所有工程的验收工作，包括隐蔽验收、中间验收；参加竣工验收，组织分包人参加工程验收；

（5）承担质量保修期的工程保修责任；

（6）承担的其他工程质量责任。

35.4　承包人应建立和保持完善的质量保证体系。在工程实施前，监理工程师有权要求承包人提交质量保证体系实施程序和贯彻质量要求的文件。承包人遵守质量保证体系，也不能免除承包人根据合同约定应负的任何责任和义务。

36. 工程照管

36.1　从开工之日起，承包人应全面负责照管工程及运至现场将用于和安装在工程中的材料设备，直到发包人颁发工程竣工验收证书之日止。此后，工程的照管即转由发包人负责。

如果在整个工程竣工验收证书颁发前，发包人已就其中任何单项工程颁发了竣工验收证书，则从竣工验收证书颁发之日起承包人无须对该单项工程负责照管，而转由发包人负责。但是，承包人应继续负责照管尚未完成的工程和将用于或安装在工程中的材料设备，直至发包人颁发工程竣工验收证书之日止。

36.2　承包人在负责工程照管期间，如因自身原因造成工程或其任何部分，以及材料设备或临时工程的损坏，承包人应自费弥补上述损坏，保证工程质量在各方面都符合合同约定的标准。

37. 安全生产和文明施工

37.1　发包人应遵守安全生产和文明施工的规定，在领取施工许可证或者开工报告之前，按照有关规定办理工程安全监督手续，并按第61条规定支付安全生产措施费。

37.2　发包人应对其在施工现场人员进行安全生产、文明施工教育，并对他们的安全负责。在工程实施、完成及保修期间，发包人不得有下列行为：

（1）要求承包人违反安全生产、文明施工规定进行施工；

（2）对承包人提出不符合建设工程安全生产法律、法规、规章、强制性标准及有关规定的要求；

（3）明示或暗示承包人购买、租赁、使用不符合安全施工要求的安全防护用具、机械设备、施工机具及配件、消防设施和器材。

发包人违反上述规定或由于发包人原因导致安全事故的，由发包人承担相应责任和费用，顺延延误的工期。

37.3　承包人应建立健全安全生产和文明施工制度，完善安全生产和文明施工条件，严格按照安全生产和文明施工的规定组织施工，采取必要的安全防护措施，消除事故隐患，自觉接受和配合依法实施的监督检查。在工程实施、完成及保修期间，承包人应做好下列工作：

（1）在施工现场入口处、施工起重机械、临时用电设施、脚手架、出入通道口、楼梯口、电梯井口、孔洞口、桥梁口、隧道口、基坑边沿、爆破物及有害危险气体和液体存放处等危险部位，设置明显的安全警示标志；

（2）保持现场道路畅通、排水及排水设施畅通，实施必要的工地地面硬化处理和设置必要的绿化带；

（3）妥善存放和处理材料设备和施工机械，水泥和其他易飞扬细颗粒建筑材料应密闭存放或采取覆盖等措施，易燃易爆和有毒有害物品应分类存放；

（4）现场设置消防通道、消防水源、配置消防设施和灭火器材，合理布置安全通道和安全设施，保证现场安全，建立消防安全责任制度；

（5）现场设置密闭式垃圾站，施工垃圾、生活垃圾应分类存放。施工垃圾必须采用相应的容器或管道运输及时从现场清除并运走；

（6）为了公众安全和方便或为了保护工程，按照监理工程师的指令或政府的要求提供并保持必要的照明、防护、围栏、警告信号和看守；

（7）政府有关部门关于安全生产、文明施工规定的其他工作。

承包人对工程的安全施工负责，并应及时、如实报告生产安全事故。承包人违反上述规定或由于承包人原因造成的安全事故，由承包人承担相应责任和费用，工期不予顺延。

37.4　监理工程师应当审查施工组织设计中的安全技术措施或者专项施工方案是否符合建设行政主管部门的有关规定。监理工程师发现承包人未遵守安全生产和文明施工规定或施工现场存在安全事故隐患的，应以书面形式通知承包人整改；情况严重的，应要求承包人暂停施工，并及时报告发包人。承包人在收到监理工程师发出书面通知后的48小时内仍未整改的，监理工程师可在报经发包人批准后指派第三方采取措施。该款项经造价工程师（或造价员）核实后，由发包人从应付或将付给承包人的款项中扣除。

37.5　承包人在动力设备、输电线路、地下管道、密封防震车间、易燃易爆地段、毗邻建（构）筑物或临街交通要道附近、放射毒害性环境中施工以及实施爆破作业、使用毒害性腐蚀性物品施工时，应事先向监理工程师提出安全防护措施，经监理工程师认可后实施。除合同价款中已经列有此类工作的支付项目外，安全防护措施费由发包人承担。

37.6　承包人应保证施工场地的清洁达到环境卫生部门的管理要求，为现场所有人员提供并维护有效的和清洁的生活设施，并在颁发工程竣工验收证书后的14天内，清理现场，运走全部施工机械、剩余材料和垃圾，保持施工场地和工程的清洁整齐。否则，发包人可自行或指派第三方出售或处理留下的物品，所得金额在扣除因而发生的各种支出之后，余额退还给承包人。

38. 放线

38.1　监理工程师应在协议书约定的开工日期前，向承包人提供原始基准点、基准线、基准高程等书面资料，并对承包人的施工定线或放样进行检查验收。

38.2　承包人应根据监理工程师书面确定的原始基准点、基准线、基准高程对工程进行准确的放样，并对工程各部分的位置、标高、尺寸或定线的正确性负责。

38.3　如果工程任何部分的位置、标高、尺寸或定线超过合同规定的误差，承包人应自费纠正，直到监理工程师认为符合合同约定为止。如果这些误差是由于监理工程师书面提供的数据不正确所致，则视为变更；监理工程师应及时发出纠正指令，顺延延误的工期，并由造价工程师（或造价员）根据第57条规定确定合同价款的增加额。

38.4　监理工程师对工程位置、标高、尺寸、定线的检查，不能免除承包人对工作准确性应负的任何责任和义务。承包人应有效地保护一切基准点、基准线和其他有关的标志，直到工程竣工验收合格为止。

39. 钻孔与勘探性开挖

在工程施工期间，如果需要承包人进行钻孔或勘探性开挖（含疏浚工作在内）工作，除合同价款中已列有此类项目外，此项工作应由监理工程师发出专项指令，并按第56条规定处理。

40. 发包人供应材料设备

40.1　发包人供应材料设备的，双方应当约定“发包人供应材料设备一览表”，作为本合同的附件（附件2）。一览表包括发包人供应材料设备的品种、规格、型号、数量、单价、质量标准、提供的时间和地点。

40.2　发包人应按一览表的约定提供材料设备，并向承包人提供产品合格证明，对其质量负责。发包人应在所供应材料设备到货前24小时，以书面形式通知承包人和监理工程师，由承包人与发包人在监理工程师的见证下共同清点，并按承包人的合理要求堆放。

40.3　由发包人供应的材料设备，承包人派人参加清点后由承包人妥善保管，保管费由发包人承担，因承包人保管不善或承包人原因导致的丢失或损害由承包人负责赔偿。除合同价款中已列有此类工作的支付项目外，造价工程师（或造价员）应与发包人承包人协商确定保管费，并增加到合同价款中；协商不能达成一致的，由造价工程师（或造价员）暂定，通知承包人并抄报发包人。

40.4　发包人供应的材料设备与一览表不符时，发包人应按照下列规定承担相应责任：

(1) 材料设备的单价与一览表不符，由发包人承担所有价差；

(2) 材料设备的品种、规格、型号、质量标准与一览表不符，承包人可以拒绝接受保管，由发包人运出施工场地并重新采购；

(3) 材料设备的品种、规格、型号、质量标准与一览表不符，经发包人同意，承包人可代为调剂替换，由发包人承担相应费用；

(4) 到货地点与一览表不符，由发包人负责运至一览表指定地点；

(5) 供应数量少于一览表约定的数量时，由发包人补齐；多于一览表约定数量时，发包人负责将多出部分运出施工场地；

(6) 到货时间早于一览表约定时间，由发包人承担因此发生的保管费；到货时间迟于一览表约定的供应时间，发包人赔偿因而造成的承包人损失，造成工期延误的，工期相应顺延。

40.5　发包人供应的材料设备使用前，由承包人负责检验或试验，不合格的不得使用。

40.6　发包人供应材料设备的结算方式，由发包人承包人在专用条款中约定。

41. 承包人采购材料设备

41.1　承包人负责采购材料设备的，应按照标准与规范、设计要求和其他技术要求采购，并提供产品合格证明，对材料设备质量负责。

41.2　承包人采购的材料设备与设计要求、标准与规范不符时，承包人应按监理工程师要求的时间运出施工场地，重新采购符合要求的产品，承担由此发生的费用，工期不予顺延。

41.3　监理工程师发现承包人使用不符合标准与规范、设计要求的材料设备时，应要求承包人负责修复、拆除或重新采购，由承包人承担发生的费用，工期不予顺延。

41.4　如果承包人不执行监理工程师依据第41.2款和第41.3款规定发出的指令，则发包人可自行或指派第三方执行该指令，因而发生的费用由承包人承担。该笔款项经造价工程师（或造价员）核实后，由发包人从支付或到期应付给承包人的工程款中扣除。

41.5　承包人需要使用替换材料的，应向监理工程师提出申请，经监理工程师认可并取得发包人批准后才能使用，由此引起合同价款的增减由造价工程师（或造价员）与发包人承包人协商确定；协商不能达成一致的，由造价工程师（或造价员）暂定，通知承包人并抄报发包人。

41.6　承包人采购的材料设备在使用前，由承包人负责检验或试验，不合格的不得使用。

42. 材料设备的检验

42.1 监理工程师及其委派的代表可进入施工场地、材料设备的制造、加工或制配的所有车间和场所进行检验。承包人应为他们进入上述场所提供便利和协助。

42.2 标准与规范或合同要求进行见证取样检测的材料设备，承包人应在见证取样前24小时通知监理工程师参加，并在监理工程师的见证下负责：

（1）材料设备的见证取样；

（2）送至有资质的检测机构检测。

标准与规范或合同没要求进行见证取样检测的材料设备，承包人应与监理工程师协商确定合同约定的材料设备的检验时间和地点，并按时到场参加检验。如果监理工程师或其委派的代表不能按时到场参加检验，监理工程师应至少提前24小时发出延期检验指令并书面说明理由，延期不得超过48小时。如果监理工程师或其委派的代表未发出延期检验指令也未能按时到场检验，承包人可自行检验，并认为该检验是在监理工程师在场的情况下完成的。检验完成后，承包人应立即向监理工程师提交检验数据的有效证据，监理工程师应认可检验结果。

42.3 材料设备检验合格的，可在工程中使用。材料设备检验不合格的，不能在工程中使用，并及时清出施工场地。

42.4 发包人供应的材料设备，检验费由发包人承担；承包人采购的材料设备，检验费应包含在材料设备价格中。

42.5 如监理工程师认为需要，可要求对材料设备进行再次检验。发包人供应的材料设备，再次检验费由发包人承担，顺延延误的工期。承包人采购的材料设备，再次检验结果表明该材料设备不符合标准与规范、设计要求的，检验费由承包人承担，工期不予顺延；再次检验结果表明该材料设备符合标准与规范、设计要求的，检验费由发包人承担，顺延延误的工期。

43. 检查和返工

43.1 承包人应按照标准与规范、设计要求以及监理工程师依据合同发出的指令施工，确保工程质量，随时接受监理工程师的检查检验，并为监理工程师的检查检验提供便利和协助。

43.2 发现工程质量达不到国家规定的标准，承包人应拆除和重新施工，直到符合标准为止。因承包人原因达不到国家规定的标准的，由承包人承担拆除和重新施工的费用，工期不予顺延；因发包人原因达不到国家规定的标准的，由发包人承担拆除和重新施工的费用及相应的损失，顺延延误的工期。

43.3 监理工程师的检查检验，不应影响施工的正常进行。如影响施工正常进行时，承包人应向监理工程师或发包人发出纠正通知，监理工程师应及时纠正其行为，否则承包人有权提出索赔和得到补偿。

44. 隐蔽工程和中间验收

44.1 没有监理工程师的批准，任何工程均不得覆盖或隐蔽。工程具备隐蔽条件或达到专用条款约定的中间验收部位，承包人进行自检，并在隐蔽或中间验收前48小时向监理工程师提出隐蔽工程或中间验收申请，通知监理工程师验收。通知的内容包括隐蔽或中间验收的内容、验收的时间和地点。承包人应准备验收记录，并提供必要的资料和协助。

44.2 如果监理工程师不能按时参加验收，应至少提前24小时发出延期验收指令并书面说明理由，延期不得超过 48 小时。如果监理工程师或其委派的代表未发出延期验收指令也未能到场验收，承包人可自行验收，并认为该验收是在监理工程师在场的情况下完成的。验收完成后，承包人应立即向监理工程师提交验收数据的有效证据，监理工程师应认可验收记录。

44.3 经验收工程质量符合标准与规范、设计要求的，监理工程师应在验收记录上签字，承包人可进行隐蔽或继续施工。验收合格 24 小时后，监理工程师不在验收记录上签字，视为监理工程师已认可验收记录。验收不合格，由承包人按监理工程师的指令修改后重新验收，并承担因而造成的发包人损失，工期不予顺延。

44.4 当监理工程师有指令时，承包人应对隐蔽工程进行拍摄或照相，保证监理工程师能充分检查和测量覆盖或隐蔽的工程。

45. 重新检验和额外检验

45.1 当监理工程师要求对已经隐蔽的工程重新检验时，承包人应按要求进行剥露或开孔，并在检验后重新覆盖或修复。如检验合格，则发包人承担因而发生的全部费用，赔偿承包人损失，工期相应顺延。如检验不合格，则承包人应按监理工程师的指令重新施工，承担因而发生的全部费用，工期不予顺延。

45.2 当监理工程师指示承包人进行相关规范或标准以及合同中没有规定的检（试）验，以核实工程某一部分或某种材料设备是否有缺陷时，承包人应按要求进行检（试）验或修复。如果该检（试）验表明确有缺陷存在，则检（试）验和试样的费用，发包人供应材料设备的，由发包人承担；承包人采购材料设备的，由承包人承担。如果该检（试）验表明没有缺陷，则由发包人承担检（试）验和试样的费用。

46. 工程试车

46.1 按合同约定需要试车的，试车的内容应与承包人承包的安装范围相一致。

46.2 设备安装工程具备单机无负荷试车条件时，承包人应组织试车，并在试车前 48 小时以书面形式通知监理工程师。通知包括试车内容、时间和地点。承包人应自行准备试车记录，发包人应为承包人试车提供便利和协助。

监理工程师不能按时参加试车，应至少在开始试车前 24 小时发出延期试车指令并书面说明理由，延期不能超过 48 小时。监理工程师未发出延期试车指令也未能按时参加试车，承包人可自行试车，并认为试车是在监理工程师在场的情况下完成的。试车完成后，承包人应立即向监理工程师提交试车数据的有效证据，监理工程师应认可试车记录。

46.3 单机试车合格，监理工程师应在试车记录上签字，承包人可继续施工或申请办理竣工验收手续。单机试车合格 24 小时后，监理工程师不在试车记录上签字的，视为监理工程师已认可试车记录。

46.4 设备安装工程具备联动无负荷试车条件时，发包人组织试车，并在试车前 48 小时以书面形式通知承包人。通知包括试车内容、时间、地点和对承包人的要求，承包人应按要求做好准备工作。试车合格，发包人和承包人应在试车记录上签字。

46.5 试车费用，除非已含在合同价款内，否则，由发包人承担。

试车达不到验收要求的，按下列规定处理：

（1）由于设计原因试车达不到验收要求，发包人应要求设计单位修改设计，承包人按修改后的设计重新安装。发包人承担修改设计、拆除及重新安装的全部费用，工期相应顺延。

（2）由于设备制造质量原因试车达不到验收要求，由该责任方负责重新购置或修理，承包人负责拆除和重新安装。设备由承包人采购的，由承包人承担修理或重新采购、拆除及重新安装的费用，工期不予顺延；设备由发包人供应的，发包人承担上述各项费用，并列入合同价款，工期相应顺延。

（3）由于承包人施工原因试车达不到验收要求，承包人按监理工程师要求重新安装和试车，并承担拆除、重新安装和重新试车的费用，工期不予顺延。

46.6　投料试车应在工程竣工验收后由发包人负责。如果发包人要求在工程竣工验收前进行或需要承包人配合时，应事先取得承包人同意，并另行签订补充协议。

47. 竣工资料

47.1　工程具备竣工验收条件，承包人应按规定的工程竣工验收技术资料格式和要求，向发包人提交完整的竣工资料及竣工报告，发包人承包人应按第 48 条规定进行验收。提交上述资料的费用已包含在合同价款中。

47.2　如果承包人不按规定提交竣工资料或提交的资料不符合要求，则认为工程尚未达到竣工条件。

48. 竣工验收

48.1　发包人收到承包人提交的竣工报告后，应在竣工报告中承包人提请发包人验收的日期起 28 天内组织验收，并在验收后 14 天内予以认可或提出修改意见。验收不合格，承包人应按要求修改后再次提请发包人验收，并承担因自身原因造成修改的费用，工期不予顺延。

48.2　发包人收到承包人提交的竣工报告后，在竣工报告中承包人提请发包人验收的日期起 28 天内不组织验收，或验收后 14 天内不提出修改意见，视为竣工报告已被认可。

48.3　发包人收到承包人提交的竣工报告后，在竣工报告中承包人提请发包人验收的日期起 28 天内不组织验收，从第 29 天起承担工程照管和一切意外责任。

48.4　竣工报告被认可，则表明已完成工程，并视为通过竣工验收，发包人应向承包人颁发工程竣工验收证书。

48.5　中间交工工程的范围及其计划竣工时间，发包人承包人应在专用条款中约定，其验收程序按第 48.1 款至第 48.4 款规定办理。

48.6　工程未经竣工验收或竣工验收未通过的，发包人不得使用。发包人强行使用的，视为工程质量合格，由此发生的质量问题及其他问题，由发包人承担责任。

48.7　工程竣工验收时发生工程质量争议，由双方同意的工程质量检测机构鉴定，工程质量符合国家规定的标准的，由发包人承担所需费用，工期相应顺延；工程质量不符合国家规定的标准的，承包人应按要求修改后再次提请发包人验收，并承担修改的费用，工期不予顺延。

49. 质量保修

49.1　承包人应在质量保修期内对交付发包人使用的工程承担质量保修责任，并在签订本合同的同时，与发包人签订"工程质量保修书"，作为本合同的附件（附件 3）。

49.2　质量保修期从竣工验收合格之日起计算，保修期由发包人承包人根据国家有关规定在附件 3 中约定。在质量保修期内，发包人发现质量缺陷的，应及时通知承包人修正，承包人应在收到通知后的7天内派人修正；发生紧急抢修事故的，承包人应在接到通知后立即到达事故现场抢修。

49.3 如果承包人未能在规定时间内修正某项质量缺陷，则发包人可自行或指派第三方修正缺陷，因此产生的费用由承包人承担。

49.4 承包人修正属于质量缺陷以外的费用，由责任方承担。

六、工程造价

50. 合同价款的确定方式

50.1 招标工程的合同价款由发包人承包人依据中标通知书中的中标价格在本合同协议书中约定。非招标工程的合同价款由发包人承包人依据报价书在本合同协议书中约定。

50.2 合同价款在协议书中约定后，任何一方不得擅自改变。下列三种确定合同价款的方式，双方可在专用条款中约定采用其中一种：

(1) 采用固定单价方式确定合同价款。执行《建设工程工程量清单计价规范》和黑龙江省关于工程量清单计价的有关规定，

(2) 采用固定总价方式确定合同价款。执行现行黑龙江省预算定额、费用定额及有关计价规定，或者执行《建设工程工程量清单计价规范》和黑龙江省关于工程量清单计价的有关规定（按照《黑龙江省实施〈建设工程价款结算暂行办法〉细则》的规定，工期较短、技术不复杂、风险不大且合同总价在200万元以内的工程，可以采用此方式）。

(3) 采用可调价格方式确定合同价款。执行现行黑龙江省预算定额、相应的费用定额及有关计价规定。

51. 合同价款的调整

51.1 采用50.2(1)款方式确定合同价款的，合同价款的调整因素包括：

(1) 工程量的偏差；

(2) 工程变更；

(3) 法律、法规、国家有关政策及物价的变化；

(4) 费用索赔事件或发包人负责的其他情况；

(5) 一周内非承包人原因停水、停电、停气造成的停工累计超过8小时；

(6) 专用条款约定的其他调整因素。

本款(1)、(2)、(3)调整因素应分别按第56、57、58、72、73条的规定调整合同价款。

51.2 采用50.2(2)款方式确定合同价款的，双方在专用条款中约定合同价款包含的风险范围和风险费用的计算方法，在约定的风险范围内合同价款不再调整。风险范围以外的合同价款调整方法，双方应当在专用条款中约定。包括以下调整因素：

(1) 工程变更；

(2) 法律、法规、国家有关政策及物价的变化；

(3) 费用索赔事件或发包人负责的其他情况；

(4) 一周内非承包人原因停水、停电、停气造成的停工累计超过8小时；

(5) 专用条款约定的其他调整因素。

本款(1)、(2)调整因素应分别按第56、57、58条的规定调整合同价款。

51.3　采用50.2（3）款方式确定合同价款的，双方在专用条款中约定合同价款的调整方法、材料价差的调整方法、各项费率的具体标准等。合同价款的调整因素包括：

（1）工程变更；

（2）法律、法规和国家有关政策变化；

（3）费用索赔事件或发包人负责的其他情况；

（4）工程造价管理机构发布的造价调整；

（5）一周内非承包人原因停水、停电、停气造成的停工累计超过8小时；

（6）专用条款约定的其他调整因素。

本款（1）、（2）调整因素应分别按第56、57、58.2条的规定调整合同价款。

如果施工过程中不发生第56条规定的工程变更，投标书或报价书中的工程量不予调整。

52. 工程计量和计价

52.1　工程的计量和计价由造价工程师（或造价员）负责。造价工程师（或造价员）应按照合同约定，依据国家标准《建设工程工程量清单计价规范》GB 50500—2013、××省消耗量定额、××省预算定额（估价表）、××省建筑安装工程费用定额和××省有关计价规定进行工程计量和计价。

52.2　承包人应按第62.1款规定向造价工程师（或造价员）提交已完工程款额报告。造价工程师（或造价员）应在收到报告后的7天内核实工程量，并将核实结果通知承包人、抄报发包人，作为工程计价和工程款支付的依据。

52.3　当造价工程师（或造价员）进行现场计量时，应在计量前24小时通知承包人，承包人应为计量提供便利条件并派人参加。承包人收到通知后不派人参加计量，视为认可计量结果。造价工程师（或造价员）不按约定时间通知承包人，致使承包人未能派人参加计量，计量结果无效。

52.4　造价工程师（或造价员）收到承包人按第62.1款规定提交的已完工程款额报告后7天内，未进行计量或未向承包人通知计量结果的，从第8天起，承包人报告中开列的工程量即视为被确认，作为工程计价和工程款支付的依据。

52.5　如果承包人认为造价工程师（或造价员）的计量结果有误，应在收到计量结果通知后的7天内向造价工程师（或造价员）提出书面意见，并附上其认为正确的计量结果和详细的计算过程等资料。造价工程师（或造价员）收到书面意见后，应立即会同承包人对计量结果进行复核，确定计量结果，同时通知承包人、抄报发包人。承包人对复核计量结果仍有异议或发包人对计量结果有异议的，按照第67条规定处理。

52.6　对承包人超出设计图纸范围和因承包人原因造成返工的工程量，造价工程师不予计量。

53. 暂列金额

53.1　暂列金额是招标人在工程量清单中暂定并包括在合同价款中的一笔款项。

53.2　经发包人批准后，监理工程师应就承包人实施第53.1款规定的工作发出指令。造价工程师（或造价员）就此项指令提出所需价款，经发包人确认后支付。

53.3　造价工程师有要求时，承包人应提供使用暂列金额的所有报价单、发票、账单或收据。

54. 计日工

54.1　承包人投标文件（或报价书）中的计日工单价用于在施工过程中完成发包人提出的施工图纸以外的零星项目或工作计价。经发包人批准后，监理工程师应就使用计日工的工作发出书面指令。造价工程师（或造价员）按实际数量和承包人投标文件（或报价书）中的计日工单价的乘积计算并提出此类工作所需价款，经发包人确认后向承包人支付。

54.2　所有按计日工方式支付的工作，承包人应按计日工表格做好记录。当此工作持续进行时，承包人应每天将记录完毕的计日工表一式两份送交给监理工程师。监理工程师在收到承包人提交记录的 2 天内予以确认，并将其中一份返还给承包人，作为工程计价和工程款支付的依据。逾期未确认或未提出修改意见的，视为监理工程师已认可记录。

54.3　计日工费用与工程进度款同期支付。每个支付期末，承包人应按第 62.1 款规定向发包人提交本期间所有计日工记录汇总表，以说明本期间自己认为有权获得的计日工费用。

55. 提前竣工奖与误期赔偿费

55.1　发包人与承包人可在专用条款中约定提前竣工奖，明确每日历天应奖额度。约定提前竣工奖的，如果承包人的实际竣工日期早于协议书约定的竣工日期或监理工程师同意顺延的竣工日期，承包人有权向发包人提出并得到提前竣工奖。除专用条款另有约定外，提前竣工奖的最高限额为合同价款的 5%。提前竣工奖列入竣工结算文件中，与竣工结算款一并支付。

55.2　发包人承包人应在专用条款中约定误期赔偿费，明确每日历天应赔付额度。如果承包人的实际竣工日期迟于协议书约定的竣工日期或监理工程师同意顺延的竣工日期，发包人有权向承包人索取专用条款中约定的误期赔偿费。除专用条款另有约定外，误期赔偿费的最高限额为合同价款的 5%。发包人可从应支付或到期应支付给承包人的款项中扣除误期赔偿费。

如果在工程竣工之前，发包人已对合同工程内的某单项工程签发了竣工验收证书，且竣工验收证书中表明的竣工日期并未延误，而是工程的其他部分产生了工期延误，则误期赔偿费应按已签发竣工验收证书的工程价值占合同价款的比例予以减少。

56. 工程变更

56.1　没有监理工程师指令并取得发包人批准，承包人应按合同约定施工，不得进行任何变更。工程量的偏差不属于工程变更，该项工程量增减不需要任何指令。

56.2　合同履行期间，发包人可对工程或其任何部分的形式、质量或数量作出变更。为此，监理工程师应至少提前 14 天以书面形式向承包人发出变更指令，提供变更的相应图纸及其说明等资料。承包人应按照监理工程师发出的变更指令和要求，及时进行工程变更。变更项目包括：

（1）本合同中任何工程数量的改变（不含工程量的偏差）；

（2）任何工作的删减，但不包括取消拟由发包人或其他承包人实施的工程；

（3）任何工作内容的性质、质量或其他特征的改变；

（4）工程任何部分的标高、基线、位置和（或）尺寸的改变；

（5）工程完工所必须的任何附加工作的实施；

（6）工程的施工次序和时间安排的改变。

56.3　合同履行期间，承包人可以提出工程变更建议。变更建议应以书面形式向监理工程师提出，同时抄送发包人，详细说明变更的原因、变更方案及合同价款的增减情况。

发包人采纳承包人的建议给发包人带来的利益，由发包人承包人另行约定分享比例。

56.4　如果发包人要求承包人提交一份工程变更建议书，则承包人应在7天内做出书面回应，该建议书的内容至少应包括：

（1）对所涉及工作的说明，以及实施的进度计划；

（2）对原进度计划做出的必要修改；

（3）因变更所需调整的金额。

发包人应在接到建议书后的7天内予以答复。在等待答复期间内，承包人不得延误任何工作。

56.5　工程变更不应使合同作废或无效。工程变更导致合同价款的增减，按第57条规定确定，工期相应调整。但是，如果变更是由于下列原因导致或引起的，则承包人无权要求任何额外或附加的费用，工期不予顺延：

（1）为了便于组织施工需采取的技术措施的变更或临时工程的变更；

（2）为了施工安全、避免干扰等原因需采取的技术措施的变更或临时工程的变更；

（3）因承包人的违约、过错或承包人负责的其他情况导致的变更。

57. 工程变更价款的确定

57.1　承包人应在工程变更确定后的14天内向造价工程师（或造价员）提出工程变更价款报告；如承包人未在工程变更确定后的14天内提出工程变更价款报告，则造价工程师（或造价员）可以在报经发包人批准后，根据掌握的实际资料决定是否调整合同价款以及调整的金额。变更合同价款按下列方法进行：

（1）合同中已有适用于变更工程的价格，按合同已有的价格变更合同价款；

（2）合同中只有类似于变更工程的价格，可以参照类似价格变更合同价款；

（3）合同中没有适用或类似于变更工程的价格，由承包人提出适当的变更价格，经造价工程师（或造价员）核实，并经发包人确认后执行。

57.2　造价工程师（或造价员）在收到工程变更价款报告之日起14天内对其核实，并予以确认或提出修改意见。造价工程师（或造价员）在收到工程变更价款报告之日起14天内未确认也未提出修改意见的，视为工程变更价款报告已被确认。造价工程师（或造价员）提出修改意见的，双方应在承包人收到修改意见后的14天内进行协商确定；协商不能达成一致的，由造价工程师（或造价员）暂定工程变更价款，通知承包人并抄报发包人。工程变更价款被确认或被暂定后列入合同价款，与工程进度款同期支付。

57.3　如果因为非承包人原因删减了合同中的某项原定工作或工程，致使承包人发生的费用或（和）预期收益不能被包括在其他已支付或应支付的项目中，也未包含在任何替代的工作或工程中，则承包人有权按照本条规定提出和得到补偿。

58. 法律、法规、国家有关政策及物价的变化

58.1　合同履行期间，当工程造价管理机构发布的人工、材料、设备价格或机械台班价格涨落超过合同工程基准期（招标工程为递交投标文件截止日期前28天；非招标工程为订立合同前28天。下同）价格10%或者专用条款中约定的幅度时，发包人承包人不利一方应在事件发生的14天内通知另一方，超过10%（或专用条款中约定的幅度）的部

分，按专用条款中约定的调整方法调整合同价款。否则，除征得有利一方同意外，合同价款不作调整。

58.2　如果在合同工程基准期以后，国家或省颁布的法律、法规出现修改或变更，且因执行上述法律、法规致使承包人在履行合同期间的费用发生了第58.1款规定以外的增减，则应调整合同价款。调整的合同价款由承包人依据实际变化情况提出，经造价工程师（或造价员）核实，并经发包人确认后调整合同价款。

59. 支付事项

59.1　发包人应按下列规定向承包人支付工程款及其他各种款项：

(1) 预付款按第60条的规定支付；

(2) 安全生产措施费按第61条规定支付；

(3) 进度款按第62条的规定支付；

(4) 竣工结算款按第64条的规定支付；

(5) 质量保证金按第65条的规定支付。

59.2　如果发包人支付延迟，则承包人有权按专用条款约定的利率计算和得到利息。计息时间从应支付之日算起直到该笔延迟款额支付之日止。专用条款没有约定利率的，按照中国人民银行发布的同期同类贷款利率计算。

59.3　如果造价工程师（或造价员）有要求，承包人应向造价工程师提供其对雇员劳务工资、分包人已完工程和供应商已提供材料设备的支付凭证。如果承包人未能提供上述凭证，视为承包人未向雇员、分包人、供应商支付。

59.4　如果承包人不按雇员劳动合同和政府有关规定支付雇员劳务工资、或不按分包合同支付分包人工程款、或不按购销合同支付材料设备供应商货款的，可认为承包人违约。若在造价工程师（或造价员）书面通知改正之后的7天内，承包人仍未采取措施补救的，发包人可在不损害承包人其他权利的前提下，实施下列工作：

(1) 立即停止向承包人支付应付的款项；

(2) 在合同履行相应时期的工程价款范围内，直接向雇员、分包人和材料设备供应商支付承包人应付的款项。

发包人在实施上述工作后的14天内应以书面形式通知承包人，抄送造价工程师（造价员）。下期支付时，应扣除已由发包人直接支付的款项。因上述工作发生的费用由承包人承担；给发包人造成损失的，承包人应赔偿损失。

59.5　除非经承包人同意，否则，本条规定的各种款项的支付必须以法定货币形式支付，不得以实物或有价证券抵付。

60. 预付款

60.1　发包人应在合同约定的开工之日前7天内预付工程款，双方在专用条款中约定预付工程款的金额（扣除安全生产措施费）和支付办法。重大工程项目可按年度施工进度或投资计划逐年预付。

60.2　发包人没有按时支付预付款的，承包人可在付款期限满后向发包人提出付款要求，发包人在收到付款要求后的7天内仍未按要求支付的，承包人可在提出付款要求后的第8天起暂停施工，因此造成的损失由发包人承担，工期相应顺延。

60.3　发包人不应向承包人收取预付款的利息。预付款应依据专用条款约定的抵扣方式，从应支付给承包人的款项中扣回。

61. 安全生产措施费

61.1　发包人与承包人应按××省建设行政主管部门的规定，在专用条款中明确安全生产措施费的内容、范围和金额，并按第37条规定做好安全生产和文明施工工作。专用条款没有约定的，安全生产措施费的内容、范围和金额应以××省现行有关规定为准。

61.2　发包人承包人应按××省建设行政主管部门的规定在专用条款中明确安全生产措施费的预付金额、预付时间、支付办法和抵扣方式。发包人应在开工前向承包人预付50％的安全生产措施费，主体完工后应全部支付。工程结算时，安全生产措施费按××省建设行政主管部门的规定计取。

61.3　安全生产措施费专款专用，设立专项资金账户，承包人应在财务账目中单独列项备查，不得挪作他用，否则造价工程师（或造价员）有权责令限期改正；逾期未改正的，可以责令其暂停施工，因此造成的损失由承包人承担，延误的工期不予顺延。

62. 进度款

62.1　发包人承包人应在专用条款中明确进度款的支付期的时限。专用条款没有约定的，支付期间按月为单位。承包人应在每个支付期间结束后的7天内向造价工程师（或造价员）发出由承包人代表签署的已完工程款额报告，详细说明此支付期间自己认为有权获得的款额，包括分包人、指定分包人已完工程的价款，并抄送发包人和监理工程师各一份。

已完工程款额报告应包括已完工程的工程量和工程价款、已经支付的工程价款、本期间完成的工程量和工程价款、其他应在本期结算的工程价款、按合同约定应在本期扣除的工程价款、本期间应支付的工程价款。

62.2　造价工程师（或造价员）在收到上述资料后，应按第52条的规定进行计量，并报送发包人确认。发包人应在造价工程师（或造价员）报送计量结果后3天内予以确认，并向承包人支付进度款。

62.3　如果造价工程师未在第62.2款规定的期限内进行计量，则视为承包人的已完工程款额报告已被认可，承包人可向发包人发出要求付款的通知。发包人应在收到通知后的7天内，按承包人已完工程款额报告中的金额支付进度款。

62.4　发包人未按第62.2款和第62.3款规定支付进度款的，承包人有权根据第59.2款规定获得延迟支付的利息，并可向发包人提出付款要求。发包人在收到付款要求后的7天内仍未按要求支付的，承包人可在提出付款要求后的第8天起暂停施工，因此造成的损失由发包人承担，工期相应顺延。

62.5　造价工程师（或造价员）有权在支付进度款时修正以前各期支付中的错误。如果工程或其任何部分没有达到质量要求，造价工程师有权在任何一期支付进度款时扣除该项价款。

63. 费用索赔

63.1　如果承包人根据合同约定提出任何费用或损失的索赔时，应在该索赔事件首次发生的14天内向造价工程师（或造价员）发出索赔意向书，并抄送发包人。

63.2　在索赔事件发生时，承包人应保存当时的记录，作为申请索赔的凭证。造价工程师（或造价员）在接到索赔意向书时，无需认可是否属于发包人责任，应先审查记录并可指示承包人进一步作好补充记录。承包人应配合造价工程师（或造价员）审查其记录，在造价工程师（或造价员）有要求时，应当向造价工程师（或造价员）提供记录的复印件。

63.3　在发出索赔意向书后的14天内，承包人应向造价工程师（或造价员）提交索赔报告和有关资料。如果索赔事件持续进行时，承包人应每隔7天向造价工程师（或造价员）发出索赔意向书，在索赔事件终了后的14天内，提交最终索赔报告和有关资料。

63.4　如果承包人提出的索赔未能遵守第63.1款至第63.3款，则承包人无权获得索赔或只限于获得由造价工程师按提供记录予以核实的那部分款额。

63.5　造价工程师（或造价员）在收到承包人提供的索赔报告和有关资料后的28天内予以核实或要求承包人进一步补充索赔理由和证据，并与发包人和承包人协商确定承包人有权获得的全部或部分的索赔款额；协商不能达成一致的，由造价工程师（或造价员）暂定，通知承包人并抄报发包人。如果造价工程师（或造价员）在规定期限内未予答复也未对承包人作出进一步要求，视为该项索赔已经认可。

63.6　承包人未能按合同约定履行各项义务或发生错误，给发包人造成损失，发包人可按本条规定的时限和要求向承包人提出索赔。

63.7　造价工程师（或造价员）应根据第63.5款和第63.6款规定将确定或暂定的结果通知承包人并抄报发包人。索赔款额列入合同价款，与工程进度款或竣工结算款同期支付或扣回。

64. 竣工结算

64.1　发包人与承包人应按财政部、住建部颁发的《建设工程价款结算暂行办法》规定的程序和时限办理竣工结算。在办理竣工结算期间，按第59条规定的支付不停止。

64.2　承包人应在提交竣工报告的同时向造价工程师（或造价员）递交由承包人签署的竣工结算报告，并附上完整的结算资料，同时抄送发包人和监理工程师各一份。

在未取得延期的情况下，承包人未按本款规定的时间递交竣工结算报告的，造价工程师（或造价员）可根据自己掌握的情况编制竣工结算文件，在报经发包人批准后作为竣工结算和支付的依据，承包人应予以认可。

64.3　造价工程师（或造价员）在收到承包人按第64.2款规定递交的报告和资料后，应按照第64.1款规定的时限进行核实，并向承包人提出核实意见（包括进一步补充资料和修改结算文件），同时抄报发包人。承包人在收到核实意见后的14天内按造价工程师（或造价员）提出的合理要求补充资料，修改竣工结算报告，并再次递交竣工结算报告和结算资料。承包人在收到核实意见后的14天内，不确认也未提出异议的，视为造价工程师（或造价员）提出的核实意见已经认可，竣工结算办理完毕。

造价工程师（或造价员）在收到报告和资料后未按照第64.1款规定的时限进行核实的，视为承包人递交的竣工结算报告和结算资料已经认可，发包人应向承包人支付工程结算价款。

64.4　造价工程师应在收到承包人按第64.3款规定再次递交的报告和资料后，应在14天内进行复核，并将复核结果通知承包人、抄报发包人。

（1）经复核无误的，除属于第67条规定的争议外，发包人应在7天内予以认可并在竣工结算报告上签字确认，竣工结算报告生效。

（2）经复核认为有误的：无误部分按本款第（1）点规定办理不完全竣工结算；有误部分由造价工程师（或造价员）与发包人承包人协商解决，或按照第67条规定处理。

64.5 发包人应在竣工结算报告生效后的14天内向承包人支付竣工结算价款。承包人收到竣工结算价款后14天内将竣工工程交付发包人。

64.6 发包人未按第64.5款规定支付竣工结算价款的，承包人有权依据第59.2款规定取得延迟支付的利息，并可催告发包人支付结算价款。竣工结算报告生效后28天内仍未支付的，承包人可与发包人协商将该工程折价，也可直接向人民法院申请将该工程依法拍卖，承包人就该工程折价或拍卖价款优先受偿。

64.7 承包人未按64.2款规定向发包人提交竣工结算报告及完整的结算资料，拖延工程竣工结算的，发包人要求交付工程，承包人应当交付；发包人不要求交付工程，承包人承担照管工程责任。

64.8 因工程性质或政府管理等方面的需要，发包人对工程竣工结算有特殊要求的，应在专用条款中约定。

65. 质量保证金

65.1 质量保证金是用于承包人对工程质量的担保。承包人未按约定及有关法律法规的规定履行质量保修义务的，发包人有权从质量保证金中扣留用于质量返修的各项支出。

65.2 除专用条款中另有约定外，质量保证金为合同价款的5%，发包人将按该比例从每次应支付给承包人的工程款中扣留。

65.3 工程竣工验收合格满二年后的28天内，发包人应将剩余的质量保证金和利息返还给承包人。剩余质量保证金的返还，并不能解除承包人按合同约定应负的质量保修责任。

66. 其他

本合同中对有关工程造价、支付事项、竣工结算、保修、索赔、工程变更、计价依据等事项没有约定或约定不明确的，按照《××省建设工程造价计价管理办法》《××省实施〈建设工程价款结算暂行办法〉细则》、××省工程造价计价依据等有关规定执行。

七、合同争议、解除与终止

67. 合同争议

67.1 本合同履行期间，合同双方应在收到监理工程师或造价工程师（或造价员）依据合同约定作出暂定结果之后的14天内，对暂定结果予以确认或提出意见。

合同双方对暂定结果认可的，应以书面形式予以确认，暂定结果成为最终决定，对合同双方都有约束力；合同双方或一方不同意暂定结果的，应以书面形式向监理工程师或造价工程师（或造价员）提出，说明自己认为正确的结果，同时抄送另一方，此时该暂定结果成为争议。除非本合同已解除，在暂定结果不实质影响双方履约的前提下，双方应尽量实施该结果，直到其被改变为止。

合同双方在收到监理工程师或造价工程师（或造价员）的暂定结果之后的14天内，未对暂定结果予以确认也未提出意见的，视为合同双方已认可暂定结果。

67.2 争议发生后的14天内，合同双方可进一步进行协商。协商达成一致的，双方应签订书面协议，并将结果抄送监理工程师或造价工程师（或造价员）；协商仍不能达成一致的，按第67.3款至第67.5款规定进行调解或认定、仲裁或诉讼。

67.3 合同双方没有按第 67.2 款规定进一步协商的，或虽然协商但未在规定期限内达成一致的，合同双方或一方应在争议发生后的 28 天内，将争议提交有关主管部门调解或认定，或直接按第 67.5 款规定提请仲裁或诉讼。

合同双方或一方逾期既未将争议提交有关主管部门调解或认定，也未提请仲裁或诉讼的，视为合同双方已认可暂定结果，暂定结果成为最终决定，对合同双方都有约束力。

67.4 有关主管部门在收到争议调解或认定请求后，可组织调查、勘察、计量等工作，合同双方应为其开展工作提供便利和协助。有关主管部门应就争议做出书面调解或认定结果，并通知合同双方。

67.5 合同双方协商不成或对有关主管部门作出的书面调解或认定结果不认可，可按专用条款约定的下列一种方式解决争议：

（1）向约定的仲裁委员会申请仲裁；

（2）向有管辖权的人民法院提起诉讼。

67.6 争议期间，除出现下列情况，双方都应继续继续履行合同，保持施工连续，保护好已完工程：

（1）双方协议停止施工；

（2）一方违约导致合同确已无法履行而停止施工；

（3）调解时双方同意停止施工；

（4）仲裁机构或法院认为需要停止施工。

68. 合同解除

68.1 发包人承包人协商一致，可以解除合同。

68.2 因不可抗力致使合同无法继续履行，发包人承包人可以解除合同。

68.3 承包人有下列情形之一者，发包人可以解除合同：

（1）承包人未能在规定的开工期限内开工，经监理工程师催告后的 28 天内仍未开工的；

（2）进度计划未表明有停工而且监理工程师也未授权停工，但承包人停止施工时间持续达 28 天或累计停止施工时间达 42 天的；

（3）承包人破产或清偿的，但为机构重组或联合的目的除外；

（4）承包人拖延完工而可偿付的误期赔偿费已达专用条款约定最高限额的；

（5）承包人明确表示不履行合同规定的主要义务的；

（6）承包人未遵守合同约定或监理工程师的指令，经监理工程师书面指出后仍未按要求改正的；

（7）承包人在投标过程中或履行合同期间参与欺诈行为的；

（8）承包人转包工程、违法分包或未经许可擅自分包工程的；

（9）承包人严重违反合同的其他违约行为。

在上述情况下，发包人可自行或指派第三方实施、完成合同工程或其任何部分，并可使用根据第 12.2 款留下的承包人施工机械、周转性材料和临时工程，直至工程完工为止。

68.4 发包人有下列情形之一者，承包人可以解除合同：

（1）非承包人原因不能在规定期限内开工，经承包人催告后的 28 天内仍无法开工的；

（2）非承包人原因造成暂停施工持续了 84 天以上或累计停工时间超过了 140 天的；

（3）发包人破产或清偿的，但为机构重组或联合的目的除外；

（4）发包人未按合同约定向承包人支付工程款，经承包人催告后的 28 天内仍未支付的；

（5）发包人未履行合同约定的义务，致使承包人无法继续施工的；

（6）发包人提供的设计图纸存在缺陷或供应的材料设备不符合强制性标准，致使承包人无法施工，经承包人催告后 28 天内仍未修正或更换的；

（7）发包人严重违反合同的其他违约行为。

68.5　合同一方根据第 68.2 款至第 68.4 款规定要求解除合同的，应以书面形式向另一方发出解除合同的通知，对方收到通知时合同即告解除。对解除合同有争议的，应按第 67 条规定处理。

68.6　合同一旦解除，承包人应立即停止施工，保证现场安全，尽快撤离现场，并将所有与本合同有关的施工文件、设计文件移交给监理工程师。发包人应为承包人的撤离提供便利和协助。

69. 合同解除的支付

69.1　根据第 68.1 款规定解除合同的，按达成的协议办理结算和支付工程价款。

69.2　根据第 68.2 款规定解除合同的，发包人应向承包人支付合同解除之日前已完成的尚未支付的工程款。此外，发包人还应支付下列款项：

（1）已实施或部分实施的措施项目费应付款额；

（2）承包人为工程合理订购且已交付的材料设备款额。发包人一经支付此项款额，该材料设备即成为发包人的财产；

（3）承包人为完成合同工程而预期开支的任何合理款额，且该项款额未包括在本款其他各项支付之内；

（4）根据第 25.3 款规定的任何工作应得到的款额；

（5）根据第 68.6 款规定承包人撤离现场所需的合理款额，包括雇员遣送费和临时工程的拆除、施工机械运离现场的款额。

发包人承包人按第 64 条规定办理，但扣除合同解除之日前发包人应向承包人收回的任何款额。如果应扣除的款额超过了应向承包人支付的款额，则承包人应在合同解除后的 56 天内将其差额退还给发包人。

69.3　根据第 68.3 款规定解除合同的，发包人暂停向承包人支付任何款额，造价工程师（或造价员）应在合同解除后的 28 天内核实合同解除时承包人已完成的全部工程价款以及已运至现场的材料设备的价款，并扣除误期赔偿费（如有）和发包人已支付给承包人的各项款额，同时将结果通知承包人并抄报发包人。发包人承包人应在收到核实结果后的 28 天内予以确认或提出意见，并按第 64.4 款第（1）点、第（2）点规定办理。如果应扣除的款额超过了应向承包人支付的款额，则承包人应在合同解除后的 56 天内将其差额退还给发包人。

69.4　根据第 68.4 款规定解除合同的，发包人除应按第 69.2 款规定向承包人支付各项款额外，还应支付给承包人由于合同解除而引起的或涉及的对承包人的损失或损害的款额。该笔款额由承包人提出，造价工程师（或造价员）核实后与发包人承包人协商确定，并在确定后的 14 天内支付给承包人。协商不能达成一致的，按照第 67 条规定处理。

70. 合同终止

70.1　合同解除后，除双方享有第 67 条至第 69 条规定的权利外，本合同即告终止，但不损害因一方在此以前的任何违约而使另一方应享有的权利，也不影响双方在合同中约定的结算和清理条款的效力。

70.2　除第 49 条和第 65 条规定的工程质量保修外，发包人承包人履行完合同全部义务，发包人向承包人支付竣工结算价款完毕，承包人向发包人交付竣工工程后，本合同即告终止。

70.3　本合同的权利义务终止后，发包人承包人仍应当遵循诚实信用原则，履行通知、协助、保密等义务。

八、采用工程量清单计价的工程应特别遵循的约定

71. 工程量

71.1　工程量清单中开列的工程量应包括由承包人完成施工、安装等工作内容，其任何遗漏或错误既不能使合同无效，也不能免除承包人按照图纸、标准与规范实施合同工程的任何责任。对于依据图纸、标准与规范应在工程量清单中计量但未计量的工作，应根据第 57 条规定确定合同价款的增加额。

71.2　工程量清单中开列的工程量是根据工程设计图纸提供的预计工程量，不能作为承包人履行合同义务中应予完成合同工程的实际和准确工程量。

发包人应按承包人实际完成的工程量及其在工程量清单项目中填报的综合单价的乘积向承包人支付工程价款。

72. 工程量的偏差

72.1　工程量的偏差是指承包人按招标工程招标时（非招标工程按合同签订时）的图纸（含经发包人批准由承包人提供的图纸和履行本合同的相关大样图等）实施、完成工程的实际工程量与工程量清单开列的工程量之间的偏差。

72.2　对于任一分部分项工程的清单项目，如果因本条规定工程量的偏差和第 56 条规定工程变更等原因导致最终完成的工程量与工程量清单中开列的工程量相差 10%以上，则超过 10%幅度以外的，其增加部分的工程量或减少后剩余部分的工程量的综合单价，除专用条款另有约定外，由承包人按第 64.2 款规定在递交竣工结算文件时向发包人提出调整后的清单项目综合单价，按以下规定调整分部分项工程清单项目结算价：

（1）当 $Q_1 > 1.1Q_0$ 时，$C = 1.1Q_0 \times P_0 + (Q_1 - 1.1Q_0) \times P_1$；

（2）当 $Q_1 < 0.9Q_0$ 时，$C = Q_1 \times P_1$

式中　C——调整后的分部分项工程清单项目结算价；

Q_1——最终完成的工程量；

Q_0——工程量清单中开列的工程量；

P_1——调整后的清单项目综合单价；

P_0——承包人在报价文件中填报的综合单价。

以上调整由造价工程师（或造价员）按照 64.3 款规定在核实竣工结算时予以核实，并经发包人确认后计入竣工结算。

72.3　如果工程量的偏差使分部分项工程项目费的变化超过了 10%，则分部分项工程项目费超过 15%部分的措施项目费应予调整。除专用条款另有约定外，由承包人按第

64.2 款规定在递交竣工结算文件时向发包人提出，并按以下规定调整措施项目费：

（1）当 $S_1 > 1.1S_0$ 时，$M_1 = M_0 \times (S_1/S_0 - 0.1)$；

（2）当 $S_1 < 0.9S_0$ 时，$M_1 = M_0 \times (0.1 + S_1/S_0)$

式中 S_1——最终完成的分部分项工程项目费；

S_0——承包人报价文件中填报的分部分项工程项目费；

M_1——调整后的结算措施项目费；

M_0——承包人在报价文件中填报的措施项目费。

以上调整由造价工程师（或造价员）按照 64.3 款规定在核实竣工结算时予以核实，并经发包人确认后计入竣工结算。

73. 工程变更造成措施项目变化，措施项目费的确定

当工程变更将造成措施项目发生变化时，承包人有权提出调整措施项目费。承包人提出调整措施项目费的，应事先将拟实施的方案提交监理工程师确认，并详细说明与原方案措施项目的变化情况。拟实施的方案经监理工程师认可，并报发包人批准后执行。

工程变更部分的措施项目费，由承包人按实际发生的措施项目，依据变更工程资料、计量规则和计价办法、工程造价管理机构发布的参考价格，按第 64.2 款规定在递交竣工结算文件时向发包人提出调整价款，由造价工程师（或造价员）按照 64.3 款规定在核实竣工结算时予以核实，并经发包人确认后计入竣工结算。

如果承包人未按本条规定事先将拟实施的方案提交给监理工程师，则认为工程变更不引起措施项目费的调整或承包人放弃调整措施项目费的权利。

九、其他

74. 税费缴纳

74.1 发包人、承包人及其分包人应按照国家现行《税法》和有关部门现行规定缴纳合同工程需缴的一切税费。

74.2 合同任何一方没交或少交合同工程需缴税费的，由违法方承担一切责任；给另一方造成损失的，应赔偿其损失。

75. 保密要求

75.1 合同双方应在合同规定期限内提供保密信息。自对方收到保密信息之日起，双方应履行保密义务；除双方另有约定外，保密义务不因合同完成而终止。

75.2 合同双方仅允许因执行本合同而使用另一方提供的保密信息。任何一方不得将另一方相关的或属于另一方所有的保密信息提供给第三方。任何一方不得超出允许范围从另一方复制、摘录和转移任何保密信息。任何保密信息的公布，均应事先征得提供方的书面同意。

75.3 双方应以保护自身秘密的谨慎态度采取有效措施保护另一方的保密信息，避免保密信息被不当公开或使用。任何一方若发现有第三方盗用或滥用另一方保密信息时，应及时通知另一方。

75.4 如果法律法规或政府执法、监督管理等有要求，合同任何一方应积极配合和支持，并提供需要的保密信息。需提供另一方保密信息的，应立即通知另一方，以便另一方及时履行义务。若另一方未能及时作出回应的，除依法应提供另一方信息外，应尽最大努力维护另一方合法权益。

75.5　保密信息包括但不限于双方确认的信息，以及与材料设备产品、价格、工程设计、图纸、技术、工艺和财务等相关信息。但不包括下述信息：

（1）提供前已由双方所持有的；

（2）已公开发表或非对方原因向公众公开的；

（3）已由各相关方书面同意其公开的；

（4）对方从对保密信息不承担保密义务的第三方合法获得的。

76. 合同份数

76.1　除专用条款另有约定外，发包人应按第76.2款、第76.3款规定的份数免费为承包人提供合同文本。

76.2　本合同正本两份，由发包人承包人分别保存一份。

76.3　本合同副本份数，由双方根据需要在专用条款中约定。正本与副本具有同等效力。

77. 补充条款

双方根据有关法律、法规、规章及有关文件规定，结合工程实际，经协商一致后，可对本通用条款内容具体化、补充或修改，在专用条款中约定。

第二部分　专　用　条　款

一、总则

2. 合同文件及解释顺序

2.1　（10）组成合同的其他文件：按通用条款第 2.1 条顺序执行，增加“招标文件、澄清纪要及补充文件”为合同的组成文件，位置列在放于“中标通知书”之后，“投标文件及其附件”之前，其余不变。

3. 语言文字和适用法律、标准及规范

3.2　适用法律和法规

需要明示的法律、法规、规章及有关文件：执行通用条款

3.3　适用标准规范

约定适用的标准、规范名称：详见招标文件及图纸

发包人提供标准、规范、技术要求的时间：无

4. 图纸

4.1　发包人向承包人提供图纸日期和套数：合同签订后 3 天内，发包人向承包人提供 4 套图纸发包人对图纸的保密要求：执行通用条款第 4.2 条。

5. 通信联络

5.2　各方通信地址、收件人及其他送达方式

（1）各方通信地址和收件人

发 包 人（1）

通信地址：________________

收 件 人：________________

邮　　编：________________

发包人（2）

通信地址：________________

收 件 人：________________

邮　　编：________________

承 包 人

通信地址：________________

收 件 人：________________

邮　　编：________________

监理单位

通信地址：________________

收 件 人：________________

邮　　编：________________

造价咨询单位

通信地址：________________

收 件 人：________________

邮　　编：________________

（2）视为送达的其他方式：______

6. 工程分包

6.1　（3）指定分包工程：按招标文件及投标文件

7. 文物和地下障碍物

7.2　发包人指出的地下障碍物：执行通用条款第 7.2 条

12. 财产

12.1　关于施工机械的约定：执行通用条款第 12 条

二、合同主体

13. 发包人

13.1　发包人完成下列工作的约定

（1）办理土地征用、拆迁工作、平整工作场地、施工合同备案等工作，使施工场地具备施工条件的时间：以招标人通知的为准

（2）施工所需水、电、通信线路接通的时间及地点：进场后约定

（3）开通施工现场与城乡公共道路间的约定：发包人负责

（4）执行通用条款

（5）办理有关所需证件的约定：以不影响工程开工为前提

（6）组织现场交验的时间：开工前 3 日内

（7）组织图纸会审和设计交底的约定：签订合同后 5 日内完成图纸会审及设计交底

（8）执行通用条款

（9）发包人应做的其他工作及其约定：______

委托给承包人负责的部分工作有：协助发包人办理相关手续。

13.2　支付期及支付方式的约定

（1）工程价款支付期限

■按合同价款支付的有关规定

□其他特殊说明：______

（2）工程价款支付方式

■按协议书所注明的账号银行转账

□支票支付

□其他方式：______

14. 承包人

14.1　承包人有关工作的约定

（4）向发包人提供施工现场办公和生活的房屋设施的时间和要求：向发包人及监理单位各提供一间现场办公用房，使用面积 $30m^2$。

费用承担：由承包人承担。

（9）承包人应做的其他工作及要求：搞好施工现场的安全生产、文明施工。

14.2　承包人负责的设计的约定

（1）合同规定由承包人负责的设计：无

（2）承包人提供设计的时间：无

（3）费用承担：______

16. 发包人代表

16.1　发包人代表及其权力的限制

(1) 发包人任命的发包人代表时将书面通知

联络通信地址如下：

通信地址：________________邮政编码：________________

联系电话：________________传真号码：________________

(2) 发包人对发包人代表权力做如下限制：________________

17. 监理工程师

17.1　负责工程的监理单位及任命的监理工程师

(1) 监理单位：________________法定代表人：________________

(2) 任命________________为监理工程师，其联络通信地址如下：

通信地址：________________邮政编码：________________

联系电话：________________传真号码：________________

17.3　需要发包人批准的其他事项：________________

18. 造价工程师（或造价员）

18.1　负责工程的造价咨询单位及任命的造价工程师（或造价员）

(1) 造价咨询单位：待定、另行告知　法定代表人：__________

(2) 任命____________为造价工程师（或造价员），其联系络通信地址如下：

通信地址：________________________________

联系电话：________________传真号码：________________

18.3　需要发包人批准的其他事项：________________

19. 承包人代表

19.1　承包人任命____________为承包人代表，其通信联络地址如下：

通信地址：________________邮政编码：________________

联系电话：________________传真号码：________________

承包人任命________________为技术责任人，其职称为________________

20. 指定分包人

20.1　事先指定的分包人及有关规定：无

三、担保、保险与风险

22. 工程担保

22.1　承包人向发包人提供履约担保的约定：

(1) 履约担保的金额：见投标须知前附表

(2) 提供履约担保的时间：

■签订本合同时。

□其他时间，具体为：________________

(3) 出具履约担保的银行：发包人认可的银行

22.4　发包人向承包人提供支付担保的约定

(1) 支付担保的金额：无

(2) 提供支付担保的时间：

□签订本合同时。

□其他时间，具体为：________________

(3) 出具支付担保的银行：________________

22.8 担保内容、方式和责任等事项的约定：________________

25. 不可抗力

25.1 关于不可抗力的约定：

(1) 六 级以上的地震；

(2) （本条不执行） 级以上的持续 （本条不执行） 天的大风；

(3) （本条不执行） mm 以上持续 （本条不执行） 天的大雨；

(4) （本条不执行） 年以上未发生过，持续 （本条不执行） 天的高温天气；

(5) （本条不执行） 年以上未发生过，持续 （本条不执行） 天的严寒天气；

(6) （本条不执行） 年以上未发生过的洪水；

(7) 其他执行通用条款。

26. 保险

26.1 发包人委托承包人办理的保险事项有：

□通用条款 26.1 款的第（1）项；

□通用条款 26.1 款的第（2）项；

□通用条款 26.1 款的第（3）项。

26.8 对保险事项的其他约定：________________

四、工期

27. 进度计划和报告

27.3 对承包人编制进度报告和修订进度计划的时间要求：开工后由招标人根据需要以书面形式向承包人发出。

五、质量和安全

35. 质量目标

35.1 (1) 评比项目：无

(2) 增加的费用或奖惩办法：无

35.2 双方共同选定的工程质量检测机构：________________

40. 发包人供应材料设备

40.1 约定发包人是否供应材料设备。

□发包人不供应材料设备，本条不适用。

■发包人供应材料设备，约定“发包人供应材料设备一览表”作为本合同的附件。

40.2 发包人供应材料设备的结算方式：____________

44. 隐蔽工程和中间验收

44.1 中间验收部位包括：具体部位合同签订时再约定，未约定的执行国家、××省、××市相关规定。隐蔽工程结束后，经发包人认可后方可进行下道工序施工。

46. 工程试车

46.1 约定是否试车

■不需要试车，本条不适用。

□需要试车，试车的内容及具体要求如下：________________

48. 竣工验收

48.1 中间交工工程的验收

■合同工程无中间交工工程，本款不适用。

□合同工程有中间交工工程，各中间交工工程的范围、计划竣工时间如下：

____

六、工程造价

50. 合同价款的确定方式

50.2 合同价款的确定方式

□50.2 款第（1）项；

■50.2 款第（2）项；

□50.2 款第（3）项；

□其他方式：________________

51. 合同价款的调整

51.1 合同价款的调整因素包括：

□工程量的偏差；

□工程变更；

□法律、法规、国家有关政策及物价的变化；

□费用索赔事件或发包人负责的其他情况；

□一周内非承包人原因停水、停电、停气造成的停工累计超过 8 小时；

□其他调整因素：________________

51.2 （1）合同价款包含的风险范围：清单工程量偏差及漏项、国家省市有关政策及物价变化

（2）风险费用的计算：

□风险系数：含在投标报价中

□风险金额：含在投标报价中

（3）风险范围以外合同价款的调整；

■工程变更；

□法律、法规和国家有关政策及物价变化；

□费用索赔事件或发包人负责的其他情况；

□一周内非承包人原因停水、停电、停气造成的停工累计超过 8 小时；

□其他调整因素：见招标文件中投标须知第 14 条工程结算方式

采用固定总价合同，一定要约定风险范围或约定不包含的风险，同时约定清楚风险费用的计算方法或具体金额以及风险范围以外的合同价款调整方法。

51.3（1）材料价差的调整方法：________________

（2）合同价款的调整因素包括：

□工程变更；

□法律、法规和国家有关政策及物价变化；

□费用索赔事件或发包人负责的其他情况；

□工程造价管理机构发布的造价调整；

□一周内非承包人原因停水、停电、停气造成的停工累计超过8小时；

□其他调整因素：______

（3）各项费率的具体标准：______

53. 预留金

53.1　本合同预留金：____%

55. 提前竣工奖与误期赔偿费

55.1　提前竣工奖的约定

■不设提前竣工奖，本款不适用。

□设提前竣工奖，每日历天应奖额度为____元，提前竣工奖的最高限额是____元。

55.2　误期赔偿费的约定

（1）每日历天应赔付额度 1万 元。

（2）误期赔偿费最高限额 合同价款的5% 元。

58. 法律、法规、国家有关政策及物价的变化

58.1　物价变化引起合同价款的调整

■合同价款不因物价涨落而调整，本款不适用。

□物价涨落超过通用条款规定的幅度，应调整合同价款，调整方法约定如下：______

______

58.2　投标截止日期：______

59. 支付事项

59.2　约定利率

□按照中国人民银行发布的同期同类贷款利率；

■约定为：如延期不支付利息

60. 预付款

60.1　关于预付款的约定：

预付款的金额为______元或合同价款的25%，支付方法：合同签订之日起10日内在承包人向发包人提供合格的等额预付款银行保函或发包人认可的其他担保方式后，发包人向承包人支付25%预付款。如果承包人未提供预付款的合格担保，发包人只按工程进度的70%支付进度款，不支付预付款。

60.3　预付款抵扣办法：

□预付款按照期中应支付款项的________（百分比）扣回，直到扣完为止；

■其他抵扣方式：从第一次支付进度款时起，每次按进度结算总额的35%扣回预付款，扣完为止。

61. 安全生产措施费

61.1　安全生产措施费的内容、范围和金额的约定；

（1）安全生产措施费的内容及范围：

■按通用条款的规定，以××省、××市现行有关安全文明施工的规定为准；

□发包人的其他要求：______

（2）安全生产措施费的总额 见投标报价 万元

61.2 （1）安全生产措施费预付、支付办法；

■通用条款 61.2 款的规定；

□其他：________________

（2）安全生产措施费的抵扣方式：同预付款抵扣方式。

62. 进度款

62.1 支付期间

■以月为单位；

□以季度为单位；

■以形象进度为准，具体为：按完成工程形象进度付至 70%，同时按进度结算总额的 35%扣回预付款，工程竣工验收合格且结算经审计后付至结算总价的 95%。

64. 竣工结算

64.1 结算的程序和时限；

□按通用条款 64.2 款至 64.7 款的规定办理；

■不按通用条款 64.2 款至 64.7 款规定。办理结算程序和时限为：竣工后 30 日内，由承包人向发包人递交竣工结算报告，发包人于 60 日内审核完毕报审计部门，待审计部门审核完毕支付到审计金额的 95%。

64.8 发包人对工程竣工结算的特殊要求：承包人在规定时间内不按要求提供结算资料或以各种理由拒绝配合发包人和监理单位进行结算，发包人有权单方出具结果。

65. 质量保证金

65.2 质量保证金的金额及扣留

（1）质量保证金的金额；

□按通用条款的规定，为合同价款的________

■约定为竣工结算款中扣留 5%。

（2）质量保证金的扣留：

□按照通用条款的规定，从每次应支付给承包人的工程款（包括进度款和结算款）中扣留，扣留的比例为 5%；

■其他扣留方式：从年度最终结算中扣回，质量保证期是从项目全部竣工验收合格之日算起。

65.3 质量保证金的利率：最终竣工验收之日起二年无息返还，但不因资金返还而免除保修责任。

七、合同争议、解除与终止

67. 合同争议

67.5 双方同意选择下列一种方式解决争议：

□向________________申请仲裁；

■向有管辖权的人民法院提起诉讼。

八、采用工程量清单计价的工程应特别遵循的约定

72. 工程量的偏差

72.2 工程量的偏差，导致分部分项工程清单项目的综合单价调整的方法：

□按通用条款本款的规定进行调整；

■按以下约定进行调整：不予调整。

72.3　工程量的偏差，导致措施项目费调整的方法：不予调整。

□按通用条款本款的规定进行调整：

■按以下约定进行调整：不予调整。

九、其他

75. 保密要求

75.1　保密信息提供的时间：______________________

76. 合同份数

76.1　合同文本的提供

□按通用条款本款的规定，由发包人提供。

■本按通用条款本款的规定，具体提供方式如下：份数签订合同时约定，由中标人购买。

76.3 合同副本______份，其中发包人______份，承包人______份。

77. 补充条款

77.1　如果承包人不具备履行合同的能力，发包人有权随时与其终止合同，且发包人不支付或补偿任何费用，承包人必须无条件撤出施工现场。承包人给发包人造成损失的，承包人应承担全部赔偿责任。

77.2　承包人应在发包人规定的时间内安排项目管理机构人员进场且与投标时的人员保持一致，否则，发包人将按下述规定处罚：

77.2.1　建造师、技术负责人必须在开工 5 日前进入施工现场，延误的，按照每人每日 2000 元扣除工程款；项目管理机构其他人员在开工 3 日前进入施工现场，延误的，按照每人每日 1000 元罚款，如开工时现场人员不能及时到位或与投标文件严重不符，招标人有权终止合同。

77.2.2　项目组织机构人员在施工时必须在施工现场，未经发包人批准不得随意离开，建造师、技术负责人未经发包人批准旷工的，按照每人每日 2000 元扣除工程款，累计超过 15 天的，按照每人每日 5000 元扣除工程款。项目组织机构其他人员未经发包人批准旷工的，按照每人每日 1000 元扣除工程款，累计超过 15 天的，按照每人每日 3000 元扣除工程款。

77.2.3　承包人在施工过程中变更建造师、技术负责人及相关人员，必须经招标人同意，否则按照每人 10 万元扣除工程款，并且招标人有权终止合同。

77.2.4　承包人在施工过程中变更建造师、技术负责人及相关人员，经过招标人同意的，建造师变更扣除工程款 10 万元，技术负责人变更扣除工程款 5 万元，其余人员变更扣除工程款 3 万元。

77.2.5　如现场项目管理机构人员且与投标时的人员严重不一致的，招标人有权与该承包人终止合同，与满足上述要求的下一中标候选人重新签订合同。

77.2.6　上述处罚措施可以同时使用。

77.3　结算形式执行“招标文件投标须知”中规定的“工程结算方式”。

77.4　本合同中的消防工程由消防施工承包人负责办理竣工验收手续并承担全部费用，在其办理完竣工验收手续后，发包人与其办理竣工结算，并支付竣工结算款；否则，发包人不予办理结算且不支付竣工结算款。

77.5　承包人书面确认的主要材料和设备品牌及承诺为本合同的有效组成部分。

77.6　工程变更项目的综合单价执行澄清后单价，安全生产措施费、规费按现行结算文件规定执行。

77.7　工程中所用的材料必须经甲方代表、监理工程师书面认可后方可进场，并符合设计要求，无合格证的材料不准使用。

77.8　承包人必须按施工安全操作规范施工，发生安全事故由承包人自负。

77.9　在施工过程中，由于承包人责任发生的一切人身伤害事故由承包人自负。

77.10　承包人负责分包单位的协调管理、进度及内业资料整理等工作。

77.11　双方必须严格遵守执行签订的合同条款，因一方原因合同无法履行时，应通知对方，按规定程序办理合同终止协议，并由责任方赔偿对方由此造成的全部经济损失。

77.12　设计变更及签证

77.12.1　承包人必须严格按施工图纸及有关规范、规程施工。施工中的变更项目应以发包人签发的变更或经发包人批准的设计变更为准，承包人不得擅自修改设计，若发生此类事件，发包人不承认所发生的工程量，限时返修，其费用由承包人承担，工期不顺延，并赔偿发包人因此造成的全部损失。

77.12.2　设计变更及签证必须在该项目发生之日起5日内报发包人及监理单位签字审查备案，后补无效。

77.12.3　由于施工图纸设计不细或图纸会审不细造成的返工，发包人不进行签证，对有具体金额的现场签证发包人不予认可。

77.13　承包人应实事求是编制工程结算，工程结算审核的审减金额超过总造价的5%时，超出部分承包人应承担全部审减额的3%作为对发包人的赔偿。

77.14　工程竣工通过发包人、监理方和承包人共同验收，并经质量监督部门复验合格后，在取得质量评定结果10日内，承包人向发包人提交四份符合城建归档要求的完整资料，否则不予进行工程竣工结算。

77.15　由于承包人原因造成工程质量事故，其返工费用由承包人承担，工期不顺延，并赔偿发包人因此造成的全部损失。

承包人承揽工程项目一览表

单位工程名称	建设规模	建筑面积（m^2）	结构	层数	跨度（m）	设备安装内　容	工程造价（元）	开工日期	竣工日期

发包人供应材料设备一览表

序号	材料设备品种	规格型号	单位	数量	单价	质量等级	供应时间	送达地点	备注

第三章　合 同 文 件 格 式

一、协 议 书

发包人（全称）：______________________________

承包人（全称）：______________________________

依照《中华人民共和国合同法》《中华人民共和国建筑法》及其他有关法律、法规、规章，遵循平等、自愿、公平和诚实信用的原则，双方就本建设工程施工事项协商一致，订立本合同。

一、工程概况

工程名称：______________________________

工程地点：______________________________

工程内容：______________________________

投资计划或工程立项批准文号：______________________________

资金来源：______________________________

二、工程承包范围

承包范围：______________________________

三、合同工期

开工日期：____年____月____日

竣工日期：____年____月____日

合同工期总日历天数____天。

四、质量标准

工程质量标准：______________________________

五、合同价款

金额（大写）：______________________________元（人民币）

￥：______________________________元（人民币）

六、组成合同的文件

组成本合同的文件及优先解释顺序与本合同第二部分《通用条款》第 2.1 款的规定一致。

七、本协议书中有关词语含义与合同第二部分《通用条款》中分别赋予它们的定义相同。《专用条款》中没有具体约定的事项，均按《通用条款》执行。

八、承包人向发包人承担按照合同约定进行施工、竣工并在质量保修期内承担工程质量保修责任，履行本合同所约定的全部义务。

九、发包人向承包人承诺按照合同约定的期限和方式支付合同价款及其他应当支付的款项，履行本合同所约定的全部义务。

十、合同生效：

合同订立地点：____________________

本合同双方约定__________后生效，并报建设行政主管部门备案。

发　包　人：__________	承　包　人：__________
住　　　所：__________	住　　　所：__________
法定代表人：__________	法定代表人：__________
委托代理人：__________	委托代理人：__________
电　　　话：__________	电　　　话：__________
传　　　真：__________	传　　　真：__________
开 户 银 行：__________	开 户 银 行：__________
账　　　号：__________	账　　　号：__________

建设行政主管部门备案意见：   经办人：　　　　　　　　　　备案机关（章）： 年　月　日

二、工程质量保修书

发包人（全称）：

承包人（全称）：

发包人、承包人根据《中华人民共和国建筑法》《建设工程质量管理条例》和《房屋建筑工程质量保修办法》，经协商一致，对____________________________（工程名称）签订工程质量保修书。

（一）工程质量保修范围和内容

承包人在质量保修期内，按照有关法律、法规、规章规定和双方约定，承担本工程质量保修责任。

质量保修范围包括：地基基础工程、主体结构工程，屋面防水工程、有防水要求的卫生间、房间和外墙面的防渗漏，供热与供冷系统，电气管线、给水排水管道、设备安装，装修工程，市政道路、桥涵、隧道、给水、排水、燃气与集中供热、路灯、园林绿化，以及双方约定的其他项目。

（二）质量保修期

双方根据《建设工程质量管理条例》及有关规定，约定本工程的质量保修期如下：

1. 地基基础工程和主体结构工程为设计文件规定的该工程合理使用年限；
2. 屋面防水工程、有防水要求的卫生间、房间和外墙面的防渗漏__5__年；
3. 装修工程为__2__年；
4. 电气管线、给水排水管道、设备安装工程为__2__年；
5. 供热与供冷系统为__2__个采暖期、供冷期；
6. 小区内的给排水设施、道路等配套工程为______年；
7. 其他工程保修期限约定如下：____________________________

____

____

质量保修期自工程竣工验收合格之日起计算。

（三）质量保修责任

1. 属于保修范围、内容的项目，承包人应当在接到保修通知之日起 7 天内派人保修。承包人不在约定期限内派人保修的，发包人可以委托他人修理。

2. 发生紧急抢修事故的，承包人在接到事故通知后，应当立即到达事故现场抢修。

3. 对于涉及结构安全的质量问题，应当按照《房屋建筑工程质量保修办法》的规定，立即向当地建设行政主管部门报告，采取安全防范措施；由原设计单位或者具有相应资质等级的设计单位提出保修方案，承包人实施保修。

4. 质量保修完成后，由发包人组织验收。

（四）保修费用

保修费用由造成质量缺陷的责任方承担。

（五）质量保证金

质量保证金的使用、约定和支付与本合同第二部分《通用条款》第 65 条赋予的规定一致。

（六）其他

双方约定的其他工程质量保修事项：____

____

____

本工程质量保修书，由施工合同发包人、承包人双方共同签署，作为施工合同附件，其有效期限至保修期满。

第四章　技术要求及工程建设标准

1. 政策法规（包括但不限于如下所列）

1）《中华人民共和国建筑法》（国家主席令第 91 号）

2）《中华人民共和国安全生产法》（国家主席令第 70 号）

3）《建设工程质量管理条例》（国务院第 279 号）

4）《建设工程安全生产管理条例》（国务院第 393 号）

5）《建设工程施工现场管理规定》（建设部令第 15 号）

6）《建设工程文件归档规范》GB/T 50328—2014。

7）《××省建设工程安全生产管理办法》（××省人民政府令［2013］第 2 号）

8）关于印发《建筑施工企业安全生产管理机构设置及专职安全生产管理人员配备办法》和《危险性较大工程安全专项施工方案编制及专家论证审查办法》的通知（建质［2010］213 号）

9）《××市房屋建筑和城市道路建设工程文明施工管理规定》（××市人民政府令第 160 号）

2. 技术标准规范规定、强制性条文等（包括但不限于如下所列）

1）《工程建设标准强制性条文》

2）《工程测量规范》GB 50026—2007

3）《建筑地基基础工程施工质量验收规范》GB 50202—2002

4）《地下工程防水技术规范》GB 50108—2008

5）《钢结构工程施工质量验收规范》GB 50205—2011

6）《钢筋机械连接技术规程》JGJ 107—2016

7）《地下防水工程质量验收规范》GB 50208—2011

8）《混凝土结构工程施工质量验收规范》GB 50204—2015

9）《砌体结构工程施工质量验收规范》GB 50203—2011

10）《屋面工程质量验收规范》GB 50207—2012

11）《屋面工程技术规范》GB 50345—2012

12）《建筑地面工程施工质量验收规范》GB 50209—2010

13）《建筑室内防水工程技术规范》CECS-196：2006

14）《建筑装饰装修工程质量验收规范》GB 50210—2001

15）《建筑设计防火规范》GB 50016—2014

16）《建筑玻璃应用技术规程》JGJ 113—2015

17）《建筑给水排水及采暖工程施工质量验收规范》GB 50242—2002

18）《通风与空调工程施工质量验收规范》GB 50243—2016

19）《建筑电气安装工程施工质量验收规范》GB 50303—2015

20）《组合钢模板技术规范》GB/T 50214—2013
21）《建筑工程施工质量验收统一标准》GB 50300—2013
22）《混凝土外加剂应用技术规范》GB 50119—2013
23）《建筑防腐蚀工程施工规范》GB 50212—2014
24）《普通混凝土拌合物性能试验方法标准》GB/T 50080—2016
25）《普通混凝土力学性能试验方法标准》GB/T 50081—2002
26）《回弹法检测混凝土抗压强度技术规程》JGJ/T 23—2011
27）《建筑机械使用安全技术规程》JGJ 33—2012
28）《建设工程施工现场供用电安全规范》GB 50194—2014
29）《普通混凝土配合比设计规程》JGJ 55—2011
30）《砌筑砂浆配合比设计规程》JGJ/T 98—2010
31）《砌体工程现场检测技术标准》GB/T 50315—2011
32）《外墙饰面砖工程施工及验收规程》JGJ 126—2015
33）《建筑施工门式钢管脚手架安全技术规范》JGJ 128—2010
34）《建筑施工扣件式钢管脚手架安全技术规范》JGJ 130—2011

上述标准规范如有更新版本，以最新版本为准。

3. 其他技术要求详见图纸

第五章　图　　纸

（具体施工图纸此处略）

第六章　投标文件投标函格式

××住宅项目施工

投标文件

备案编号：SG××××××

标　段：

项目名称：（招标工程项目名称）

投标文件内容：投标文件投标函部分

投标人：（盖公章）

法 定 代 表 人

或其委托代理人：（签字并盖章）

日　期：______年____月____日

一、法定代表人身份证明书

单位名称：____

单位性质：____

地　　址：____

成立时间：______________________年______月______日

经营期限：____

姓　　名：__________ 性别：________年龄：________ 职务：________

系__________（投标人单位名称）__________ 的法定代表人。

特此证明。

投标人：____________（盖公章）

日　　期：______年____ 月____ 日

二、授权委托书

本授权委托书声明：我____________（姓名）系（投标人名称）的法定代表人，现授权委托_______（单位名称）_____ 的_____（姓名）_____为我公司签署本工程的投标文件的法定代表人授权委托代理人，我承认代理人全权代表我所签署的本工程的投标文件的内容。

代理人无转委托权，特此委托。

附：1. 法定代表人身份证明；

2. 投标文件中提供委托代理人在投标企业缴纳社会保险的证明原件（必须是社保部门出具的社会保险证明，企业自行出具的无效）。如无社会保险证明的原件，授权委托书无效。

代理人姓名：____________ 性别 ：_____________年龄：________

身份证号码：____________________职务：____________________

投标人：________________________________（盖章）__________

法定代表人：_________________________（签字或盖章）________

代理人：________________________________（签字）_____________

授权委托日期：____ 年 ____月____ 日

三、投　标　函

致：________________

1. 根据你方招标工程项目编号为______的××住宅项目施工第×标段的招标文件，遵照《中华人民共和国招标投标法》等有关规定，经研究上述招标文件的投标须知、合同条款、图纸、工程建设标准和工程量清单及其他有关文件后，我方愿以人民币（大写）元（RMB ￥______元）的投标报价（其中安全生产措施费总额为______元）并按上述图纸、合同条款、工程建设标准和工程量清单（如有时）的条件要求承包上述工程的施工、竣工，并承担任何质量缺陷保修责任。

2. 我方已详细审核全部招标文件，包括修改文件（如有时）及有关附件。

3. 我方承认投标函附录是我方投标函的组成部分。

4. 一旦我方中标，我方保证按合同协议书中规定的工期（工期）日历天内完成并移交全部工程。

5. 如果我方中标，我方将按照规定提交上述总价____%的履约保证金作为履约担保。

6. 我方同意所提交的投标文件在招标文件的投标须知中规定的投标有效期内有效，在此期间内如果中标，我方将受此约束。

7. 除非另外达成协议并生效，你方的中标通知书和本投标文件将成为约束双方的合同文件的组成部分。

8. 我方承诺中标后，在工程施工过程中创建安全质量标准化工地。

投标人：________________（盖章）____

单位地址：________________

法定代表人或其委托代理人：________（签字或盖章）

邮政编码：________电话：________传真：________

开户银行名称：________________

开户银行账号：________________

开户银行地址：________________电话：________

日期：________年____月____日

四、投标函附录

序号	项目内容	约定内容	备注
1	履约保证金	合同价款的（　　）%	
2	施工准备时间	签订合同后（　　）天	
3	施工总工期	（　　）日历天	
4	质量标准	合格	
5	提前工期奖	无	
6	保修期	依据保修书约定的期限	
7	安全生产措施费	总额：＿＿＿＿＿元 其中： 合计：＿＿＿＿＿元	安全生产措施费填写各单位工程中相同费用的合计数，投标人须按规定的格式填报
8	如果投标人在两个标段同时取得中标资格，选择标段的顺序	标段＿＿ → 标段＿＿	在不同标段的投标文件中，投标人所选择的标段顺序必须一致。如不一致，则其“标段选择”无效。 若投标函附录中没有选择标段顺序或所选择的标段顺序无效，则评标委员会将视为该投标人是按所投标段的自然顺序选择

五、投标文件对招标文件的商务和技术偏离

投标人的投标文件内容如与招标文件规定有不一致处应在此处明确说明，否则，招标人在签订合同时对投标文件中偏离招标文件的内容不予承认，同时招标人视偏离程度保留拒绝其投标的权利。

六、招标文件要求投标人提交的其他投标资料

第七章　投标文件商务部分格式

××住宅项目施工

投标文件

备案编号：SG××××××

标　段：

项目名称：＿＿＿＿＿（招标工程项目名称）＿＿＿＿＿

投标文件内容：＿＿＿＿＿投标文件商务部分＿＿＿＿＿

投标人：＿＿＿＿＿＿＿＿＿＿＿＿＿＿（盖章）＿＿

法定代表人或

其委托代理人：＿＿＿＿＿＿＿＿＿（签字或盖章）＿＿

＿＿＿年＿＿月＿＿日

目　录

投　标　总　价

招 标 人：____

工程名称：____

投标总价（小写）：________________________________

（大写）：________________________________

投　标　人：______________________（单位盖章）

法定代表人或其委托代理人：__________（签字或盖章）

编　制　人：______________（造价人员签字盖专用章）

编制时间：______年____月____日

表 1　总说明

工程名称：　　　　　　　　　　　　　　　　　　　　　　第　页共　页

表 2　工程项目投标报价汇总表

工程名称：　　　　　　　　　　　　　　　　　　　　　　　　第　页共　页

序号	单项工程名称	金额（元）	其　中		
			暂估价（元）	安全文明施工费（元）	规费（元）
合　计					

表 3　单项工程投标报价汇总表

工程名称：　　　　　　　　　　　　　　　　　　　　　　　　第　页共　页

序号	单位工程名称	金额（元）	其　中		
			暂估价（元）	安全文明施工费（元）	规费（元）
合　计					

表 4　单位工程投标报价汇总表

名称：　　　　　　　　　　　　　　　　　　　　　　　　　　第　页共　页

序号	汇　总　内　容	金额（元）	其中：暂估价（元）
1	分部分项工程		
1.1			
1.2			
1.3			
1.4			
1.5			
2	措施项目		
2.1	安全文明施工费		
3	其他项目		
3.1	暂列金额		
3.2	专业工程暂估价		
3.3	计日工		
3.4	总承包服务费		
4	规费		
5	税金		
合计=1+2+3+4+5			

表 5　分部分项工程量清单与计价表

工程名称：　　　　　　　　　　标段：　　　　　　　　　　第　页共　页

序号	项目编码	项目名称	项目特征描述	计量单位	工程量	金额（元）		
						综合单价	合价	其中：暂估价
本页小计								
合　计								

表 6 工程量清单综合单价分析表

工程名称：　　　　　　　　　　　　标段：　　　　　　　　　　　第　页共　页

项目编码				项目名称				计量单位			
清单综合单价组成明细											
定额编号	定额名称	定额单位	数量	单　价				合　价			
				人工费	材料费	机械费	管理费和利润	人工费	材料费	机械费	管理费和利润
人工单价		小　计									
元/工日		未计价材料费									
清单项目综合单价											
材料费明细	主要材料名称、规格、型号					单位	数量	单价（元）	合价（元）	暂估单价（元）	暂估合价（元）
	其他材料费							—		—	
	材料费小计							—		—	

表 7　措施项目清单与计价表（一）

工程名称：　　　　　　　　　　　　　　标段：　　　　　　　　　　　第　页共　页

序	项 目 名 称	计算基础	费 率（%）	金 额（元）
1	安全文明施工费（按安全生产措施费报价）			
1.1	环境保护费、文明施工费		建筑：0.30 安装：0.25 装饰：0.15	
1.2	安全施工费		建筑：0.23 安装：0.19 装饰：0.12	
1.3	临时设施费		建筑：1.40 安装：1.19 装饰：0.72	
1.4	防护用品等费用		建筑：0.11 安装：0.09 装饰：0.05	
1.5	垂直防护架		执行 2009 关于发布二〇〇九年建筑物（构筑物）垂直防护架、垂直封闭防护、水平防护架费用计取标准的通知（××市造价字［2009］1 号）	
1.6	垂直封闭防护			
1.7	水平防护架			
2				
3				
4				
5				
合　计				

注：安全文明施工费的费率不得调整，其他措施项目按要求报价。

表 8　措施项目清单与计价表（二）

工程名称：　　　　　　　　　　　　　　标段：　　　　　　　　　　　　第　页共　页

序	项目编码	项目名称	项目特征描述	计量单位	工程量	金　额（元）	
						综合单价	合价
本页小计							
合　　计							

表 9　其他项目清单与计价汇总表

工程名称：　　　　　　　　　　　　　　标段：　　　　　　　　　　　　第　页共　页

序	项目名称	计量单位	金额（元）	备注
1	暂列金额			明细详见表 9-1
2	暂估价			
2.1	材料暂估价		—	明细详见表 9-2
2.2	专业工程暂估价			明细详见表 9-3
3	计日工			明细详见表 9-4
4	总承包服务费			明细详见表 9-5
5				

表 9-1　暂列金额明细表

工程名称：　　　　　　　　　　　　标段：　　　　　　　　　　第　页共　页

序	项目名称	计量单位	暂定金额（元）	备注
1				
2				
3				
4				
5				
6				
7				
合计				—

表 9-2　材料暂估单价表

工程名称：　　　　　　　　　　　　标段：　　　　　　　　　　第　页共　页

序	材料名称、规格、型号	计量单位	单价（元）	备注
1				
2				
3				
4				
5				
6				
7				

表 9-3　专业工程暂估价表

工程名称：　　　　　　　　　　　　　　标段：　　　　　　　　　　　　第　页共　页

序号	工程名称	工程内容	金额（元）	备注
1				
2				
3				
4				
5				
6				
7				
合　计				—

表 9-4 计日工表

工程名称： 标段： 第 页共 页

编号	项目名称	单位	暂定数量	综合单价	合价
一	人 工				
1					
2					
3					
4					
人工小计					
二	材 料				
1					
2					
3					
4					
5					
6					
材料小计					
三	施 工 机 械				
1					
2					
3					
4					
施工机械小计					
总计					

表 9-5　总承包服务费计价表

工程名称：　　　　　　　　　　　　　　标段：　　　　　　　　　　　　第　页共　页

序	项 目 名 称	项目价值（元）	服务内容	费 率（%）	金 额（元）
1	发包人发包专业工程				
2	发包人供应材料				
合　计					

表 10　规费、税金项目清单与计价表

工程名称：　　　　　　　　　　　　　　标段：　　　　　　　　　　　　第　页共　页

序	项 目 名 称	计 算 基 础	费 率（%）	金 额（元）
1	规费			
1.1	工程排污费		0.06	
1.2	社会保障费			
(1)	养老保险费		2.99	
(2)	失业保险费		0.19	
(3)	医疗保险费		0.4	
1.3	工伤保险费		0.22	
1.4	住房公积金		0.43	
1.5	危险作业意外伤害保险		0.11	
1.6	生育保险费		0.13	
2	税金	分部分项工程费＋措施项目费＋其他项目费＋规费	3.44	
合　计				

表 11　投标主要材料设备表

序	材料设备名称	规格型号	设备主要技术参数	生产厂家	投标人采用的品牌	计量单位	单价（元）	在同一厂家、品牌中的档次
1								
2								
…								

第八章　投标文件技术标格式

××住宅项目施工

投标文件

备案编号：SG××××××

标　段：

项目名称：＿＿＿＿＿＿＿＿＿＿＿＿＿＿＿＿＿＿

投标文件内容：　　　投标文件技术部分　　　

投标人：＿＿＿＿＿＿＿＿＿＿＿＿（盖章）

法 定 代 表 人

或其委托代理人：＿＿＿＿＿＿（签字或盖章）

日　期：＿＿＿年＿＿月＿＿日

目　录

一、施工组织设计

（一）施工组织设计内容

1. 主要施工方法
2. 拟投入的主要物资计划
3. 拟投入的主要施工机械计划
4. 劳动力安排计划
5. 确保工程质量的技术组织措施
6. 确保安全生产的技术组织措施
7. 确保工期的技术组织措施
8. 确保文明施工的技术组织措施
9. 施工总进度表或施工网络图
10. 施工总平面布置图
11. 关键施工技术、工艺及工程项目实施的重点、难点和解决方案
12. 冬雨季施工、已有设施、管线的加固、保护等特殊情况下的施工措施等

（二）施工组织设计图表

施工组织设计除采用文字表述外应附下列图表，图表及格式要求附后。

表 1　拟投入的主要施工机械设备表

表 2　劳动力计划表

表 3　计划工期和施工进度表（图）

表 4　施工现场平面布置图

表 1　拟投入的主要施工机械设备表

序号	机械或设备名称	型号规格	数量	国别产地	制造年份	额定功率（kW）	生产能力	用于施工部位	备注

注：随表附上拟投入的主要施工设备的检验证书。

表 2　劳动力计划表

单位：人

工种	按工程施工阶段投入劳动力情况					

注：1. 投标人应按所列格式提交包括分包人在内的估计劳动力计划表。

2. 本计划表是以每班八小时工作制为基础编制的。

表 3 计划开、竣工日期和施工进度计划

1. 投标人应提交施工进度计划。

2. 施工进度计划须采用网络图及横道图表示，说明计划开工日期和各分项工程各阶段的完工日期和分包合同签订的日期。

3. 施工进度计划应与施工组织设计相适应。

表 4 施工现场平面布置图

投标人应提交一份施工总平面图，绘出现场临时设施布置图表并附文字说明，说明临时设施、现场办公、设备及仓储、供电、供水、卫生、生活等设施的情况和布置。

二、项目管理机构配备情况

（一）建造师简历表

<table>
<tr><td>姓名</td><td></td><td>性别</td><td></td><td>年龄</td><td></td></tr>
<tr><td>职务</td><td></td><td>职称</td><td></td><td>学历</td><td></td></tr>
<tr><td colspan="2">参加工作时间</td><td colspan="2"></td><td>担任项目经理及
建造师年限</td><td></td></tr>
<tr><td colspan="2">建造师注册证书编号</td><td colspan="4"></td></tr>
<tr><td colspan="6">在建和已完工程项目情况</td></tr>
<tr><td>建设单位</td><td>项目名称</td><td>建设规模</td><td>开、竣工日期</td><td>在建或已完</td><td>工程质量</td></tr>
<tr><td></td><td></td><td></td><td></td><td></td><td></td></tr>
<tr><td></td><td></td><td></td><td></td><td></td><td></td></tr>
<tr><td></td><td></td><td></td><td></td><td></td><td></td></tr>
<tr><td></td><td></td><td></td><td></td><td></td><td></td></tr>
<tr><td></td><td></td><td></td><td></td><td></td><td></td></tr>
<tr><td></td><td></td><td></td><td></td><td></td><td></td></tr>
<tr><td></td><td></td><td></td><td></td><td></td><td></td></tr>
<tr><td></td><td></td><td></td><td></td><td></td><td></td></tr>
<tr><td></td><td></td><td></td><td></td><td></td><td></td></tr>
<tr><td></td><td></td><td></td><td></td><td></td><td></td></tr>
<tr><td></td><td></td><td></td><td></td><td></td><td></td></tr>
<tr><td></td><td></td><td></td><td></td><td></td><td></td></tr>
</table>

（二）项目管理机构配备承诺

我公司承诺按下表配备项目管理机构人员，一旦中标将在5个工作日内将所有项目管理机构人员的岗位证书、建造师和安全员的安全生产考核合格证送至××市建设工程招投标办公室查验及存押，如未按要求进行存押或证件查验不合格，视为我公司自动放弃中标权利。

特此承诺。

岗位	注册专业	最低职称	本岗位最低人数	备注
建　造　师				
技术负责人	—			
工　　　长	—			
安　全　员	—			
质　检　员	—			
造　价　员	—			
……	……	……	……	……

投标人或联合体牵头人：＿＿＿＿＿＿＿＿＿＿（盖章）

法定代表人或其委托代理人：＿＿＿＿＿＿＿＿＿（签字或盖章）

注：1. 上表中各岗位的配备人数应与资格预审文件中一致。

2. 投标文件中不用写出现场其他管理人员的姓名，但应写明拟配备的各岗位人数、配备的人员情况（包括职称、执业资格等）。

3. 具有独立法人资格、企业资质的集团公司投标，不得使用所属的具有独立法人资格和企业资质的子公司人员和人员岗位资格证书投标。同一集团公司的各具有独立法人资格和企业资质的子公司之间，不得互相借用人员和人员岗位资格证书投标。

三、“报价中措施费项目”的施工组织说明

四、招标文件要求投标人提交的其他技术资料

第九章　评标标准和办法

第一节　总　　则

1. 本办法是招标文件的组成部分。

2. 评标委员会由招标人依法组建，负责评标活动。

3. 评标委员会由招标人代表和从专家库中抽取的专家组成，总数为5人以上单数。

4. 本工程评标委员会按下述原则进行评标：

4.1　科学择优、公平公正的原则；

4.2　反不正当竞争的原则。

第二节　评标程序、方法及说明

一、评标过程的保密

1. 评标采用保密方式进行。开标后，直至授予中标人合同为止，凡属于对投标文件的审查、澄清、评价和比较的有关资料以及中标候选人的推荐情况，与评标有关的其他任何情况均严格保密。

2. 在投标文件的评审和比较、中标候选人推荐以及授予合同的过程中，投标人向招标人和评标委员会施加影响的任何行为，都将会导致其投标被拒绝。

3. 中标人确定后，招标人不对未中标人就评标过程以及未能中标原因作出任何解释。未中标人不得向评标委员会组成人员或其他有关人员索问评标过程的情况和材料。

二、投标文件的澄清

为有助于投标文件的审查、评价和比较，评标委员会可以要求投标人对投标文件含义不明确的内容作必要的澄清或说明，投标人应采用书面形式进行澄清或说明，但不得超出投标文件的范围或改变投标文件的实质性内容。

三、投标文件的初步评审

1. 评标时，评标委员会将首先评定每份投标文件是否在实质上响应了招标文件的要求。所谓实质上响应，是指投标文件应与招标文件的所有实质性条款、条件和要求相符，无显著差异或保留，然后按投标文件计算错误的修正的有关规定进行修正，并须经投标人确认。

2. 如果投标文件实质上不响应招标文件的各项要求，评标委员会将予以拒绝，并且不允许投标人通过修改或撤销其不符合要求的差异或保留，使之成为具有响应性的投标。

3. 投标文件有下列情形之一的视为重大偏差，评标委员会将判定该投标文件初步评审不合格（即废标）：

3.1　没有按照招标文件要求提供投标保证金或者所提供的投标保证金不符合有关规定；

3.2　投标文件的投标函未加盖投标人印章、未经法定代表人或其委托代理人签字或盖章。由委托代理人签字或盖章的在投标文件中没有合法、有效的委托书原件。

3.3　未按规定的格式填写，内容不全或者关键内容字迹模糊、无法辨认，造成投标文件实质上不响应招标文件的要求，或者导致无法对投标文件的实质性内容进行评审；

3.4　投标人递交两份或多份内容不同的投标文件，或在同一投标文件中对同一招标项目报有两个或多个报价，且未声明哪个有效；

3.5　投标人名称或组织结构与资格预审时不一致；

3.6　投标人的项目管理机构与资格预审时不一致，且未经招标人同意擅自变更的；或变更后的人员不能满足资格预审附加合格条件标准的；

3.7　投标文件载明的招标项目完成期限超过招标文件规定的期限；

3.8　明显不符合招标文件或国家省市相关主管部门规定的技术要求和标准（质量目标、安全文明施工标准及其他要求）；

3.9　投标文件附有招标人不能接受的条件，或者对招标文件中约定的招标人的权利和投标人的义务等方面有重大偏离且招标人不能接受的。

3.10　未足额计取不可竞争费用，评标委员会应认定其投标报价低于成本价。不可竞争费用是指：

3.10.1　经国家或省政府批准，按规定须足额计取并上缴的规费；

3.10.2　足额计取安全施工措施费；

3.10.3　按国家规定计取的营业税、城市建设维护税、教育费附加等；

3.11　投标人采用总价优惠或百分比优惠的方式进行投标报价；

3.12　投标报价超过最高限价的；

3.13　投标报价的电子文件不能读取的；

3.14　投标报价严重不符合招标文件投标人须知第13条的报价要求的；

3.15　投标标段与抽取的标段不一致的。

重大偏差的认定必须由占评标委员会总人数2/3以上评标专家共同认定并签字方为有效。

4. 两家或多家投标文件的内容有多处雷同的，经评标专家认定后，各家都不得进入详细评审阶段。

5. 经初步评审合格的投标文件方为有效投标文件，可以进入详细评审阶段。评标委员会应当根据招标文件确定的评标标准和方法，对其技术标和商务标作进一步详细评审、比较。

四、投标文件计算错误的修正

评标委员会将对确定为实质上响应招标文件要求的投标文件进行校核，看其是否有计算或表达上的错误，修正错误的原则如下：

1. 用数字表示的数额与用文字表示的数额不一致时，以文字数额为准；

2. 工程量名称、编码、数量、计量单位与招标文件不一致时，以招标文件为准；

3. 单价与工程量的乘积与合价不一致时，以单价为准；

4. 单价有明显的小数点错位，应以合价为准，并修正单价；

5. 当各单项合价相加与其合计金额或总价不一致时，以各单项合价为准，并修正合计金额或总价；

6. 投标书中未填报的单价和合价，视为此项费用不计取或已包含在工程量清单的其他单价和合价中。

评标委员会对投标报价修正后，应提交相应的投标人确认。投标人对修正的投标报价确认后，该报价为投标人的有效投标报价，对投标人产生约束力，投标人不予确认的则其投标将被拒绝。

有效投标报价低于最高限价的投标人少于3家时，招标人应重新组织招标。

五、投标文件的评审、比较和否决

1. 评标办法

1.1　本次招标采用综合评估法。

1.2　由评标委员会根据评标办法推荐3名标明排列顺序的中标候选人报招标人审定。评标结果经招标人审定后，在哈尔滨市建设工程信息网公示3天。招标人应当确定排名第一的中标候选人为中标人，若评标委员会推荐的排名第1的中标候选人放弃中标、或因不可抗力提出不能履行合同，或者招标文件规定应当提交履约保证金而在规定的期限内未能提交的，招标人将确定排名第2的中标候选人为中标人。排名第2的中标候选人因前款规定的同样原因不能签订合同的，招标人确定排名第3的中标候选人为中标人。

1.3　本次招标允许投标人同时投2个标段，但只能中一个标段。投标人如果在2个标段同时取得中标机会，将依据下列顺序确定中标标段：

1.3.1　对同一投标人，优先在其排名第一的标段中按投标函附录中所选择标段的顺序推荐中标。

1.3.2　如果某一投标人没有排名第一的标段，但在两个标段同时排名第二，且其所投标段排名第一的投标人已在其他标段中标，从而使该投标人取得中标机会。评标委员会将根据该投标人在投标函附录中所选择的标段顺序，推荐其为优先选择标段的中标候选人。

1.3.3　如果某一投标人没有排名第一、第二的标段，但在两个标段同时排名第三，且因其所投标段排名第一和第二的投标人已在其他标段中标，从而使该投标人取得中标机会。评标委员会将根据该投标人在投标函附录中所选择的标段顺序推荐其为优先选择标段的中标候选人。

1.3.4　依照上述办法类推，直至确定所有标段的中标候选人。

1.3.5　若投标人在投标函附录中没有选择标段顺序或所选择的标段顺序无效，则评标委员会将视为该投标人按所投标段的自然顺序选择。

2. 评标标准

技术标采用合格制；商务标采用100分制。

商务标的报价分值取小数点后一位，第二位四舍五入。报价得分相同时，以报价低者优先中标。

第三节 评 审 细 则

分两阶段评标，先评技术标，技术标评审结束后再评商务标，具体内容如下：

一、技术标评审

评标委员会对技术标下列内容进行符合性评审，分为合格和不合格。评审内容如下：

1. 主要施工方法；

2. 工程质量标准及确保工程质量的技术组织措施；

3. 确保安全生产的技术组织措施；

4. 确保工期的技术组织措施；

5. 确保文明施工的技术组织措施；

6. 施工总进度表或施工网络图；

7. 技术标中是否体现报价。技术标中体现报价的，技术标评审不合格。

上述内容中有一项评审不合格的为技术标评审不合格。对技术标符合性评审不合格的投标，评标委员会必须书面写出详细理由，且必须由占评标委员会总人数 2/3 以上评标专家共同认定并签字方为有效。技术标符合性评审不合格的投标，不再进行商务标评审。

二、商务标评审（满分 100 分）

1. 对技术标评审合格的投标，进行商务标初步评审，初步评审合格的商务标，按百分制进行评审。技术标评审不合格的投标，其商务标不再评审。

2. 商务标分值由下列部分组成：

1）工程量清单总报价得分　　　　A=58 分

2）分部分项工程量清单报价得分　　B=40 分

3）措施项目报价得分　　　　　　C=2 分

商务报价总得分=A+B+C

3. 商务标计算细则

报价下浮率 $F_a\%$、$F_b\%$、$F_c\%$将在商务标开标时，由招标人代表现场随机抽取。

每个标段在 1.5%、2%、2.5%三个数值中抽取一个下浮率。

对同一个标段，F_a、F_b、F_c 取同一个数值。

1）工程量清单总报价得分计算方法（满分 58 分）

有效投标人的有效工程量清单总报价的算术平均值为 P_p，算术平均值的计算为，若合格投标人的有效工程量清单总报价数超过五家（不包括五家），则去掉一个最高报价和去掉一个最低报价，其余投标报价计算算术平均值。若合格投标人的有效工程量清单总报价数少于五家，则直接计算投标报价的算术平均值。

当 $n>5$ 时，$P_p=(\Sigma P_i-P_{max}-P_{min})/(n-2)$；当 $n\leqslant5$ 时，$P_p=\Sigma P_i/n$

算术平均值下浮 $F_a\%$作为评标标底值 P_a，总报价等于评标标底值(P_a)时得满分 58 分；以评标标底值(P_a)为基准，有效工程量清单总报价高于或低于评标标底值(P_a)时，每高于 1%扣减 1 分，每低于 2%扣减 1 分，扣完所占分值为止，中间值按插入法计算。

$$P_a=P_p\times(1-F_a\%)$$

工程量清单总报价得分 A 的计分公式为：

投标报价高于评标标底时　$A = 58 - [|P_a - P_i|/P_a] \times 100$

投标报价低于评标标底时　$A = 58 - [|P_a - P_i|/P_a] \times 100/2$

式中　P_i——第 i 个投标总报价

P_{max}——有效投标报价最大值

P_{min}——有效投标报价最小值

n——有效投标报价个数

2）分部分项工程量清单报价得分计算方法（满分 40 分）

评标委员会应对所有有效投标文件的分部分项工程量清单报价进行全面审核，如某一有效投标文件的分部分项工程量清单报价高于或低于有效投标文件的分部分项工程量清单报价的算术平均值 15%时，该分部分项工程量清单的报价为异常报价。

清单项目有效投标报价去掉投标总价最高和最低的清单项目报价和该清单异常不合理报价后的算术平均值下浮 F_b%为标底值 P_{bi}。

若有效投标报价少于五家（包括五家），则该清单项目所有有效投标报价的算术平均值下浮 F_b%为标底值 P_{bi}。

分部分项工程量清单报价得分 B=Σ单项分部分项工程量清单分值×(1－单项清单项目报价差率)。

其中：

单项分部分项工程量清单分值=40×单项分部分项工程量清单报价合计/分部分项工程量清单计价合计；

单项清单项目报价差率=｜单项清单项目报价－标底值 P_{bi}｜/标底值 P_{bi}

3）措施项目报价得分计算方法（满分 2 分）

评标标底 P_c=[有效标措施清单项目报价合计去掉投标总价最高和最低措施项目报价合计后的算术平均值]×(1－F_c%)。

若有效投标报价少于 5 家时，则 P_c=[所有有效投标措施项目报价的算数平均值]×(1－F_c%)。

投标人措施项目报价得分 C=2×(1－措施项目清单报价差率)

其中，措施项目清单报价差率=｜P_c－投标人措施项目清单计价合计｜/P_c

投标文件外层包封参考格式

********************工程

商务标（或技术标）

投　标　文　件

备案编号：

标　　段：

招标人名称：

招标人地址：

年　月　日　　　时前不得开封

投标文件正、副本内层包封参考格式

******************工程**

投　标　文　件

（正、副本）

标　段：

投标人：

地　址：

邮　编：

招标人：

地　址：

年　月　日　　　时前不得开封

第十章　工 程 量 清 单

填 表 须 知

1. 工程量清单及其计价格式中所有要求签字、盖章的地方，必须由规定的单位和人员签字、盖章。

2. 工程量清单及其计价格式中的任何内容不得随意删除或涂改。

3. 金额（价格）均应以人民币表示。

参　考　文　献

［1］ 中华人民共和国招标投标法. 2017 修订.

［2］ 中华人民共和国建筑法.

［3］ 谷学良. 建设工程招标投标与合同管理[M]. 北京：中国建材工业出版社.

［4］ 重庆市商业委员会. 江北塔坪职工集资住宅工程施工组织设计.

［5］ 梁鸿颉. 建筑工程招投标与合同管理[M]. 青岛：中国海洋大学出版社，2011.